トヨタ対VW《フォルクスワーゲン》

TOYOTA vs. Volkswagen

2020年の覇者をめざす最強企業

中西孝樹
Takaki Nakanishi

日本経済新聞出版社

まえがき

「フォーディズム」「スローニズム」という言葉は、20世紀の自動車産業を牽引したイノベーションの代表として、多くの人が耳にした言葉だろう。フォードの大量生産システムを確立し、産業基盤の構築へ導いたのが「フォーディズム」。単品種の大量生産モデルを、市場の成熟化過程の中でフルライン化し、マーケティング管理と事業部制システムという新たなイノベーションを生んだゼネラル・モーターズ（GM）中興の祖、アルフレッド・スローンから名づけられたのが「スローニズム」である。米国メーカーの覇権の中で、自動車産業は世界の重要産業に成長するパラダイムを築いた。

戦後の荒廃から奇跡の復活を遂げた日本の産業の中から、自動車は遅れてやってきた。国内自動車産業を確立するという豊田喜一郎をはじめとする日本のエンジニアの熱意と思いが、欧米主導の大量生産システムから競争優位を奪取できたのは、日本的生産システムのイノベーションがあったからにほかならない。ジャスト・イン・タイムのトヨタ生産システムは世界の自動車競争にパラダイムシフトを引き起こし、このイノベーションが日本メーカーによる新しい覇権構造を生み出したのだ。

このイノベーションは、後に、「リーン生産システム」と学術的に確立され、世界の自動車メーカーがこぞって学習した。人づくり、標準化、ものづくりの学習組織などを包括したトヨタ経営システム（本書では「トヨタイズム」と呼ぶ）は、国境を越え、業種を超えて多くの企業経営に影響を及ぼしてきた。このシステムは四半世紀以上にわたり自動車産業の覇者として君臨し、世界競争に影響を及ぼし続けた。逆転、再逆転、再々逆転と、時代によって浮き沈みはあったものの、最終的に米国ビッグスリーの2社を2009年に経営破綻に追い込んで勝敗を決したのである。

ところが2000年代後半に入ると、覇者たるトヨタが閉塞感を感じ始め、「トヨタイズム」の威光は陰り、世界的な競争力は後退を見せ始める。何がトヨタを狂わせたのか、その真の競争力の復活は可能なのだろうか。いまでは、体質の強化と最近の円安が追い風となり、劇的な業績回復によって世界的な製造業のリーダーに復活しつつあるトヨタへの評価はうなぎのぼりだ。しかし、楽観論の中で思考停止していては危険である。パラダイムが変化していても、古い構造を維持して繁栄を延長させることは時には可能である。まさに、2000年代のGMがそうだ。しかし、数年の延長はできても、永続はできなかった。

世界の自動車産業は新たなパラダイムの中にあり、イノベーションと自己改革を打ち出す強力なチャレンジャーが登場している。たとえば、卓越した経営力とノベーションを掲げて、欧州のフォルクスワーゲン（VW）が新たな覇者への意欲と勢いを見せている。そのVWの経営を牽引するのは、カリスマ的リーダーでドイツへの愛国心をみなぎらせるフェルディナント・ピエヒであり、創業家フェルディナント・ポルシェ博士の末裔たちだ。かれらの成功要因は、トヨタイズムとは完全に距離をとったドイツ的な経営システムとビジネス戦略によって成り立っている。

VWが実現する経営システムが将来の自動車競争の覇権を支配するとき、「ピエヒイズム」と呼ばれる時代が来るかもしれない。トヨタイズムのものづくり、人づくりとは対極にある、オープンなビジネスモデルを成長戦略に迷いなく取り込んでいくのがピエヒイズムだ。自動車ビジネスのフレームワークを戦略的に再構築し、M&A、マルチブランド、プラットフォームの戦略を三位一体で構築する。オープン化、標準化を戦略的に推進し、マーケティング、デザイン、ブランドを含むソフト面の管理能力で製品、ブランドの平準化や同一化のリスクをコントロールする。すべて、トヨタイズムが苦手なことばかりではないか。

トヨタとVWの2社は、経営システムばかりか、思想も文化も違う。また、現在のところ不思議なほど世界のあらゆる市場で棲み分けし、2社で激しく戦う姿は見えていない。主力販売地域ではトヨタが米国経済圏に対しVWは欧州経済圏、技術ではトヨタがハイブリッドに対しVWは小排気量過給・直噴ガソリンなどと得意領域もあまり重ならない。しかし、トヨタとVWの戦略的方向性、成長シナリオを深掘りすれば、両社は激しく世界トップを争いながら2020年にはさまざまな市場や技術で大衝突する闘いの構図が見えてくる。

トヨタは危機から生還した。いや、生還という言葉は適切ではなく、世界販売トップに返り咲き、世界一収益性の高い自動車メーカーに復活したのだ。ただし、社長の豊田章男は「持続的成長のスタートラインに立った。真の競争力、すなわち持続的成長を可能にするための競争力をトヨタに関わる全員で、真剣に考え、追求していきたい」と控えめだ。持続的成長をするための真の競争力とは何であるのか。トヨタは新しい自動車産業のパラダイムの中で、骨太で持続性を担保できる真の競争力を確立できるのだろうか。ピエヒがドイツ国家のために愛国心をもって世界トップを目指すのと同じく、日本最大の製造会社であるトヨタも日本の未来を背負っている。その戦いに負けるわけにはいかない。

本書では最強だったトヨタがなぜ問題に突き当たり、それをどう乗り越えていくか、ライバルのV

Wがいかなる時代背景と経営戦略をもって台頭し、どこに向かっているのか図表を交えて示し、わかりやすく解説した。そして、2020年の目線で見た両社の戦略と成長シナリオを分析し、予想される戦いの展望を試みた。トヨタとVWの闘いの勝利者を安易に予言することは本書の狙いではないが、混沌とする自動車産業に分け入り、2020年の企業の成功をもたらす経営システムや真の競争力の秘密を垣間見ることができれば、本書の目的を果たせたことになる。

2013年11月

中西　孝樹

目次

カバーデザイン 谷口博俊（next door design）

第1章
トヨタイズムとピエヒイズムの戦い

1　不確実な時代のリーダーの憂鬱

世界は100年で変わり、この100時間でも一変した

2009年6月1日は、自動車産業に関係する者にとって忘れられない日となった。1908年に創業し、自動車業界の覇者として長きにわたり君臨したゼネラル・モーターズ（GM）の破産発表会場に設置されたスクリーンに、10分前から破綻へのカウントダウンが始まったのだ。それは、新車発表会場で新車のお披露目のカウントダウンと同じようなノリであり、メディアからは冷笑が漏れた。このわずか1カ月前に、まるで実験のように連邦破産法11条の適用申請したクライスラー社が破産法の手続きを終了し、「GMも復活する」と語るバラク・オバマ大統領の映像がモニターで中継される。

金融危機の混沌の中で大統領に選ばれたオバマの第1期の最初にして最大の難関が自動車産業再建となり、政府は500億ドルをつぎ込み一蓮托生となった。GMが「ガバメント・モーターズ」と呼ばれ始めた瞬間である。失敗が許されないこの自動車政策に対し、米政府はこれでもかというほどの演出を盛り込んだシナリオを描いた。自動車産業が国家にとって失うことのできない、雇用と経済政策の要であり、自由の国の米国でもその消滅は見過ごすことはできなかった。そしてカウントダウンがゼロになった瞬間100年続いた名門企業は破綻を迎えたのだ。

2009年3月、破綻劇から3カ月前にGMの破産法申請へ抵抗し続けるリチャード・ワゴナー

CEOは、オバマ大統領の圧力で突如辞任に追い込まれた。抜本的な再建策を求める議会に対し、「破産会社の車など売れるはずはなく、その選択は未曽有の混乱を招く」とワゴナーは抵抗を続けた。3月30日、オバマ大統領は、GM、クライスラーの「再建策には現実味がない」と一蹴し、クライスラーには30日、GMには60日の期限を切って破産法の活用を指示、抵抗勢力のワゴナーを解任に追い込んだ。ハーバード大学でMBAを取得、47歳でGM最年少のCEOに登りつめたワゴナーはGM再興の祖アルフレッド・スローンの再来と期待された人物であったが、もの言う株主、労働組合、優遇された退職者、最強のライバルらに翻弄され実績を残すことはできなかった。

２００９年1月、デトロイトで毎年開かれる北米国際オートショーは米国自動車産業の時代を映す鏡であるが、その年は異様な空気に包まれた政治ショーの舞台と化していた。さながら、バッテリーとモーターを搭載していなければ、もはやクルマにあらずといった、「自動車大電化ショー」が繰り広げられたのだ。土壇場で公的資金を注入され延命を図ったGMやクライスラーにとって、オバマ大統領の「グリーン・ニューディール」政策に沿って環境対応車を生産し、競争力を誇示することで、政府関与の正当性を訴えるしか術がなかったのだ。

GMの記者発表では大勢のGM従業員、サプライヤー、ディーラーの人々を集結させ、「歓声」の演出の中を多くの電気自動車がラリーする。クライスラー・ブースには、生産予定と記された4つの電気自動車が置かれ、米国トヨタ自動車販売の役員からクライスラー社長に転じたジム・プレスがかん高い声で同社の環境技術の高さを訴える。トヨタ時代から、プレゼンテーションの上手さで彼にかなうものはいなかったことが思い出される。スピーチだけを聞いていれば「クライスラーもやるな」

と思わせはするものの、複雑な部品構造や陳列された中身の見えないバッテリーの黒い箱は白けさせる出来で、「量産など可能なのか」と多くのジャーナリストは疑った。

２００８年12月、フォードＣＥＯアラン・ムラーリーは「エスケープ・ハイブリッド」、ＧＭのワゴナーも大衆車「マリブ・ハイブリッド」の車中にいた。ミシガン州からワシントンＤＣまで車で、公的支援を求めて、８００キロメートルを10時間かけての長旅に出発したのだ。その前の月の米国議会公聴会は失敗だった。プライベートジェットに乗って、議会に公的資金援助の要請に出かけたことが議会と世論の強い批判を買い、話は完全に筋違いの方向に振れてしまっていた。もはや失敗は許されない。８００キロを車で通うことで、世論の同情を買う作戦に出たわけだ。この経費削減効果はわずかに1万５０００ドルに過ぎず、２５０億ドルの多額な支援策の前ではいささかナンセンスに映る。１９５２年にＧＭのチャールズ・ウィルソン社長が国防長官に任命され「ＧＭにとって良いことは米国にとっても良いこと」と答えた国益のためのＧＭの権威は地に落ちていた。

２００８年９月、「世界は１００年で変わり、この１００時間でも一変した」。リーマン・ブラザーズが破綻した、いわゆる「リーマンショック」の翌日の２００８年9月16日に、ＧＭ創業１００年式典に参列したワゴナーの発言だ。その日からわずか半年たらずで自身はＧＭを追われ、９カ月後には１００年続いた名門企業が破産法申請に追い込まれるとは想像だにしなかっただろうが、危機を予感する名言となった。サブプライム問題に端を発した米国の金融危機は、世界の自動車需要を瞬間的に30パーセント消滅させ、自動車製造だけに留まらず金融事業をも蝕み、ＧＭのみならず世界の自動車メーカーの資金繰りは行き詰り、経営危機に直面することになる。

世界一速い社長の豹変

同じ頃、パリで開かれたオートサロン・ド・パリの会場では、ホンダの戦略モデルであるハイブリッド車「インサイト・コンセプト」のプレス発表に福井威夫社長が挑んだ。記者の関心は新車どころではない。金融危機をもろに受ける自動車市場の展望に質問が集中する。福井社長は不覚にも「ホンダの世界販売は落ちていない、シビックの米国増産体制は継続中」と発言をしてしまい、危機意識の低さはメディアを驚かせた。モトGPのモンスターマシンを操るバイクガイの福井社長は根っからの技術者であり、経済認識は望むべくもない。

記憶に鮮烈なのは、2004年に栃木研究所で開催されたホンダミーティングでの出来事だ。BAR－HondaのF－1マシンを時速292キロで駆って颯爽と現れたテストドライバーは実は社長の福井であった。「世界一速い社長」と呼ばれるようになる。「ワイガヤ」（わいわいがやがや役員が大部屋で上下関係なく活発に議論する）の文化に象徴されるように「集団指導体制」がホンダの経営の平時の姿だろう。大切な社長業の本質は、反骨でやんちゃで根っからの技術者である創業者、本田宗一郎のDNAを継承するようにも映る。しかし、有事に際したとき、ホンダの社長は豹変する。目つきが変わるのだ。強いリーダーシップを持った独裁者に転じ、時には残酷なほど容赦なく周りを追い込んでいく。1990年代のバブル経済破綻後の川本信彦、世紀の合併と呼ばれたダイムラー・クライスラー後の吉野浩行、そしてリーマンショックに直面した福井ともに豹変した。

12月5日に福井はF－1撤退を発表し、立て続けに戦略転換を含む構造改革策をまとめ上げ公表にこぎつけた。「アキュラ」世界戦略の縮小、寄居工場新設の凍結、大型エンジン開発の中止などを早々に打ち出し、この執行を伊東孝紳新社長に委ねる形で２００９年に彼は社長の座を降りた。名言と共に危機意識を示したワゴナーは対応が遅れ、会社を破滅に追い込んだが、ホンダは早期に構造対応を実施したことで、赤字に転落することなく経済危機を乗り切った数少ない自動車メーカーとなったのだ。

トヨタのお家騒動

しなやかに金融危機をかわしたホンダとは対照的な結果となったのがトヨタだ。「トヨタショック」と呼ばれたのはセンセーショナルな1兆円の営業利益下方修正を発表した２００８年11月の中間決算だ。約1カ月後の12月22日には創業以来の営業赤字転落見通しを公表し、盤石に見えたトヨタが音を立てて崩れた。

メディアを始め多くの人たちは、２００７年度に2兆円以上の営業利益をあげ、世界の自動車会社のトップに登りつめ、日本産業界のリーダーシップを勇猛に担う同社を仰ぎ見る傾向が強かった。トヨタならこの苦境を何とかかわせるのではという期待は少なからず心の底にあっただけに、もろくも崩れ憂慮する同社を見て、一転大きな失望に転じる。トヨタ賛美から、経営の拡大主義への批判にメディアの論調は大きく流れが変わる。派遣社員や期間工の大量解雇への批判、大減産に伴う国内経済への影響懸念など、トヨタと社長の渡辺捷昭の不覚を指摘し続けた。

渡辺捷昭は社長として指揮を執るあいだ絶え間なくアクセルを踏み続けた。トヨタを世界トップに引き上げるだけでなく、グローバルな社会要求を満たす世界的企業に進化させることが彼の狙いであっただろう。ほぼ毎年、世界のどこかで新工場を新設し、数量と収益を追求した。トヨタの経営のグローバル化、市場経済への対応を進め、配当増加、自社株の買い増しなどの資本効率の改善を推し進めた。世界中のトヨタの株主は彼を大絶賛していた。豊田家の嫡男である豊田章男に大政奉還を実現させ、ゆくゆくは財界での活躍が将来のステップとなるはずだった。

政変はすぐに襲ってきた。屈辱の赤字転落会見の翌日となる12月23日の朝日新聞が社長交代をスクープした。記者会見でうつむく渡辺捷昭の写真を大きく掲載し、創業者である豊田喜一郎の孫に当たる豊田章男副社長が来年に社長昇格となる人事を固めたと報道した。会社の危機に直面し、豊田家が主導して大ナタを振るったというのが一般的な見方だ。会社の大混乱期に強引に社長交代を進めることに多くが違和感を持った。会社の未来を憂う豊田章一郎相談役、血気盛んな豊田章男副社長らが渡辺捷昭を切り捨て、影響を及ぼす実力役員を排除し、企業カルチャーと経営の立て直しを急いだ可能性が高いとみる。ホンダが構造改革に着手したとき、トヨタはお家騒動の渦中にあったのだ。

その後、副会長に祭り上げられた渡辺は、拡大主義が原因とされた品質問題の責任を取る形で会長職に就くことなく、２０１１年に相談役に退いた。渡辺の懐刀といわれ、実力副社長として同社の収益拡大の陣頭指揮をとり、社長候補ともいわれた木下光男は子会社のトヨタ車体会長に転出、その後豊田通商の会長に就くが、２０１３年７月に67歳の若さで鬼籍に入った。奥田碩の秘蔵っ子として頭角を現し、経理部門を束ねてきた鈴木武専務（現あいおい同和損保代表取締役会長）は、一時的にとはいえ、トヨタファイナンシャルサービスの社長への横滑りとなった。

ピエヒの支配力は頂点を迎える

ポルシェＡＧ（自動車事業会社）のウェンデリン・ヴィーデキングＣＥＯもまた、窮地に立たされていた。２００８年10月、世界経済が米国発の金融危機の脅威にさらされ始めたとき、ポルシェＡＧが13倍も規模が大きなＶＷを呑み込もうとする買収プロセスも最終段階に差しかかっていた。しかし、ＶＷの普通株式の42・6パーセントまで出資比率を買い増したと公表した直後、ＶＷの株価が暴落を始めたのだ。

２００５年から粛々と進めてきた買収劇であったが、最終段階にきて世界の経済情勢が大きく変化してしまった。ポルシェの自動車販売は米国市場が崩壊し、激減に歯止めがかからない。買収資金を生み出すために仕込んだプットオプションが膨大な損失を生み出し、ポルシェは巨額の赤字に転落することが不可避な情勢となる。銀行も自分を守るのが精一杯の状況で、遂には資金繰りにも行き詰まり始める。倒産の2文字がヴィーデキングの脳裏をよぎる。メダカがクジラを呑み込もうとする無理の中で、ヴィーデキングはオプション取引というマネーゲームに手を染め、巨額の利益を買収資金につぎ込んでいたことが命取りとなったのだ。

２００９年5月、ポルシェの金融危機を収めるため、創業家ポルシェ博士の孫であるフェルディナント・ピエヒ監査役会会長の主導で、ＶＷはポルシェを救済する形で経営統合することを決定した。ポルシェＡＧはＶＷの１００パーセント子会社となり、ＶＷ傘下のブランドとなる。この経営危機の中で、ピエヒは対立するヴィーデキングを追放し、一族が支配するポルシェオートモービルホールデイングSE（VW、ポルシェAGの持ち株会社）へのピエヒ家の出資比率を買収事件前の38パーセントから大幅に引き上げることに成功した。ポルシェオーモティブSEはVWを50・7パーセント支配し、VWはポルシェAGを100パーセント所有する。ピエヒの支配構造が完成した。

2　危機を超え、抜け出すトヨタとVW

リーマンショックが開いたパンドラの箱

いまからわずか4年前、サブプライムローン危機に端を発した金融危機（リーマンショック）の中で自動車産業は瀕死の状態に陥っていた。この金融危機では多くの自動車メーカーが経営危機に陥った。米国のGM、クライスラーが経営破綻を迎え、欧州でもポルシェが経営危機に陥り、サーブは破綻した。多くの自動車メーカーが政府からの資金援助を受けながらなんとか経営危機を乗り切ったのだ。トヨタも例外ではなく、2007年度の2兆2704億円の営業最高益から2008年度は一気に4610億円の営業赤字に転落し、トヨタショックとして誰しもが驚く業績の悪化を迎えた。遠い過去の出来事のように聞こえるが、この危機は自動車産業の歴史的なパラダイムシフトを引き起こし、2020年までの世界の自動車産業の戦いの構図を定めたといっても過言ではない。

先進国から新興国へ自動車需要の成長ドライバーは移行し、自動車のコモディティ領域が拡大することでビジネスの儲けかたも大幅に変質した。つまり、製品の差異化がいっそう困難になったのだ。

メーカー間の競争力ギャップは際どく縮小し、混沌とした競争環境に直面する。米国中心のビジネスモデルが競争優位の源泉にあった日本の自動車産業にとっては、大変厳しい展開となる。日本メーカーは将来に向けた成長と競争優位を再定義し、構造改革を断行しなければならない厳しい局面に立たされたのである。

米国商品へ戦略的に傾倒した日本車にとって、突然の米国凋落と新興国の主導権奪取は、大きな誤算となった。成長を続けてきた米国市場は非常に収益性が高く、商品開発や製造の社内リソースの多くが配置され、経営戦略の根幹をなしてきた。2001年の9・11から2008年9月のリーマンショックまでの7年間で、日本メーカーは170万台の生産能力を北米に設置した。日本国内へも、対米輸出を前提とした完成車工場を複数新設した。商品開発においても、自動車の電子化へ積極的に先行投資しコスト構造も高騰したと推察される。先進国事業の収益基盤を再構築することは日本の自動車産業にとって深刻な経営課題となって浮上する。それ以上に深刻な事態は、成長の本丸となった新興国ビジネスの競争基盤の確立を同時に進めなければならなくなったことだ。

米国覇権の終焉

経済危機の中で破綻に追い込まれたGMとクライスラーは、オバマ大統領の自動車政策による潤沢な資金供給、聖域なきリストラ、米国新車市場の予想以上に早い回復など追い風も吹き、順調に再建が進行している。公的支援なしで自力再建しているフォードに至っては、凄まじい努力の成果を誉めるべきだ。コスト改革、パワートレイン改革などの改革が奏功し競争力は大幅に好転できたと考えられる。

米国メーカーにとっての不幸は、２０００年代の住宅バブルの中で、本来は伸ばすべきではない古いビジネスモデルがバブル的に拡大し、構造問題の根を深くしてしまったことにある。依存してはいけない領域に結果として依存しすぎたことだ。これが彼らの墓穴を掘ることとなった。古いアーキテクチャ（設計概念）と大型エンジンを搭載したＳＵＶ（多目的スポーツ車）は飛ぶように売れ、古い体質の規模は逆に増大してしまう。

同等なビジネスの枠組みとアーキテクチャの中では、規模はそれ自体が揺るがぬ強みであり成長を循環させる仕組みとなる。しかし、求められる機能と商品特性が変化し、製造工程を固めるアーキテクチャが変質するときは、そのような規模は逆に変化への障害となり、レガシー問題に変質、様々な難題となって襲ってくる。原油とガソリン価格の高騰に端を発した自動車のダウンサイジングを受け、２０００年代後半の構造変化に対応が行き詰まる。金融事業のレバレッジ効果を活用して難局回避し、延命を図ろうとしたところを２００８年の金融危機が襲い、資金繰りは行き詰まり経営危機に陥ったのである。

息を吹き返した米国メーカーの今後をどう見るか。確かに、コスト削減は進み、余剰能力も圧縮されリーンな体質に転じた。商品の魅力は強みであるピックアップトラックはもちろん、課題であった乗用車でも向上しており、クルマづくりの競争力は大きく改善できただろう。努力は確実に結実しているると考えられる。ただし、米国メーカーが世界競争で主導権を再び奪うほど本質的な力量がついてきたとは考えない方がいいだろう。経営が安定し、内在的な競争力強化はこれからが本格期に入ると考える。収益の大部分は米国に依存しているし、その利益のほとんどは米国メーカー3社でほぼ独占する大型ピックアップ販売が源泉となっている。これでは一定の存在を示せても持続的な成長が見込めず、大きく依存してはいけないビジネスモデルである。

守るトヨタ、攻めるVW

経済危機を挟んで、世界の自動車勢力図は大きく変動した。米国メーカー主導の覇権構造は終焉し、トップ5グループがつばぜり合いをする、格差が著しく縮小した競争構造に転じている。圧倒的地位に立っていたGMとトヨタの成長が減速し、VWとヒュンダイ（現代）グループが大きな躍進を遂げた。ルノー・日産陣営も頭を抜け出し、トップ集団に割って入ってきたのに対し、フォード、PSA（プジョー／シトロエン）、ホンダの停滞が目立つ。この結果、トヨタ、GM、VW、ルノー・日産、ヒュンダイという世界販売700万台以上の5社が上位グループを形成し、フォード、フィアット・クライスラー、ホンダ、PSAなどが2番手グループを形成する構図に変化した。

トヨタは、1995年に社長に就任した奥田碩の引いたレールに乗り、著しく高い内部成長を実現し、渡辺捷昭の積極経営の中で内部的な問題を抱えながらも世界トップの地位に上りつめた。しかし、2008年の経済危機を契機にその成長性は停滞している。トヨタが誇った圧倒的な「品質」と「価値」という競争優位性が縮小していると考えられ、問題は構造的である。競争力の後退は2000年代半ばには蝕み始めていたのかもしれないが、米国住宅バブルと根拠のない円安がその後退を気づかせなかったことで傷を深め、リーマンショックがそれを炙り出したのだ。

図1-1　世界の自動車販売台数の推移

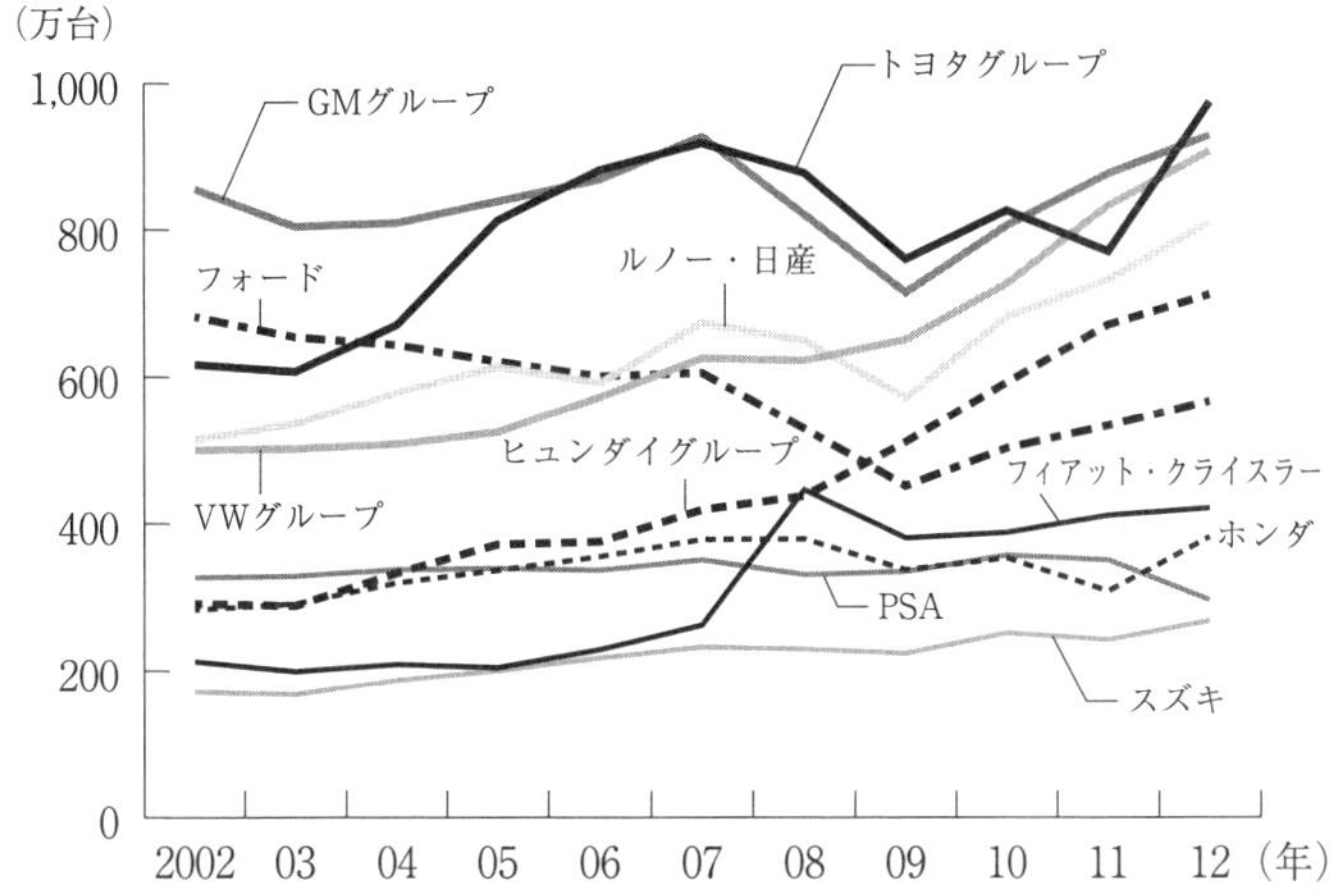

出所：2002-2007 Automotive News, 2008-2012 FOURIN

トヨタのライバルとして、強力なチャレンジャーが登場している。それはさまにトヨタとは対極に立つＶＷであり、かれらの成功要因はトヨタイズムとは完全に距離をとった経営システムとビジネス戦略によって成り立つ。トヨタの殻を打ち破ったイノベーション、斬新な思想、革新的なマネジメントの力があり、いわば欧州陣営の自動車産業戦略の延長線上にその成功の原動力がありそうだ。中国成長の享受、自国通貨安という地域や経済の追い風があったことは間違いないが、そこだけに優劣の原因を求めては、80年代のＧＭの業績悪化の言い訳と同じことになってしまうだろう。

トヨタの競争優位が縮小しているといっても、そこは実力が非常に高い会社であり、新社長となった豊田章男のリーダーシップと卓越した組織力で混乱を収拾し、世界販売台数を反転させ、財務パフォーマンスの好転も実現してきた。

世界販売台数は2012年に早々とトップに返り咲き、収益は過去最高益を更新する勢いにある。

トヨタは復活から真の競争力構築へ

2013年5月、トヨタは2012年度単独営業利益が実に5年ぶりに黒字に転換したことを発表、2012年度までに黒字化の目途を付けるとしてきた公約を実現した。続く新年度となる2013年度の連結営業利益は1兆8000億円、営業利益率も7・7パーセントへのV字復活を予想に掲げた。その後、為替はさらに円安が進行し、8月には1兆9800億円（同8・0パーセント）、11月には2兆2000億円（同8・8パーセント）へと大幅な上方修正が発表されている。時間の問題で過去最高益を更新する公算が高い。利益が日本一であることはいうまでもなく、世界的な企業としてのトヨタが復活に向かう。

「持続的成長のスタートラインに立った。真の競争力、すなわち持続的成長を可能にするための競争力をトヨタに関わる全員で、真剣に考え、追求していきたい」。苦難の4年間を乗り越えた社長の豊田章男のコメントは控えめだが、リーマンショックを挟んでトヨタが危機を脱し、真の競争力を獲得するステージに移行する意気込みを感じさせた。海外の有力投資家からも「トヨタの社長のメッセージは良かった。いい経営になってきた」と、賛辞が聞かれた。

2008年からの4年間の混乱と直面した危機は確かに異常な世界であり、トヨタの持つ本質的な優位性とはおよそ関係のないフリーフォールの世界であった。品質問題に際しては絶体絶命ともいえる局面であり、日本を支える製造業の雄であるトヨタがあのまま崩れ去っていたらと思うと身のすく

図1-2　日本、アジアの自動車業界の純利益推移

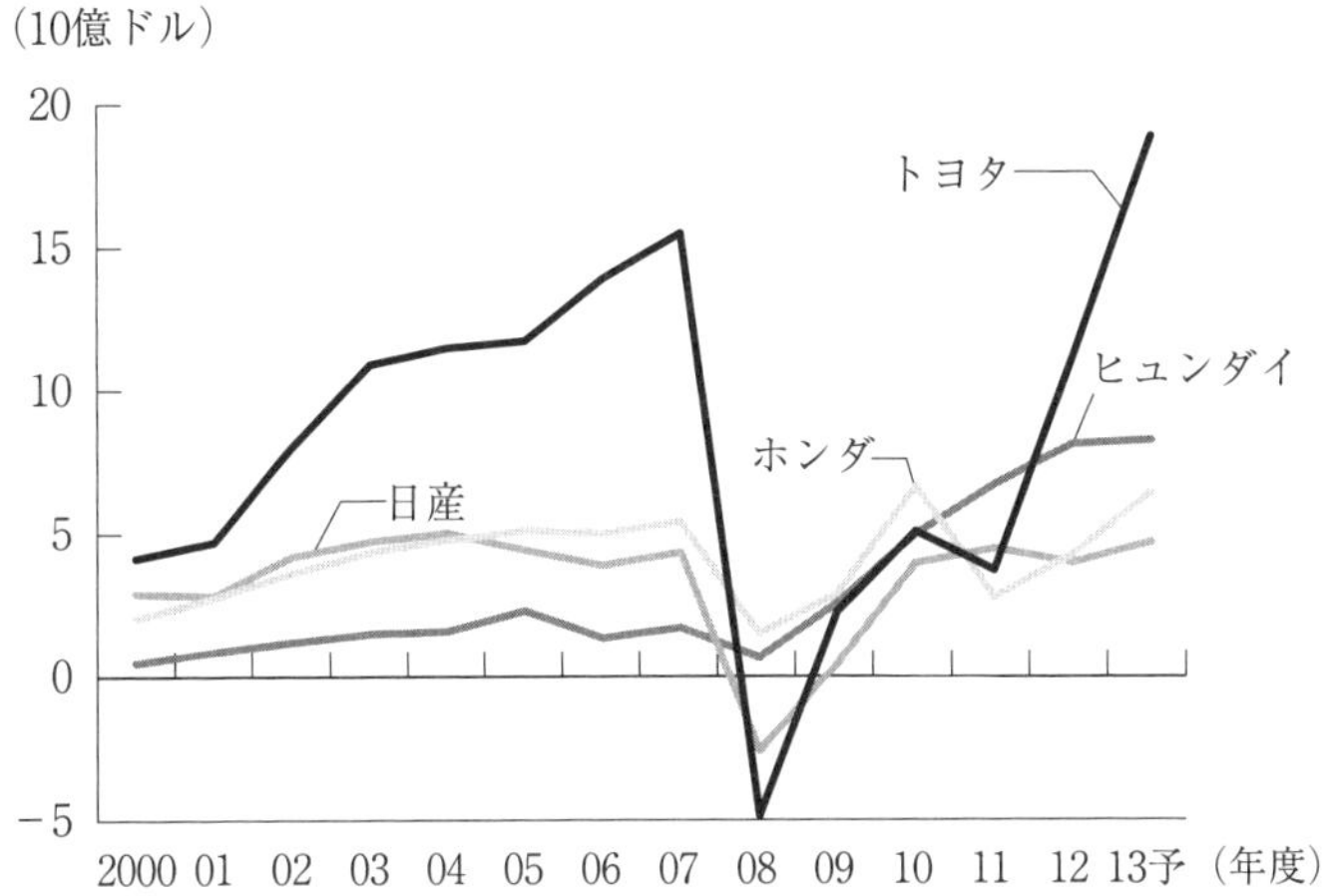

出所：ブルームバーグ

む思いだ。

現在のトヨタは収益体質を完全に立て直して復活を果たした。この実現に向けた体質改革を苦難の中で実現できたトヨタの実行力と組織力を改めて評価すべきだろう。円安の追い風は大きな要因ではあっても、根底に体質強化があってこそ現在の姿がある。ただし、社長がスタートラインに立ったにすぎないという通り、実際の課題は山積しており、真の競争力を確立したと手放しで喜ぶには時期尚早である。

「深層の競争力」の向上がカギを握る

自動車産業の競争力を東京大学大学院教授の藤本隆宏は、「深層の競争力」「表層の競争力」「収益力」の3つに層別している。具現化し顧客に直接訴求できる商品力、性能、価格という表面化する「表層の競争力」がある。

その結果としての財務パフォーマンスが「収益力」である。戦略性、経営力、QCD（品質、コスト、納期）、効率、生産性など表に出ない「深層の競争力」は簡単には測りづらい。時間軸で見れば「収益力」は四半期で短期的に変動し、「表層の競争力」はモデル循環の中で浮き沈みがあっても、「深層の競争力」は非常に安定的で、製品のアーキテクチャが大きく変質しない限り、「ものづくりの組織能力」と概ね連動すると説く。

このアナロジーでいけば、トヨタの「収益力」は競争力を既に回復済みで、「表層の競争力」はライバルとの相対的な競争力格差は目に見えて縮小はしても、劣勢に転じたとは思われない。問題は「深層の競争力」である。製品のアーキテクチャや自動車のビジネスモデルは大きく変化を始めており、ものづくりの組織能力を進化ないしは新たな成功要因を獲得しなければ、かつてのようなダントツの競争力を謳歌することは容易でないだろう。

まさに、本書が切り込む深層は、クルマのアーキテクチャやビジネスモデルの進化に対しトヨタとVWの戦略性と経営システムがいかに「深層の競争力」を向上させ、迫りくる大競争時代を勝ち残るかという議論である。トヨタのものづくりの能力は確かに日本の製造業の構造的問題の中で大きなハンディキャップを背負ってはいるが、それは跳ね返す力は十分にありそうだ。しかし、欧州勢が攻め込む新興国でのコスト競争力や標準化を進める自動車のアーキテクチャ、収益力を確保するブランド展開など、ものづくりも大切だが、ソフト面の競争力がより試される可能性を認識すべきだろう。

図1-3　トヨタ、VW、GMの世界販売台数の推移

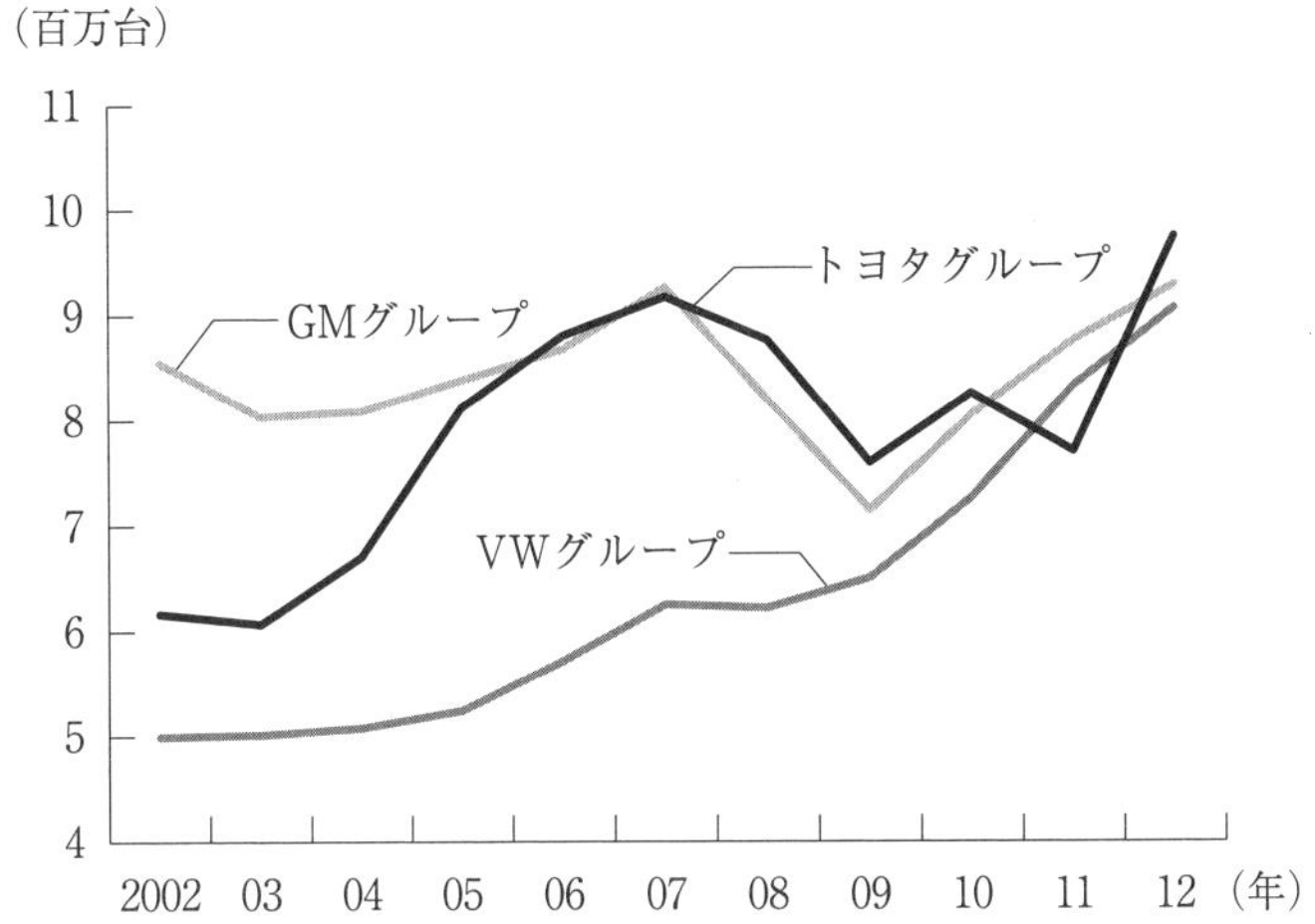

出所：2002-2007 Automotive News, 2008-2012 FOURIN

危機を超えて飛躍を続けるＶＷ

世界の自動車産業の中で過去5年間、最も高い成功を収めているのはドイツのフォルクスワーゲン（ＶＷ）である。２０１２年の世界販売台数ランキングを見れば、トヨタが９７４万８０００台で２年ぶりに首位に返り咲いたものの、リーマンショック前のピークであった２００７年の９１７万５０００台からわずかに6パーセントしか成長していない。２位のＧＭも２００７年比では横ばいだ。３位に浮上したＶＷは２００７年比で45パーセント成長、４位のルノー・日産も同20パーセント増、５位のヒュンダイグループは同70パーセントも成長した。圧倒的な存在であったＧＭとトヨタが新興勢力に急速に差を詰められる構図が明白である。

ＶＷの成長を牽引しているのは、地域軸で

図1-4　自動車会社の価値創造マップ

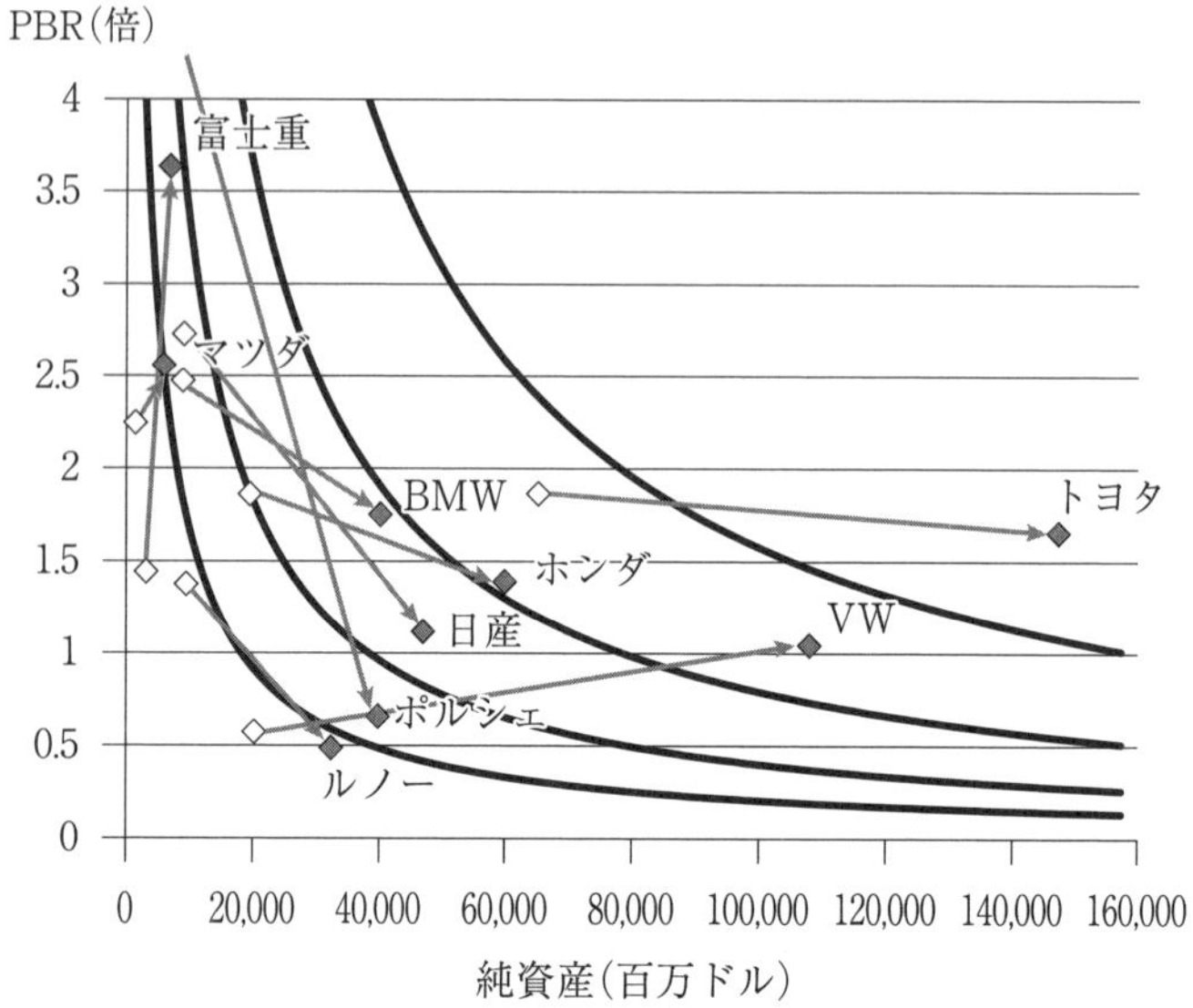

出所：ナカニシ自動車産業リサーチ

は中国、ブランドではプレミアムのアウディなどが好調であるが、なんといっても強みはＶＷの経営モデルにあり、オープンなビジネスモデルを迷いなく成長戦略に取り込む姿勢にある。自動車ビジネスを戦略的に再構築し、儲けるところと水平分業を選別したうえで、Ｍ＆Ａやマルチブランド戦略を積極化させてきた。オープン化、標準化を戦略的に推進し、水平分業しやすい仕組みを作って苦手なものづくりやコスト削減を克服する一方、マーケティング、デザイン、ブランドを含むソフト面の管理を極め、ブランドの平準化や同一化のリスクをコントロールする。

経営の方向性は、実に明確だ。

２０１８年までに１０００万台の

世界販売を達成する中期経営計画を走らせている。この計画は早期に達成が可能であり、さらに成長を加速してくる可能性が高い。中期経営計画の柱は４つの注力ポイントがある。第一に、革新的な設計概念に基づきメガプラットフォーム戦略を推進する。第二に、積極果敢な生産設備と研究開発への投資にあり、２０１３〜15年の３年間で中国合弁会社を含めて６００億ユーロ（円換算7兆７４８０億円）の総投資を実施する。第三に、プレミアム戦略の強化であり、アウディ、ポルシェの成長を推進させる。第四に、革新的なパワートレインのリーダーシップをとり、小排気量過給ガソリンエンジン、ディーゼル、次世代パワートレインを極めていく。

特出するトヨタとVWの財務パフォーマンス

２００1年から２０１3年9月にかけて、自動車メーカーの純資産と評価基軸の純資産株価倍率（ＰＢＲ）のマトリックスをプロットしたのが図表1－4である。２つの乗数は企業の時価総額を表しており、この2軸の双曲線となる。右上に移行するほど企業は価値を創造することになる。この12年の間に、９・11、サブプライム、ユーロ危機などの幾たびも危機を経過し、自動車産業全体では価値を際だって創造できたとはいえず、時価総額は増大したがバリュエーションは右肩下がりが多い。右上に大きく移動したＶＷは特出した好パフォーマンスといえるだろう。ＶＷの戦略と経営が競争力を向上し長期的に安定的なパフォーマンスをもたらした結果である。トヨタはバリュエーションこそやや低下したが、時価総額を増加させており相対的に良好な結果である。

3　主戦場は先進国から新興国へ

時代を手繰り寄せたリーマンショック

米国サブプライム問題に端を発した金融危機、いわゆる「リーマンショック」は先進国経済が構造的に凋落し、先進国向け商品と技術を経営戦略の中心においた日本の自動車産業の根本を揺るがす出来事であった。具体的に、日本メーカーに三つの重大な変化をもたらした。第一に、先進国から新興国へ自動車産業の需要成長ドライバーが移行したことだ。第二に、自動車のコモディティ化が進展したことである。第三にグローバルな自動車メーカー間の競争ギャップの著しい縮小である。この結果、かつては日本車の成功要因であり、ブランドを支えてきた品質と価値は競争力を大きく後退させる懸念が台頭している。過去四半世紀の間、ブランド価値の根本として日本車が握ってきた本質的な競争力を激しく揺るがせる出来事であったのだ。

世界の消費構造がＯＥＣＤ（経済協力開発機構）諸国を中心とする経済圏から、非ＯＥＣＤ諸国に牽引される新興国の時代が来ることは誰しもが理解していたが、リーマンショックはその構造転換を手繰り寄せた。毎月の新車販売台数を季節調整後年率換算レートに置き換えて先進国と新興国の推移を追えば、新興国主導の自動車消費構造へ転換した事実が見て取れる。危機から5年が経とうとしているが、先進国需要はピークの85パーセントの水準にしか回復していない。新興国需要は過去最高を疾

図1-5　世界の自動車販売の構造転換：先進国対新興国

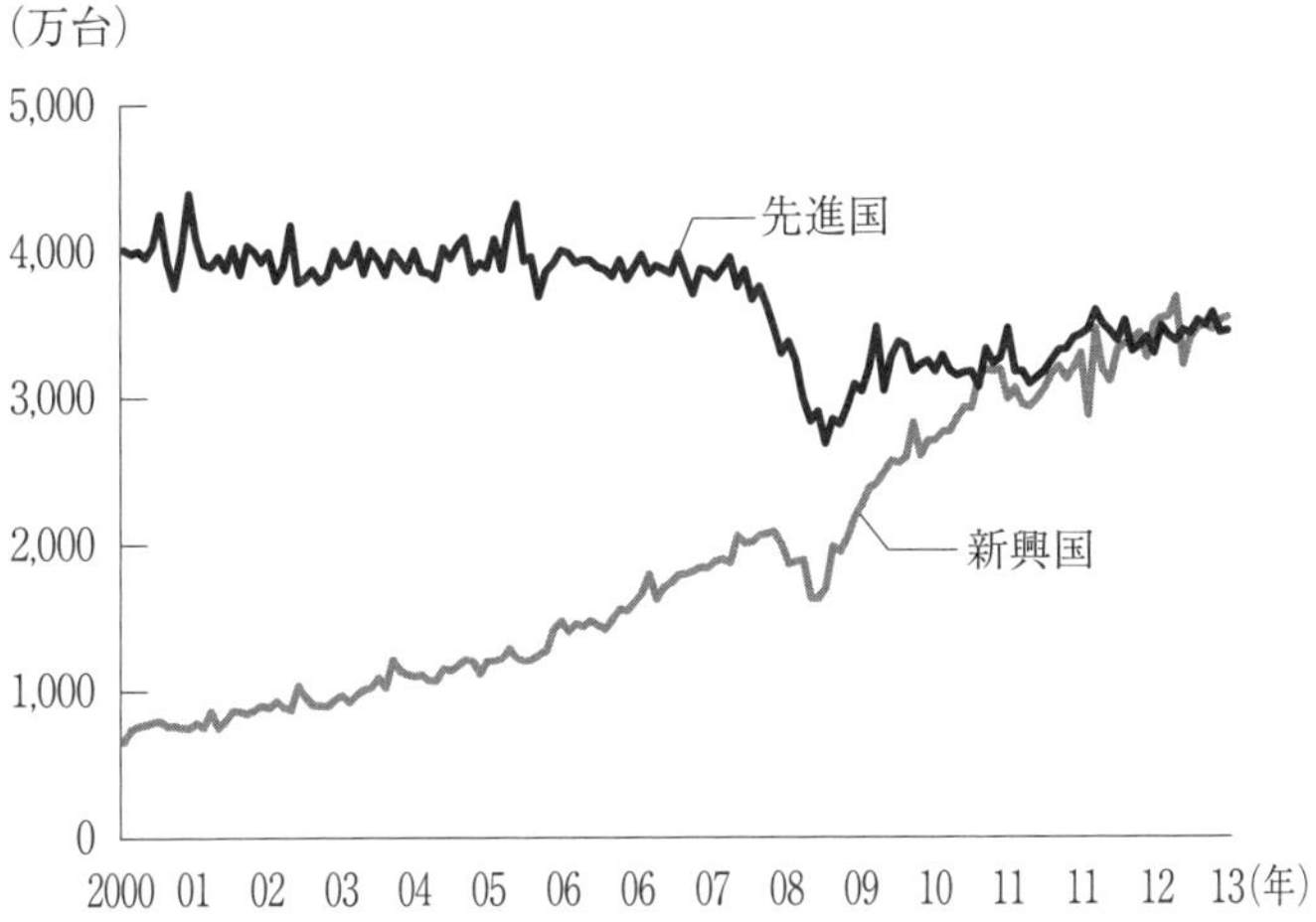

注：米国、カナダ、メキシコ、西欧、ロシア、日本、中国、インド、タイ、マレーシア、インドネシア、韓国、ブラジルの販売台数。ライトビークルをベースとしているが、数カ国に関しては中・大型車を含む。

出所：Autodata、Automotive news、ACEA、JAMA、KAMA、CIA、TAIA、CAAM、Marklinesなどを基にナカニシ自動車産業リサーチ作成

走し、当時の190パーセントとほぼ倍増のレベルに到達し、規模は先進国を超えている。

　目先の新興国経済の膨張には警戒感が漂うことも事実である。中国金融経済の健全性に関する心配は絶えないし、米国での超金融緩和政策の出口戦略を受けてアジア経済と通貨市場は揺れている。近い将来、調整局面が訪れるリスクは皆無ではなかろう。先進国、新興国を問わず、自動車需要というものは消費者マインドに強い影響を受ける。マインド次第で需要を前倒しも先送りもできるため、その振れ幅も非常に大きい。したがって、循環的な調整局面はつきものであるが、構造的な需要構造シ

図1-6　新興国における新中間層の出現、増大

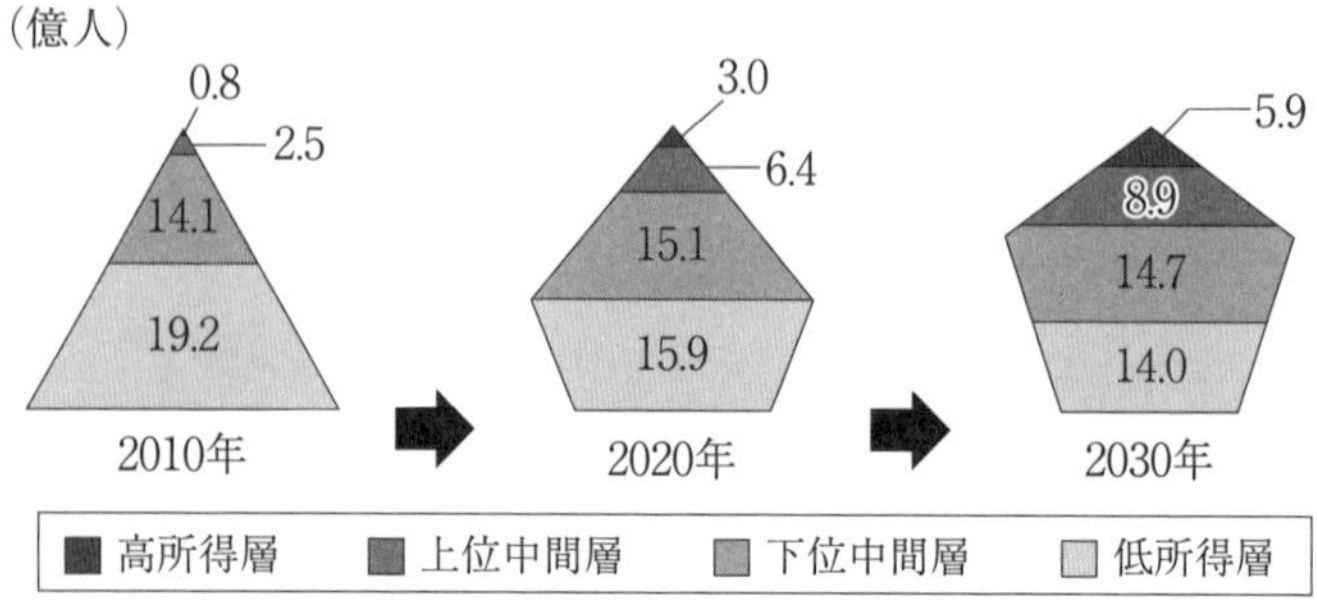

出所：新中間層獲得戦略研究会の中間報告書（経済産業省）

フトが持続するシナリオが変質するものではないだろう。

新興国における競争力の比較

経済産業省の「新中間層獲得戦略研究会」の中間報告者に基づけば、新興国の新中間層人口は２０１０年の16・6億人から20年に21・5億人、30年には23・6億人へと大膨張が予想されている。増大する新中間層のうち中国、インド、インドネシアの3カ国が80パーセントを占める構造となる。新中間層は、貧困から脱し市場経済に参入し始める下位中間層（家計所得５０００ドル～1万５０００ドル）とサービス支出を増加させレジャーを楽しむ上位中間層（家計所得1万５０００ドル～3万５０００ドル）に分類される。この新中間層需要の取り込みには各社間で戦略的な差異がある。下位中間層も視野に入れ、より積極的に低価格路線を攻めようとするＶＷ、ルノー・日産、ヒュンダイに対し、トヨタ、ホンダは上位中間層に照準を合わせた戦略をとる。

新興国の市場シェアを比較すれば、ＶＷは中国、南米で非常に強い存在感を示す。一方、トヨタはアジアに強みがあるが、中国、南米でのシェアは重要な課題となっている。両社ともにインドでの市場シェアが数パーセントと非常に低位に留まることが課題だ。両社の強みと弱み、その課題は明白であり、トヨタは新興国での競争力向上と販売規模の確立が急務であり、ＶＷはアジア・米国への地域分散の拡大である。互いの得意領域での各々の競争力引き上げが求められている。

トヨタにとって連結収益の約30パーセントはアジア地域から生み出していると考えられ、このエリアでの強みを守ることは経営基盤を安定化させるために不可避となっている。同時に、出遅れ気味の中国、南米、インドの競争基盤の構築が課題にある。

一方、ＶＷは中国とブラジルの収益に大きく依存する。特に中国は利益全体の40パーセント程度を稼いでいると考えられ、この高い依存度を放置することは非常に危険である。アジアと北米の基盤を強化することで、収益体質のバランスの好転が見込まれ、そのためにも、日本を含むアジアへ風穴を開けることが非常に重要な経営課題であり是が非でも侵攻を狙ってくるだろう。スズキとの統括的な資本・業務提携はまさにこの狙いをもって決定したことだが、現時点でこの関係はうまくいっていない。スズキ側が提携の解消を求める仲裁を申し立て、係争中にある。ＶＷにとって最良のパートナーとなりえただけに非常に残念であるが、結果次第ではＶＷは再度、日本およびアジアへのプレゼンスを高めるＭ＆Ａを模索する可能性は高いと考えるべきだろう。

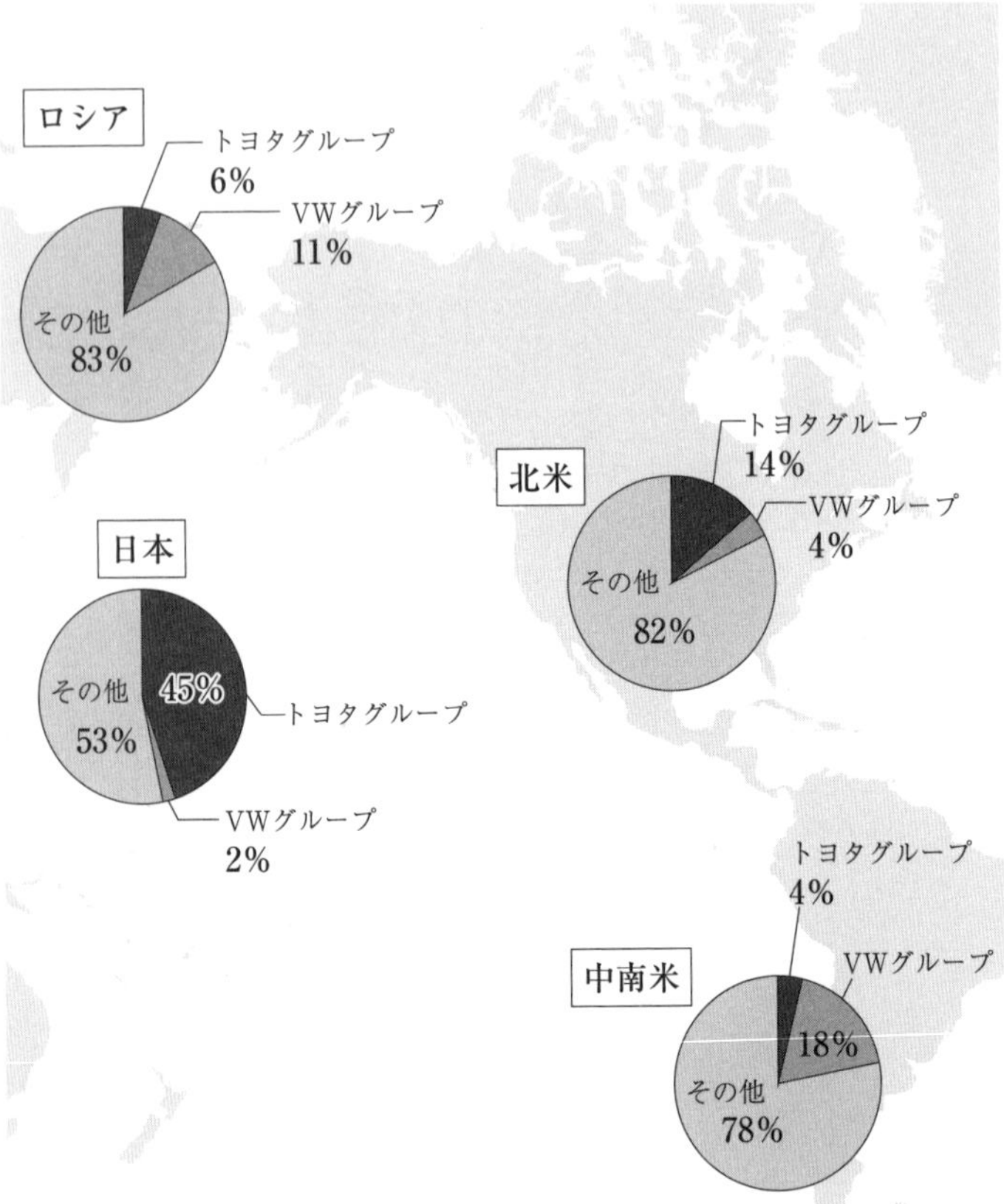
ロシア
トヨタグループ
6%
VWグループ
11%
その他
83%
北米
トヨタグループ
14%
VWグループ
4%
その他
82%
日本
その他
53%
45%
トヨタグループ
VWグループ
2%
中南米
トヨタグループ
4%
VWグループ
18%
その他
78%

図1-7　トヨタ vs VW　主要地域の市場シェア(2012年)

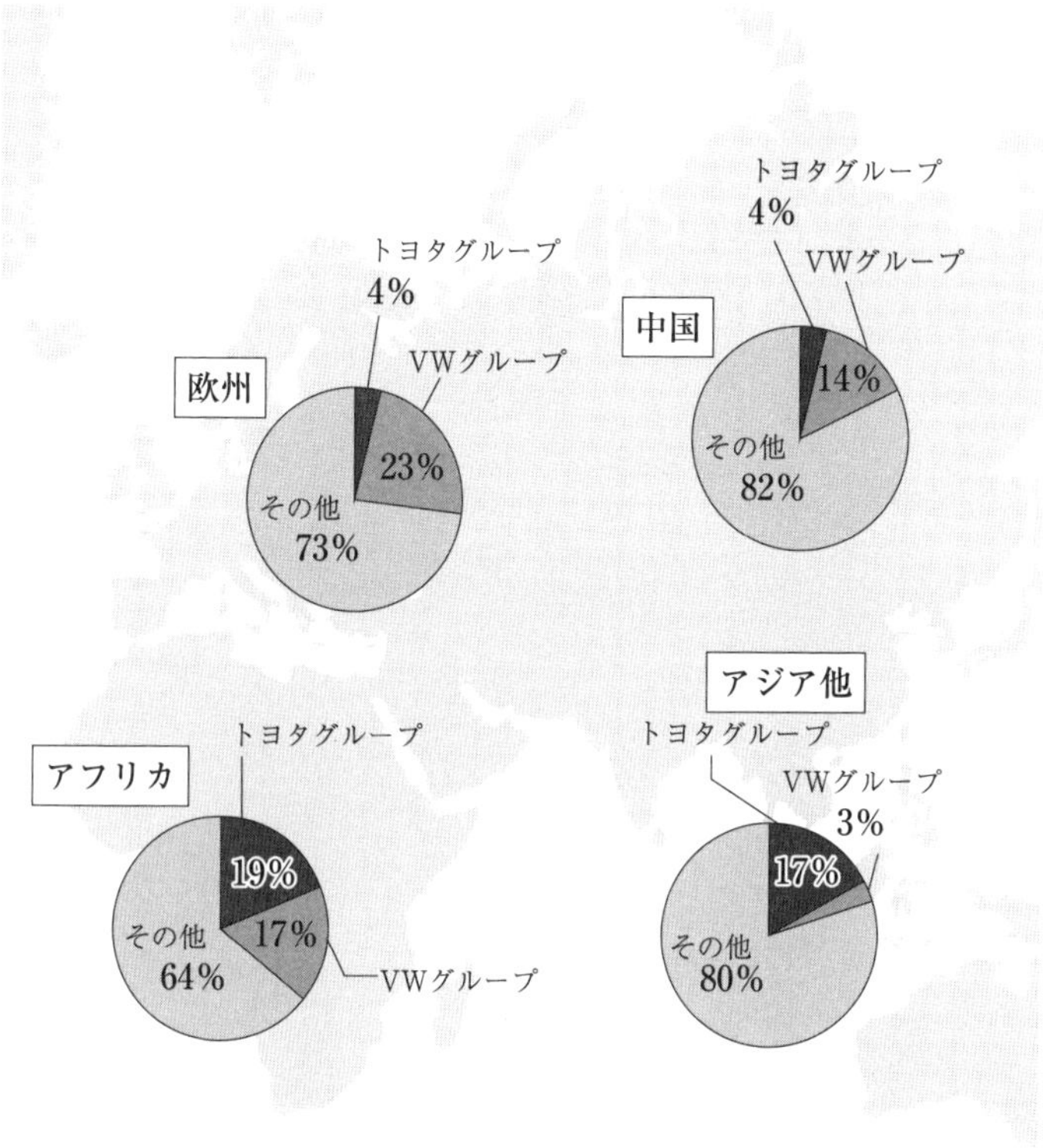

出所：マークラインズのデータをもとに、ナカニシ自動車産業リサーチ作成

インド版国民車「ナノ」の号砲

２００９年7月、話題のクルマがデビューした。インドの大手財閥であるタタ・グループのタタ・モーターズが発表した「ナノ」である。リーマンショックは新興国消費時代の幕開けをもたらし、その本格的な新興国新中間層の需要拡大に伴う低価格自動車の戦いを告げる号砲である。２０３０年には23・6億人に達するといわれる新興国の新中間層による爆発的な自動車需要が待ち構えている。

タタ・グループの名誉会長を務めるラタン・タタは１９３７年にインドの最も富裕な一族であるタタ家のもとに生まれ、ハーバード・ビジネス・スクールで学んだ後、ＩＢＭ勤務を経て１９６２年にタタ・グループに加わった。行動的で大胆な経営スタイルはインドの土着会社をグローバル規模に飛躍的に成長させた。彼はまさしく実績を誇る凄腕のカリスマだ。２００８年の経済危機の最中、フォードは高級車グループ（ＰＡＧ）の解体に迫られ、ボルボを中国の吉利汽車に、「ランドローバー」と「ジャガー」はインドのタタに売却した。

「インドの人々のために何かしようという無意識の衝動にいつも駆られてきた」。ファミリーバイクと呼ばれ、二輪車に5人も6人もの家族全員が乗るインドの消費者に安全と快適を提供することが、「ナノ」に取り組むラタン・タタの情熱である。

「ナノ」は６２４ccの直列2気筒のガソリンエンジンを座席後方に搭載する後方エンジン、後輪駆動の駆動方法を持つ。軽自動車を少し小さくした大きさ（全長３・１ｍ、全幅１・５ｍ）に4人乗り、燃費はリッターあたり23・6キロとインドで最高を誇る。インド市場にフォーカスしてコストを徹底して削減し、発売時の価格は11万２７３５ルピー（当時為替で約21・７万円）に抑えられた。エアバッグもＡＢＳも装備されておらず安全性能は万全とは言い難いが、４人乗りの二輪車よりははるかに安全だろう。

しかし、現時点では同モデルの販売は大苦戦となり、損益分岐点と考えられる年間生産24万台をはるかに下回って低迷中だ。経済的な不安定さが続く不幸も加わったが、マーケティング的にフォーカスした下位中間層にはやや早すぎるタイミングであったといわざるを得ない。皮肉にも、富裕層の２台目という購買者が多いと聞く。人口11億人の中に1億人といわれる上位中間層の購買力向上と、年間１０００万台近い二輪車需要の自動車への移行を考慮すれば、近い将来に低価格自動車需要に火がつく可能性は高い。その意味で、「ナノ」の取り組みは正しいといえる。

新中間層の需要取り込みを狙った動きは機運が一段と盛り上がってきている。２０１３年7月、日産自動車は２０１４年初頭にインド市場で発売される、新興国戦略のダットサン・ブランド第1号車である「ＧＯ」を発表した。旧型「マーチ」をベースに１・2リッターエンジンを搭載する本格的なスモールモデルを、軽自動車ベースのスズキの「アルト１０００」やヒュンダイの「ＥＯＮ」と同等の価格帯にぶつける考えだ。日産自動車は中国で「ヴェヌーシア」、インド、ロシア、インドネシアを中心とする新興国に「ダットサン」という専用ブランドを投入し、新興国の新中間層の自動車購買力を積極的に取り込む戦略を掲げる。ヴァンサン・コベ執行役員は「各市場ニーズに適応した商品を独立して開発し現地部品調達と現地生産を行う」ことがダットサン戦略の基本にあると話す。

新興国競争の変化

先進国需要はクルマのコモディティ的な特性が広がり始め、多機能なクルマを世に送り出すだけでは過去のように収益を上げていくことが非常に難しくなってきた。先進国のクルマが家電的なコモディティになることはまずないが、機能に対して価格で回収できる領域が縮小し、結果として商品選択基準が販売価格に支配される傾向が強まるという意味でコモディティ化は着実に進展するだろう。大型排気量や多機能のクルマを好んだベビーブーマー層から、スモールで低燃費志向のクルマを好む若年層に購買の主体が移行している。ところが、クルマの安全と環境性能への要求は留まるところを知らない。衝突安全回避などの安全性能への要求はエスカレートし、CO_2排出などの環境規制強化が著しく進むなかでコスト上昇に歯止めがかからないのだ。

先進国よりも購買力が劣る新興国での戦いはよりシビアである。今でこそ、新興国の量販モデルは「安かろう悪かろう」の域を抜け出せていないが、２０２０年目線では新興国と先進国の境界を議論することに意味がないほど双方のつくりと機能は接近してくることが予想される。先進国と同等に近い商品を格段に廉価に提供することが求められ、特に新興国最大市場の中国はこの傾向が顕著となるだろう。

中国は今後数年間で、大気汚染浄化と燃費改善の両方を同時に大幅改善することが迫られている。最近の大気汚染問題（ＰＭ２・５）の深刻化は、環境対応を放置してクルマの普及を優先することが持続可能でないことを強く認識させ、厳しい環境対応を厳密に実施する契機となった。加えて、地球温暖化問題に加え、安全保障の観点からも原油輸入量の増大を抑制するためにクルマの燃費規制を早期に先進国レベルと同等に強化することも視野に入っている。消費者を製品欠陥から保護する先進国並みのレモン法という消費者保護法も制定が始まっている。

新興国ビジネスでは、低機能の安いクルマづくりだけではなく、先進国と同等機能に近い製品を格段に廉価に提供することが求められていくのである。膨大な数量成長を維持しながら低コストで作り込むことは、過去の自動車ビジネスでは経験したことがない新しい展開となり、ものづくりの発想、商品設計の根本から見直すことが求められていくことになる。研究開発、設計、調達、製造のすべての領域でグローバルな戦略の再構築が要求され、固定費領域から変動費そのものをダイナミックに引き下げていく戦略が必要になるといわれている。

新興国ビジネスを遅らせたトヨタスタンダード

トヨタの設計管理には「トヨタスタンダード（ＴＳ）」と呼ばれるトヨタの技術標準、設計標準がある。標準化はトヨタ経営システムを支える基盤であり、製造面のトヨタ生産システムを構築するだけに留まらず、技術や調達などの機能管理の領域を含めて展開される。ＴＳとは設計管理を目的に明文化された標準であり、設計の手順、検査結果の合否も含めた設計基準の分厚いマニュアルだ。品質のトヨタを支える力となり、先進国での成功を導いてきた。

しかし、ＴＳの高い要求を満たすため、部品は個別に最適化され、インターフェース（部品や機能間のつなぎ）はトヨタ独自の標準に傾いていく。いわゆるガラパゴス化に陥りやすい。特に、新興国への攻勢はＴＳで求められる品質をクリアするためのコストが妨げとなりがちであった。２００７年頃から始められた「Efficient Frontier of Cost（ＥＦＣ）」と名付けたトヨタの低価格小型車プロジェクトは、ルノー傘下のダチアが２００４年から進めた低価格モデル「ロガン」（５０００ユーロカー）に触発されて、本格的な新興国向け専用モデルとして開発に着手した、後の「エティオス」である。「80万円を切る価格設定の低価格モデル」「新興国へ切り込む」とメディアはトヨタの先進的な取り組みを誉めたたえてはいたが、実際の開発現場は二転三転の混乱の中にあった。ＴＳの要求品質を守る限り、ＥＦＣを売り込みたいインドで価格競争力のあるモデルなど到底開発できるものではなかったのだ。

「トヨタ」のブランドを外し、ＴＳの要求品質外となる新興国向け第2ブランドを構築するという選択肢も議論したが、トヨタは最終的にＴＳを固執した。この結果、当初期待したほどのコスト削減を実現できぬまま、「エティオス」は２０１０年末に49・6万ルピーの最低価格設定（当時の為替レートで約93万円）で発売に至ったのである。

トヨタ品質を93万円で実現できたことを評価すべきか、ＴＳがコスト削減の妨げとなり市場要求品質とコストのベストバランスを実現できなかったととるべきか、評価はインドの販売実績に見てとれる。トヨタのインド市場シェアは２００９年の３パーセントから２０１２年に6パーセントへ倍増したが、その後は頭打ちとなり、大きな起爆剤にはならなかったのである。むしろ、「エティオス」の収益は大苦戦を強いられた。インドはディーゼル燃料への補助金が災いし極端なディーゼル比率の上昇が続いた。現地にディーゼルエンジン生産設備を持たないトヨタは、円高下の日本の上郷工場で製造した輸入ディーゼルエンジン搭載の「エティオス」を出血覚悟で売りさばいていたのである。

米国発の品質問題の中でもＴＳの意義は会社内部で大きな議論を起こした。最も高い品質を提供できるはずのＴＳが、結果として顧客の安全に結びついていなかった現実にトヨタは衝撃を受ける。品質問題の根源とＴＳの有効性はまったく別次元の問題と考えるべきだが、ＴＳの運用を再考するひとつのきっかけとなった。

ＴＳは普遍的なものとして守り続けるとしても、その運用は地域主導で判断すべきだというのがトヨタの考え方の変化である。開発と調達を中心とした本社（機能軸）主導の厳密な管理から、現地（地域軸）で求められる要求品質に応じたクルマづくりをより重視する経営姿勢に転換を始めるのである。これは豊田章男が社長になって最初に打ち出した機能軸から地域軸に意思決定の順位を変更した組織変更の現場の事例である。クルマの開発を運転にたとえれば、エンジン（＝機能軸）が勝手にクルマを走らせるのではなく、運転席にドライバー（＝地域軸）を座らせるということである。

ホンダの弱点も新興国にあり

新興国向け専用車開発の話となれば、トヨタ以上に後手となったのがホンダである。ホンダといえば、二輪車で圧倒的な存在感を新興国に誇るが、自動車ビジネスは低コストの量販領域で存在感は小さい。米国市場の成功体験がホンダの基本戦略を構築し米国向けの技術・商品開発に経営資源が集中的に投下されてきた。米国中心の設計図を世界に拡散させてきたが、地域特性や調達制約を考慮しない図面では、本質的にコストが割高となりプレミアムセグメントでしか競争力を発揮していなかった。

「自動車は米国を中心とする先進国で稼ぎ、新興国は二輪車をフォーカスする」「新興国では自動車は早い、二輪車の本格期がこれから始まる」――。新興国戦略は二輪事業が底辺を支え、四輪事業はプレミアム領域を取るという戦略をとっていたが、リーマンショックはホンダに都合の良い予想を打ち砕く。ホンダは先進国の成長を喪失するだけでなく、新興国では挽回不能なほどの出遅れへと陥ったのだ。想像以上に早く四輪車移行を始めたことは戦略的な読み誤りであった。遅ればせながらホンダは、低コストセグメントの中核に入れる商品開発を急ぐことになった。

4　新たなチャレンジャーの台頭

見えたトヨタの背中

VW、ヒュンダイグループ、ルノー・日産の飛躍の原動力は、トヨタイズムの殻を打ち破った経営システムをベースにしたイノベーションにあるという点で共通している。瞬間的とはいえ、トヨタは2011年4－6月期のグローバル販売台数で、ヒュンダイの後塵を拝する屈辱を味わった。品質問題、東日本大震災によるサプライチェーン寸断が災いしたとはいえ、ひたひたと追い上げてくるヒュンダイを完全にライバルと認識せざるをえない象徴的な出来事であった。

トヨタの足もとの販売台数は順調に回復を示しているが、トヨタの市場シェアが高い米国、日本、東南アジア市場の回復が牽引しており、戦略的重要地域の市場シェア上昇はまだ勢いがない。四半期ベースで見て、2007年頃にはヒュンダイに対しては2倍、VWに対しても1・5倍の規模を誇ったトヨタであったが、VWは完全にトヨタと拮抗するライバルとなり、ヒュンダイは約8割程度まで差を詰めた。トヨタが世界販売ナンバーワンに返り咲いたことは事実であるが、格差ギャップは著しく縮小し、トヨタの相対的優位性の後退と世界競争激化の構図が見える。

主役の交代か

「何が起こったのか?」「安っぽいインテリア、騒音がうるさい、ブレーキ制動距離が長い」――。米国の消費者団体が発行するコンシューマーレポート(2011年9月号)がホンダの新型「シビック」を酷評し、カテゴリーで最下位から2番目の厳しい採点を付けた。「シビック」に代わって推奨リストに加えられたのはヒュンダイの「エラントラ」であった。米国市場における日本ブランドの落日、韓国ブランドの台頭を如実にあらわした出来事として記憶に新しい。コンシューマーレポートの評価に偏りがあり、厳しすぎるという反論もあったが、負け惜しみをいっても始まらない。ホンダが「シビック」の新車開発で誤りがあったことは火を見るよりも明らかであり、ヒュンダイのクルマづくりの実力が日本車と同等水準に達したことも疑いのない事実であろう。

ホンダは悪夢を見つづけた。東日本大震災で栃木の新車開発センターを失っただけではなく、地震で壊滅的なダメージを受けた茨城県のルネサス那珂工場製マイクロチップを100パーセント集中購買する最初のクルマが新型「シビック」であった。この結果、「シビック」は長期にわたって生産の回復が遅れることになる。「シビック」はもともと2010年9月に新型への切り替えを予定し、

2008年にデザインをフリーズした。経済環境が悪化した米国市場変化に対応するために小型化とコストダウンの設計変更を実施し、生産開始を6カ月遅らせたことが地震のタイミングにぶつかった。必死の思いで生産再開に漕ぎ着けたものの、設計変更が裏目にでて先述の酷評の結果を招いたのである。

ホンダの「シビック」を筆頭に、燃費性能に優れる日本車は米国市場で2008年までは行列をつくりながら飛ぶように売れていた。当時は原油相場高騰の最中にあり、米国のガソリン価格はガロンあたり4ドルを大きく超えていた。生きるために走行距離を削れない米国消費者は、生活防衛をするために保有車両の燃費改善を我先に進めなければならなくなった。このバブルが日本メーカーの経営陣に油断を生み出してしまった。売れ筋商品はそれほど手を加えなくても人気があるなら、投資の矛先は大型車や高級車に向かう。この間隙をついて韓国ブランドは米国市場を戦略的に攻め込んできたのである。

ヒュンダイの競争力の源泉

ホンダは緊急的な商品対策を「シビック」へ実施したが人気の格差は簡単には埋まらない。過去はほとんどなかった「エラントラ」とのクロスショップ比率（比較対照に挙げるユーザーの比率）は大きく上昇し、ホンダのコンクエスト比率（他社のブランドを奪う比率）は60パーセント超から55パーセント程度に下落した。「シビック」へは1500ドルのインセンティブ（値引き）を付与する中、供給が追い付かない「エラントラ」は値引きなしでユーザーを待たせる人気を博したのだ。

図1-8　ヒュンダイグループの出資構造

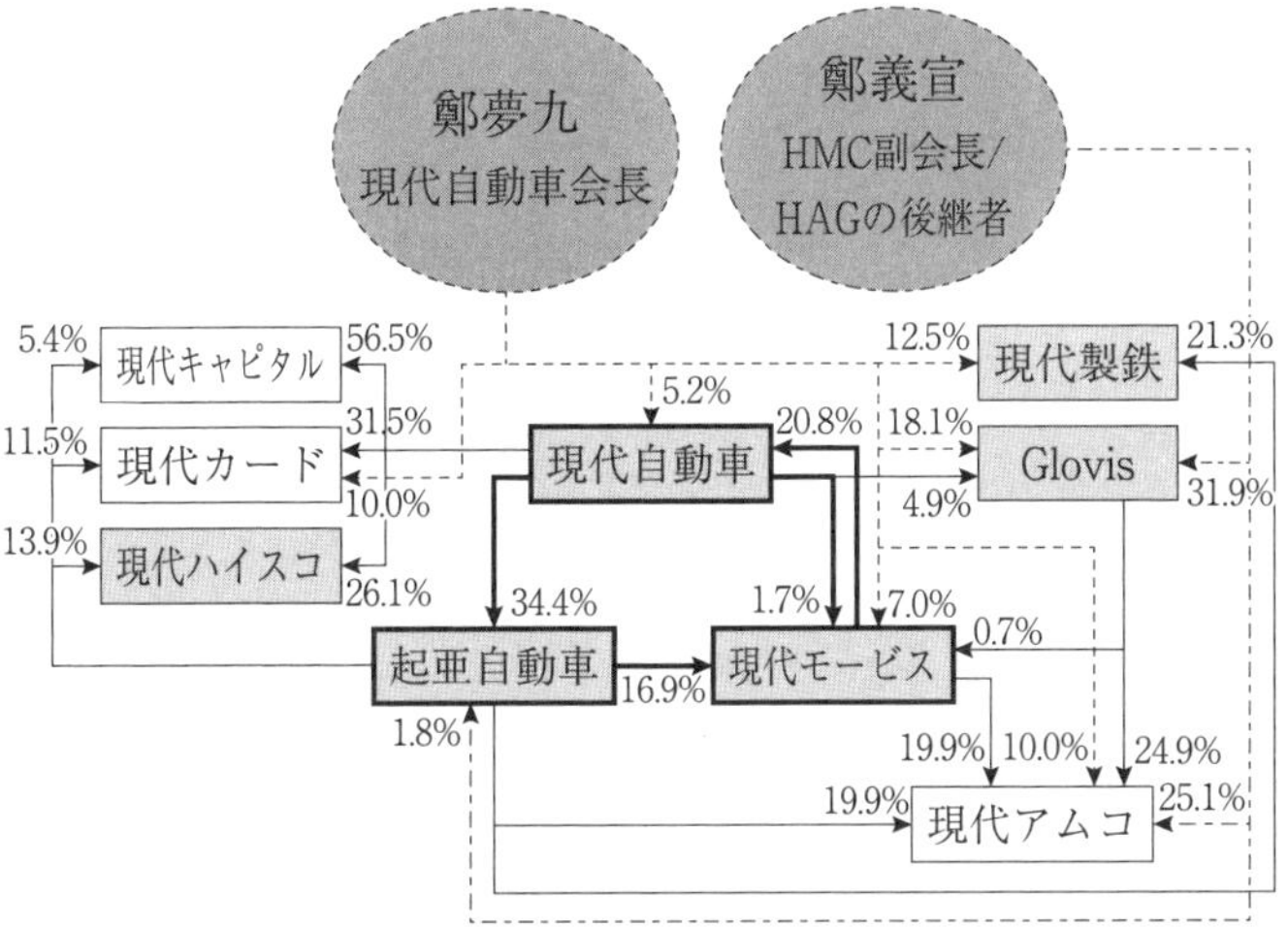

出所：ナカニシ自動車産業リサーチ

装備差を調整した「シビック」と「エラントラ」の価値分析に基づけば、価値差は緊急対策直後でも2000ドル以上開いていたという。実売価格の10パーセント以上の差があれば、コモディティ傾向の強いコンパクトセグメントでは決定的なギャップである。ブランドバリューで500ドルの差を埋めたとしても、残りは「シビック」の値引きで埋めるしかない。2012年にホンダは新車発売後わずか18カ月で異例の大幅改良を「シビック」へ実施し、弱点を克服した同モデルは漸くその存在感を取り戻す。

ヒュンダイグループは、現会長の鄭夢九（チョン・モング）の経営支配のもとで、現代自動車、起亜自動車、現代モービスの循環的株式持ち合い構造を構築し、一元化した戦略で経営を行う。このような経営体制に移行できたのは1998年の経済危機から這い上がってきたからこそである。２０００年代に飛躍的に拡大し、ＶＷと並び日本車の強力なライバルに成長した。韓国自国市場シェアは80パーセントと独占に近い存在感を誇示するまでになり、そこから生み出す高収益を、中国、インド、チェコ等の新興国に先行投資し強い基盤を構築している。欧州自動車メーカーからエンジン技術と先進的なデザイナーを導入し、商品性を一気に高めてきた。長期化した韓国ウォン安によるコスト競争力も大切な牽引役であった。

ヒュンダイグループの構造的な競争力は大きく4点あると考えられる。第一に、韓国国内の人件費、素材費、エネルギー費の低さがもたらすコスト競争力と、長期にわたって続いたウォン安効果だ。第二に、起亜のグループ化以降に進めた統合プラットフォーム戦略にあり、24個のプラットフォームを6つのプラットフォームへ集約（小型、中型、大型、スポーツ、フレーム、ＬＣＶ）した効果にある。第三は現代モービスを中心とする系列サプライヤーを育成し、組立モジュールのアウトソーシングによる品質改善とコスト競争力の引き上げ。第四は、持ち合いに伴う独特のガバナンス構造と鄭夢九の経営力にある。

構造改革の効果を戦略的に引き出したヒュンダイは見事であった。ただし、ヒュンダイの今後の成長が苦難なく約束されたものだと短絡的に考えるべきではない。トヨタとＶＷにヒュンダイを加えて新ビッグスリーだという声もあるが、それはいかにも過大評価だろう。独自性の高い技術力が十分に内部蓄積できているとは思われず、日本メーカーが油断している隙に、導入技術で競争格差を埋めたというのが実態に近い。２０１４年から本格化する次期新車の投入サイクルの中でどの程度日本車を突き放せるかはヒュンダイの未来の成長力を図る重要な試金石であり注目すべきだろう。

労働生産性悪化の懸念が強まる韓国の産業構造にも危うさがある。現在のウォン高が続くなかで、自国でのものづくりの国際競争力を本格的に強化できなければ空洞化のリスクを伴う。自由貿易協定（FTA）推進の反動として独占に近かった国内市場へ輸入車の本格侵攻が始まっている。ドル箱の自国マーケットがいつまでも金のなる木とは言い切れない。1980年代の日本車の歴史を振り返っているようにも見えるが、こういった挑戦を乗り越えてこそ本物の力が育っていくはずだ。

5 2020年の覇者を争うトヨタとVW

闘いのキーワード

トヨタとVWの現状と問題点、将来戦略を深掘りするなかに、自動車産業が今後迎える大転換と競争の構図が見えてくるだろう。経営力、技術力、資本力、政治力いずれをとってもこの2社の実力は頭ひとつ抜けていると考えられる。これまでは、対極的な競争力の源泉を持ちながら直接対決する市場も限られていたが、この2社が世界的な競争を抜け出し、大激突する日が迫ってきている。

自動車産業はそもそも革命的な変化に脅かされる産業特性ではなかったが、100年粛々と続いた穏やかな進化がついに劇的な飛躍を遂げるフェーズに差し掛かってきたともいえるだろう。2000年代に入ってからの業界の狼狽ぶりはその証左であり、戦略構築は右往左往してきた。もはや、過去の経験で測れないダイナミズムが生まれ、成功を左右する競争力も重大な転換点を迎えていると考えられる。

新興国への需要成長領域の移行、クルマのコモディティ化、ビジネスの儲けかたの戦略性の重要度も大幅に拡大、メーカー間の競争力ギャップも縮小し、混沌とした競争環境に直面する。この中でクルマのアーキテクチャも大きな進化を始め、あらたなデファクトとコスト優位性の戦いも始まる。自動車産業はまさに激変の10年に突入している。これらを紐解く中に、2020年の自動車産業の競争優位を決する秘密が解き明かされていきそうだ。

ものづくりの深層競争力を誇るトヨタに対し、ビジネスモデルを再構築しソフト面の管理能力を強みに挑むのがVWである。戦いの主戦場となる新興国市場は経験のない規模の膨張と複雑化のコントロールを求められる戦いとなるだろう。さらに、先進国と新興国のクルマの要求性能は収斂していく公算が高く、コストと機能を両立できる新しい設計概念、アーキテクチャを構築する必要に迫られ、この優位性をめぐる両社の戦いは重要な注目ポイントとなるだろう。新興国戦略や環境技術戦略を並行的に解決するためには、どのような新しいイノベーションを生みだしていくのか、勝負を決する重要な因子となりうるだろう。

トップ5からビッグ2の時代へ

世界の自動車業界はトップ5のメーカーがしのぎを削る構造になってきたが、VWの成長モメンタムが持続し、最強ともいえるトヨタの復活が見えてきたことで、この2社が激しく激突する構図が今後顕著となっていくだろう。これまで両社は不思議なほど世界の市場を2分し、棲み分けた形で成長を遂げてきたが、否が応でもこれからの世界市場で衝突することになるだろう。したがって、両社の戦略性と企業行動を比較対照することにより、自動車産業の将来を展望するうえで重要な示唆を得ることができるだろう。

ＶＷは強気である。今後3年間で実に６００億ユーロ（約8兆円）の投資を実施し、２０１８年までに世界販売１０００万台を超え、トヨタに追いつくと気を吐く。１０００万台は計画よりも数年早く達成が可能となるだろう。一方、トヨタは２０００年後半のつまずきからようやく復活を遂げたところであり、販売台数を追わないという守りの姿勢を現段階では変えていない。しかし、トヨタの基本戦略は新興国を攻めるところにあり、追わなくとも結果として台数成長はついてくるだろう。真の競争力を模索するなかで、いつまでもトヨタが控えめな成長戦略のなかにいるとは思わない方がいい。遅かれ早かれ、トヨタは反撃を開始するだろう。攻撃は最大の防御であるからだ。２０２０年に向け、世界トップを争いながら、さまざまな市場と技術で激しく衝突する闘いは激化が避けられないだろう。この戦いの帰結は、自動車産業の次の覇権構造を決するにとどまらず、経済や社会構造にも多大な影響を及ぼす可能性がある。

１０００万台は新たなスタートライン

２０２０年の自動車産業のまったく新しい概念とは、数量の規模感が大きく変わることにある。世界販売台数１０００万台と聞けば前人未到の領域に聞こえ、少し前であれば「あがり」ともいえる規模感であった。いまや、１０００万台は新たなスタートラインに過ぎないのである。新興国市場では

ＢＲＩＣｓの成長に続き、さまざまな新中間層の需要台頭が続くだろう。この膨張を何の環境対策もなしに持続できるはずはなく、コストも複雑さもかつて経験したことがない難しい領域に入っていくことが予想される。環境負荷を適切に管理し、品質やコストの競争力を維持できる技術革新、ビジネスモデル、経営システムの進化が必要だ。規模の膨張を制するグローバル化したオペレーションを確立し、技術を鍛え、収益の確保を見出していかなければ、ここからの永続的な企業の繁栄はないのである。

自動車産業はまさに規模拡大と複雑さの増大を乗り越えるイノベーションが求められている。トヨタの世界販売台数は２０１４年に待望の１０００万台に到達することが予想されるが、新たな驚きではないし、褒め称えることもあまり意味がない。トヨタに求められることは、その１０００万台を起点に、持続的な成長を確保し繁栄を永続化させる戦略性である。トヨタは危機の中でビジョンを示すことはできたが、成長戦略は未だ示せていないのではないだろうか。ＶＷはビジョン、戦略ともに既に明快に示している。

クルマのコモディティ化が進展することは、競争力を支配する素子が、品質・技術から価格やコストへ移行することを意味する。「どのような仕組みで、どこでどうやって儲けるか」といったビジネスモデルを戦略的に構築し正当に武装しなければ、豊作貧乏のような規模成長にもなりかねない。従来以上にマーケティング、デザイン、ブランドを含むソフト面の管理能力構築が重要な役割を担う時代に差し掛かっている可能性がある。プレミアム戦略の重要性も一段と高まりそうである。

進化するものづくり

クルマを構成する2万点といわれる部品のまとまりを決めて、「止まる」「曲がる」などの機能を割り当て、部品間のつながりであるインターフェースをどのように設計するかという設計概念を「アーキテクチャ」と呼ぶ。通常耳にする「プラットフォーム」とはこの部品を乗せるパレット(骨格)のことで、「プラットフォーム」を共通化して意匠の違うクルマを作ることを「プラットフォーム戦略」と呼ぶ。複雑な部品を整理し、まとまりをもってクルマを設計し製造するための方法である。従来はプラットフォーム単位の議論が中心であったが、今や、部品内蔵物も含めたプラットフォームをケーキのようにカットした1つのモジュラー単位での共通化が目指されている。そのために設計概念、いわゆるアーキテクチャそのものを根本から再定義する時代に向かっている。

クルマづくりの進化は大きな転換点に立つといって過言ではない。クルマはカラーテレビのようなコモディティにも、パソコンのような単純なモジュール構造にもまず絶対になることはない。ただ、クルマが直面する様々な課題を乗り越えていくためには、従来の発想で戦うことにはもはや限界が見えている。新たな仕組みをもって、規模、コスト、複雑さ、規制を乗り越えなければ競争から脱落しかねないのである。クルマのアーキテクチャが再定義されることは明白なトレンドになっただろう。この中で、日本が強みとしてきたものづくりの力が発展的に持続できるか否かの瀬戸際に立ち始めている。自動車メーカーも過去の成功体験におごることなく、革新性の高い自己発展を目指さなければ一気に競争から振るい落される恐怖と隣り合わせにある。

第２章

トヨタイズムの進化と真価

1　トヨタ危機の本質論

巨額赤字（トヨタショック）の原因

米国サブプライム問題に端を発した米国発の金融危機では、多くの自動車メーカーが経営危機に陥った。トヨタも例外ではなく、2007年度の2兆2704億円の営業最高益から2008年度は一気に4610億円の営業赤字に転落したのであるから誰もが驚く急降下だった。経済的な混乱に直面することはまぬがれないことだが、傷を深めたという意味では、トヨタには反省すべき点が2つあった。

第一に、国内と海外への二段構えの能力増強を意図的に同時に実施したことだ。販売数量増大を急ぐことを目的に高品質の生産が早期に確保できる国内へ輸出工場を新設するのと同時に、海外でもトヨタは急ピッチで工場新設を続けた。1000万台の世界販売台数を狙う社長の渡辺捷昭が描いた「グローバル・マスタープラン」の基本骨格に沿った計画であり、それは本質的に膨張主義（＝数量を優先）であったのだ。経済危機の中で、膨張した構造固定費と余剰能力に人一倍苦しみを味わった。第二に、住宅バブルの最中の米国トラック市場の循環的ピークに、米国の工場能力増強の照準を合わせたことだ。経営センスとリスク管理の問題だ。バブルが弾け、トヨタは逃げ場のない需給のミスマッチのなかで、ライバル以上に業績の悪化を余儀なくされた。

過ちは長期的にトヨタを苦しめることになる。経済危機をうけた米国自動車市場では、トラック需要は構造的低迷が長期化するが、政府のスクラップインセンティブの効果を享受した乗用車はなんとか持ちこたえた。現地工場の能力拡大をトラックへ比重をおいたトヨタは、円高で採算割れになった乗用車の輸出を止めることができない構造にあったのだ。同時に、新設トラック工場は稼働率が50パーセントに届かない破綻状態に陥った。採算割れの乗用車と合わせて、トヨタは泣きっ面に蜂の状態であった。目先の数量を追って、ピークに見えたトラック市場へ大きな投資に打って出たことは、際どい経営判断の誤りであった。低稼働に苦しむトラック工場の過剰能力削減を狙い、ＧＭとの合弁生産会社であったＮＵＭＭＩ工場の閉鎖を急いだことで現地感情を逆なでし、その後に続いた品質問題で後ろ盾を失ったというおまけもついてきた。

経営判断の過ちは仕方がない。議論すべき問題点は、競合他社よりトヨタの業績低迷がなぜ長期化したかであり、本質的な問題点は2つ指摘できよう。第一に、9月のリーマンショックから、生産調整対応になぜ2カ月以上も時間を要したのか。とんでもない在庫を抱えることになった。第二に、国内構造調整を頑なに拒むことへの是非論である。日産自動車は、危機に際し早々と日・米・欧で３２００人強の人員圧縮を打ち出した。米国トラック事業を持たず、二輪車事業の虎の子を持つホンダは傷が比較的浅くとも、さっさと事業構造改革策を打ち出し早期の反転の道筋を示した。最も構造対応を必要としていたのは、過剰投資がことごとく裏目に出ていたトヨタだったはずだ。

図2-1　トヨタの四半期営業利益の推移

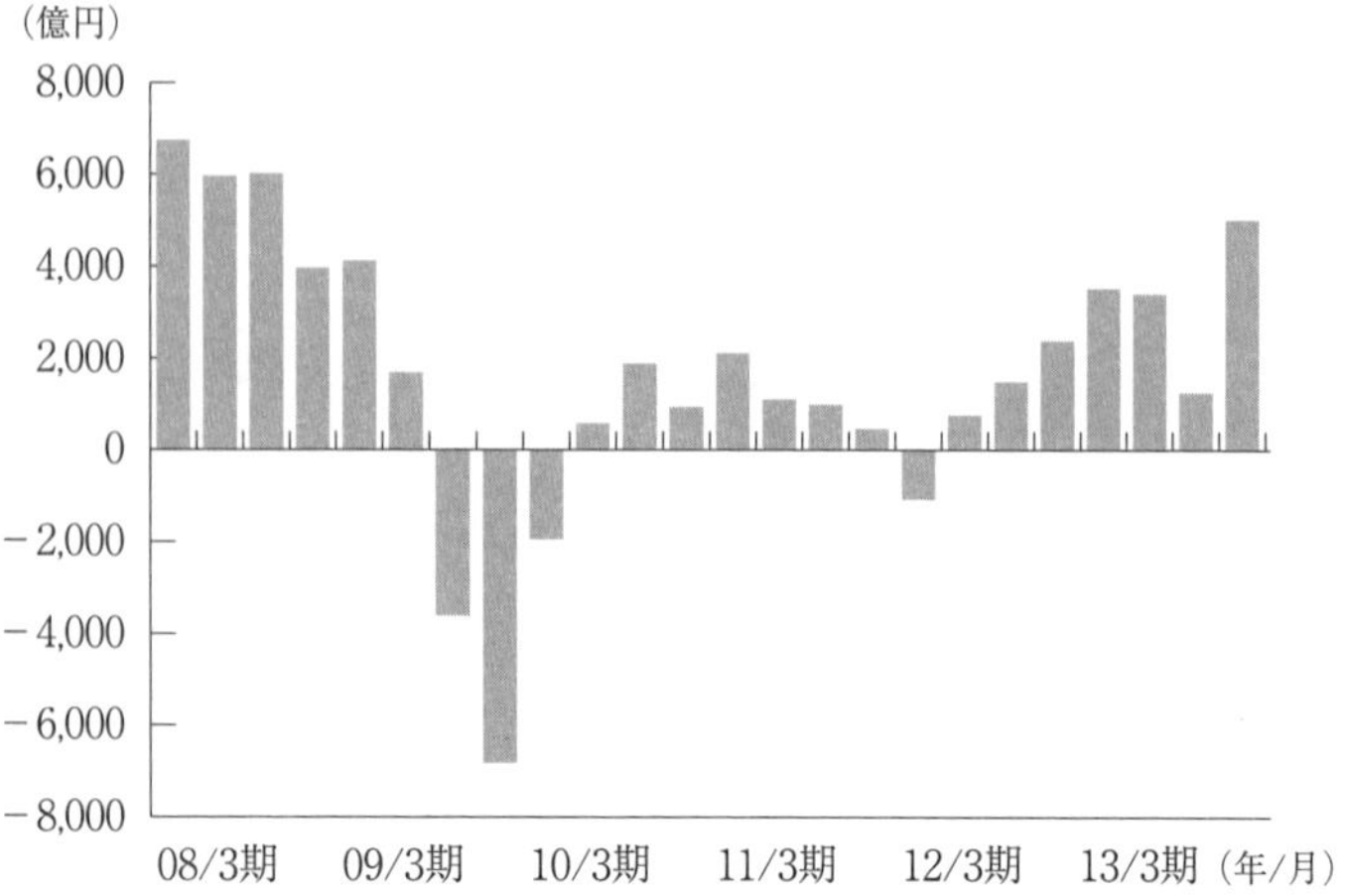

出所：トヨタ自動車

トヨタ生産システムの弱点

過剰在庫の問題の解説は比較的簡単だ。要するに、世界に誇るジャスト・イン・タイムのトヨタ生産方式は減産に弱いのである。２００８年9月のリーマンショックに直面し世界の自動車需要は一瞬にして30パーセントが消滅した。このときトヨタは年率１０００万台のピッチで工場がフル稼働しており、単純に年率３００万台の需給ギャップが生じたに等しい。本格的な減産計画が動き出したのが12月も半ばとなれば、約３カ月で推定１００万台の時間的在庫がトヨタのサプライチェーンのどこかに積みあがったわけである。

過去の経済危機でも経験したジャスト・イン・タイムの弱点が露呈している。１９９８年のアジア危機の際にもトヨタは苦しみを深くする。トヨタ生産システムの根幹にあるジ

図2-2　トヨタのグローバル在庫台数の推移

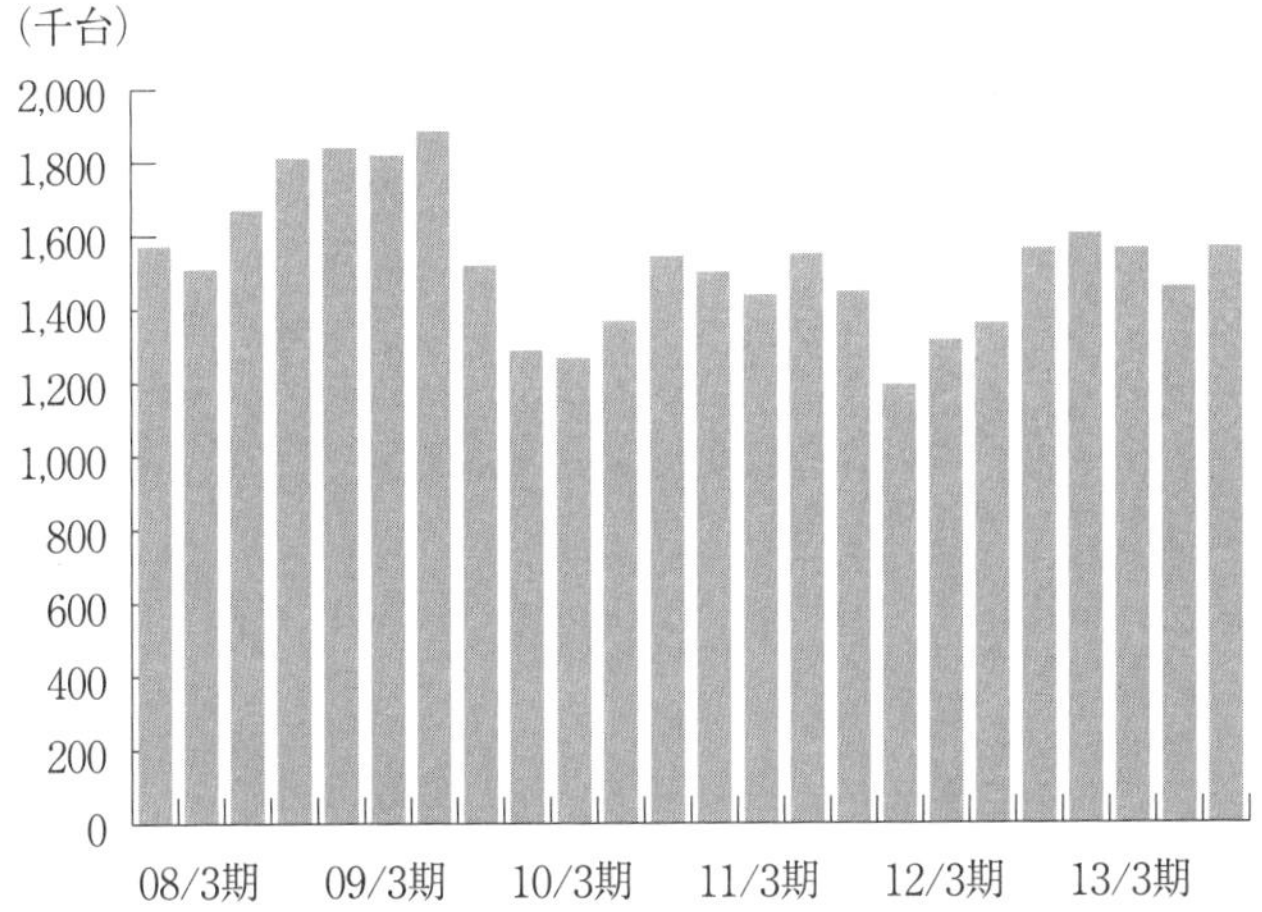

出所：ナカニシ自動車産業リサーチ

ャスト・イン・タイムは、増産局面は意思伝達が効率的に進むが、減産局面は強直化する傾向が強いのである。すそ野の広いサプライチェーン全体に痛みを伴う減産計画の調整をするのは非常に時間を要するのである。急激な生産変動に対し、意思伝達とサプライチェーン調整に時間を要するシステムである。

１００万台に上る余剰在庫を削減するための生産調整が業績悪化を引き起こすこと自体は驚きではない。生産調整を実施した四半期推移のトヨタの大幅な赤字額に目が行きがちだが、在庫調整を受けて操業度低下が引き起こす収益悪化は会計的に当たり前のことである。需要は30パーセント減だが、生産は50パーセント以上落ち込んだのだから、業績はいっそう悪化する。この在庫調整は２００９年5月まで継続した。したがって業績低迷がそこまで長期化したことも仕方がないことであった。問題は、在庫調整が完了したところで、トヨタが反撃のスタートラインに立っていなかったことにあるだろう。

国内構造調整を頑なに拒むことへの是非論

危機対応での国内構造調整を実施すべきか否かのトヨタの社内意見は大きく割れた。しかし、「世界経済の状況を見極めるには時期尚早、何もしないのも戦略」という考えに改革派は押しつぶされ、トヨタは頑なに国内構造調整を拒否する。1990年代の日米通商問題と円高危機に際したときにも、構造調整の是非論が同じように社内にあった。その時もトヨタは決断を下さず国内生産能力を温存したことが、2000年代の世界的な成長の加速化をもたらしたという成功体験につながっており、今回の本格的議論を遠ざける原因のひとつにもなっている。

構造改革を見送ったトヨタの業績回復が遅れることは火を見るよりも明らかだった。トヨタが公表した2010年3月期の会社業績予想は8500億円の営業赤字となり、ホンダや日産との格差は広がった。原因は、単純な損益分岐点の差だ。固定費水準が大きく変化せず、変動費率の改善がないのであれば、トヨタの業績回復には、膨らんだ構造固定費（賃金率、減価償却費、その他の固定費）をカバーできるだけの数量回復を待つしかない。トヨタの収益性回復の解決策は「時間」にしかなかった。

高い構造固定費の解決を先送りし、操業度を高めることで収益確保に逃げるということは、「2000年代のGMと同じ構図ではないのか」と経営陣が証券アナリストに詰め寄られる局面も多々あったが、トヨタの構造改革の是非論はこの直後に起きた品質問題、東日本大震災、超円高の混乱と騒動の中で立ち消えとなってしまった。

トヨタが守ったものは何か

バブル経済の恩恵をトヨタが最も享受したのであれば、その反動が大きいことは極めて自然なことであり、成長を先食いできたのは競争力があって初めてできることだ。先食いを非難してもあまり大きな意味はない。トヨタに問われていたのは、世界経済が安定期に入った時に競合他社を凌駕する競争力、成長力、収益力を確保する――つまり、あるべき姿が本当に確立できるのかであった。トヨタは短期的な収益力を犠牲にしても、長期的な競争力の源泉となる国内生産体制を是が非でも維持するという答えを示した。

そうなれば、サプライヤーと共同で行う原価低減と粛々と管理可能な固定費と経費を圧縮することで構造固定費以外の費用をがむしゃらに削減する以外には手はなくなる。過去5年近く、コスト体質を磨き、管理可能な経費を徹底的に削り、可能な範囲でサプライヤーからも協力を願うという、実現可能な対策はすべて愚直に実施してきたといえよう。欧米的な構造改革を実施しなくとも、リーマンショックから3年間でトヨタは構造固定費を危機前比で13パーセント圧縮している。このトヨタの愚直な実行力と高い管理能力には一目置くべきだ。当初の見通し通り、時間を要したがトヨタは一定の収益力を担保できるコスト構造へ転換を実現できたのである。

問題はリーマンショックだけでは終わらなかった。天災によるサプライチェーンの寸断、福島原発事故と電力不足、未曽有の円高などが襲うなか、トヨタ以外の国内自動車メーカーは、国内生産を急いで海外へ移管する構造改革計画を追加していった。海外生産移管を加速化させ、いち早く構造変化を遂げようとする「日本脱出派」はホンダ、日産、スズキの3社が代表格。一方、日本の内部構造を維持温存し、長期的な国際競争に生かそうとする「日本固守派」としてトヨタが立ちはだかる。ホンダも日産も国内生産体制は100万台を死守するといっており、日本を捨てたという意味ではない。ここで議論しているのはあくまでも海外生産移管を加速化させたかどうかの企業行動である。

トヨタは、自身と国家の持続的繁栄には、日本の母国市場でのものづくりを支えることが不可欠だと考える。資源のない日本が加工貿易を失えば経済衰退は避けられず、それは結局トヨタの破滅にもつながりかねない。したがって、トヨタは「死守」という言葉を国内生産体制維持に用いたがる。国際競争力を持ち、高付加価値ですそ野が広い新たな技術や製品を生み出すイノベーションには300万台レベルの国内生産規模がなければならないと信じている。

例えば、ハイブリッド環境車やレクサス・プレミアムカーである。ハイブリッドの基幹部品やその素形材のサプライチェーンが国際競争力を確立すれば、日本の交易条件悪化が少々続いたとしても、資源を輸入し加工輸出する加工型ビジネスの継続は可能と見る。産業のすそ野は広がり、将来的にハイブリッド技術を海外生産移管すれば規模拡大によって国内のサプライチェーンの成長も可能となってくる。国内製造業が国際競争力を維持し、骨太な産業構造転換を継続できる未来には、300万台を死守しなければならないと考える。これは強い意思を伴った戦略選択である。

ただし、それまでに国際競争力を完全に喪失してしまっては骨まで断たれたのと同じである。国内生産300万台を死守しながらも、成長はすべて海外生産台数で対応することで交易条件悪化が見込まれる国内生産の全体への比率は引き下げなければならない。同時に、国内生産比率が非常に高い、エンジンやトランスミッションの現地化も大きな課題である。さらに、海外生産車両に含まれる現地調達部品の構成比率を引き上げ、現地生産車両のコスト競争力の向上も急務である。ハイブリッドやレクサスで世界の競争に負ければ元も子もない。日本で生産する技術と商品の競争力に一段の磨きを掛けなければならないのである。

品質問題の根源

2009年8月、衝撃的な音声が米国のニュースに流れた。カリフォルニア州でレクサス「ES350」が突然加速を始め、乗車していた4人全員が死亡する事故が発生した。レクサスは時速190キロで暴走していたと推測され、同乗者が死の直前に携帯から原因不明の暴走とパニックに陥った車内の状況を生々しく訴えていた。

当初、問題はフロアマットの敷き方かと思われたが、事態は予測もつかない方向に発展する。トヨタはフロアマットに絡んで380万台、アクセルペダル不具合で230万台、その後の「プリウス」なども含め米国で800万台もの連続リコール問題へと発展する。共通コンポーネントを活用しているため、日本、欧州、中国などへ世界的なリコールが波及していったのだ。

成長を急ぐあまりにクルマづくりに丁寧さが欠けていた。コスト削減を追求する中で部品共通化が上昇しすぎていた。短期的に海外生産比率を引き上げるためにサプライヤーとの擦り合わせが欠けた。量の急拡大の速度に対し、品質面の人材育成に十分な時間を取ってこなかったなど、様々な複合的な原因が指摘されている。トヨタには大いに反省すべき点があっただろう。しかし、バッシングに含まれる風評やねつ造など、事実とはほど遠い残念なものが多く含まれていたことが次々と明らかになる。

ペダルとフロアマットの欠陥問題は確認されたが、2011年2月に米運輸省は、「急加速問題の原因に関して、トヨタの電子制御装置に欠陥はない」との調査結果を発表し、急発進事故のほとんどが運転手のミスであったと指摘している。要するに、比較的単純な品質問題が根底にあり、消費者とのコミュニケーションや訴訟への対応などの社内管理の稚拙さが、事態を異常に大きく混乱させたという実像が見えてくる。

膨張主義と品質確保の因果関係は十分疑わしく、トヨタは大いに反省をすべき点がある。問題拡大の本質論は、消費者とのコミュニケーション能力の欠落、リスク管理体制の稚拙さの2点にあるだろう。これは経営者と従業員の姿勢の問題に等しく、謙虚さに欠けていた証左でもある。渡辺が2005年に社長へ就任した直後、世界の様々な国でフロント・ランナーになることで予測されるリスク分析と対策を検討した「フロント・ランナープロジェクト」を走らせている。ただこの成果は生かされず、問題意識はあっても結果は伴わなかった。米国訴訟グループの動きを早期に検知し社内への警告がいち早くできていれば、米運輸省交通局がトヨタ本社に訪問したときの対応は大きく違ったのではないかと悔やまれるところだ。

品質問題で失った信頼挽回の王道は、ユーザーの声に耳を傾け、疑わしきはすべてリコールするというのがトヨタの現在の方針だ。2010年以来、トヨタは大規模なリコールを粛々と続けている。規模が大きいリコールが止まないことを懸念する声もあるが、トヨタの品質問題が好転している証で

図2-3 トヨタの品質関連費用の推移

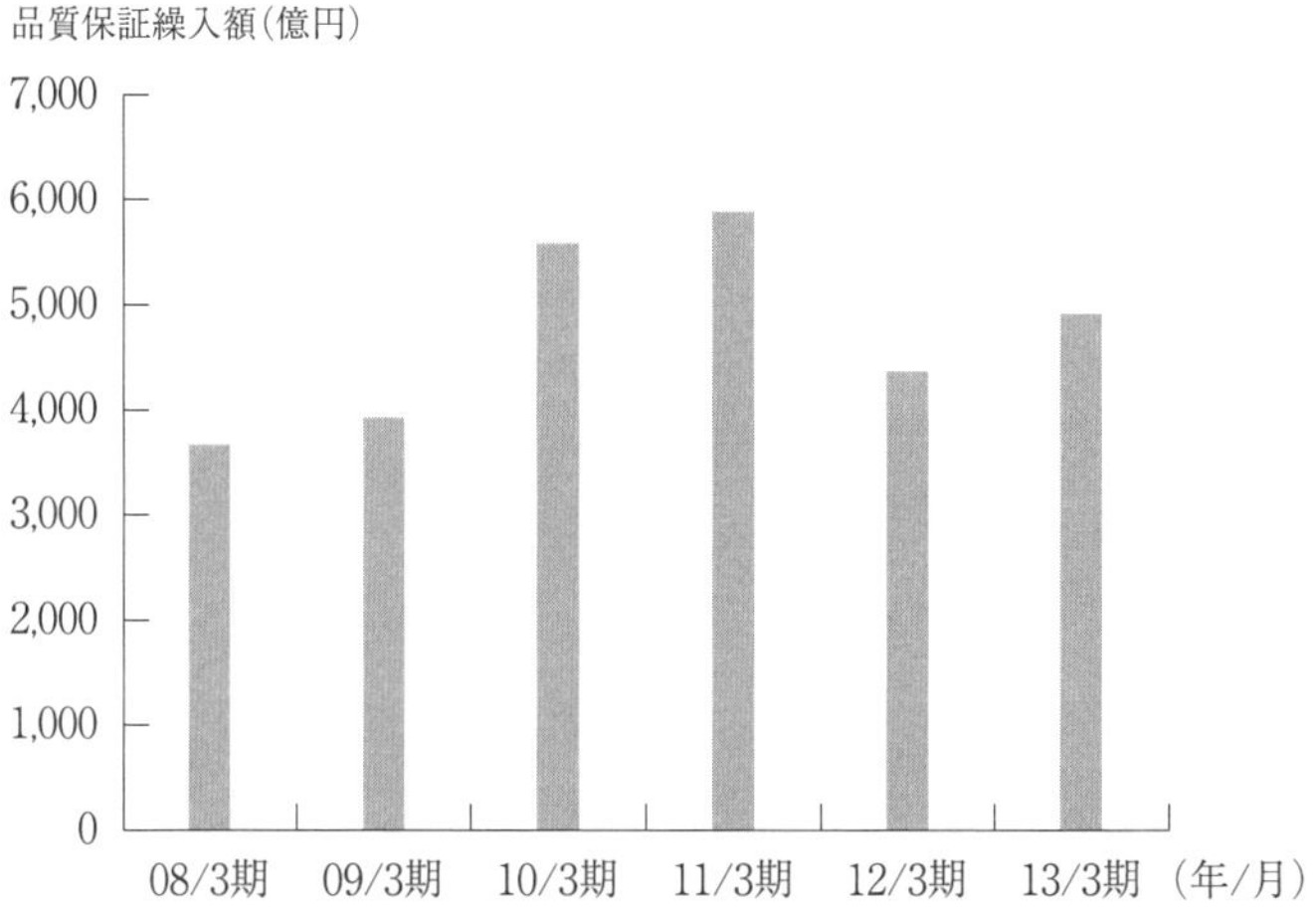

出所：トヨタ自動車有価証券報告書

あり、心配はいらないだろう。品質問題を拾い上げるキャラバン隊を世界市場へ送り出し、品質に関するユーザーの声を真摯に拾い続けている。問題が認識されれば、リコールの取替部品準備の整う前でも瞬時にリコールを実施するという新基準も施行した。品質改善に愚直に取り組む姿勢に、いかにもトヨタらしさが現れている。品質のトヨタを取り戻す日が遠いとは思われない。

トヨタの有価証券報告書には詳細な品質関連費用の推移が開示されている。品質関連費用が異常に膨らみ収益の圧迫要因となっていることは事実であるが、その背景には、今回の品質問題を踏まえて、包括引き当てと呼ばれるリコールのような特別品質の将来費用の引き当てを実施している。品質関連費用には、一般品質保証費用（いわゆるワランティ）とリコールの特別費用の2つがあり、通常は発生率で予測可能な一般費用のみが引き当てされる。トヨタは2010年以降リコール発生頻度が異常に高かったため、通常は引き当てない将来の予測リコール費用を発生率に応じて引き当てている。この結果、品質関連費用は2011年度のピークで5882億円、売り上げの3・3パーセントにまで跳ね上がっている。

2　奥田イズムとその子供たち

世界ナンバーワンは奥田が敷いたレールだった

1995年以来、トヨタは奥田碩、張富士夫、渡辺捷昭と3代、18年間にわたり創業家である豊田家以外のサラリーマンのトップが経営した。この間、トヨタの経営は疑いなく自動車業界の覇者を狙いトップに立つことを目標に走り続けたといえる。1995年に社長に就いた奥田は翌年に「2005年ビジョン」を掲げ、世界販売600万台、ダイハツ工業、日野自動車を加えれば700万台という計画に着手する。野望は次の張に受け継がれ、「2010年グローバルビジョン」を策定し、奥田の築いたモメンタムを大切に維持させた。2005年に張から社長のバトンを受け継いだ渡辺は「グローバル・マスタープラン（通称グロマス）」と呼ばれるアクションプランを策定し、2010年にトヨタ／レクサスブランドで900万台、ダイハツ工業、日野自動車を加え1000万台を目指し世界ナンバーワンを具現化させる最終工程に入ったのだ。

ただし、「グロマス」には功罪があった。本来の役割は中期的な計画を示し、社内とサプライヤーの準備の目安となることが目的だったが、２００６年頃から「グロマス」が販売、生産の数値目標に置き換わり始めたのだ。この辺からトヨタはおかしくなり始める。世界トップへの野望は奥田が敷いたレールであり、当時のトヨタ社員の総意としてトップをとることを否定する空気などは皆無だった。膨張主義はトヨタ33万人全員の問題であったのだ。証券アナリストも成長を加速化させるといえば絶賛し、コストが増大し始めれば利益を確保せよと叱咤し、価格を上げるといえばまたその行動を絶賛するなど、勝手そのものであり、トヨタのおかれた問題をまったく俯瞰できていなかった。同罪である。

１９９５年8月、病に伏した豊田達郎の後任として急遽社長に指名されたのが奥田である。年齢は既に62歳に達していた。

「もう10年若かったら喜んで引き受けたのだが」

奥田は社長就任に際しメディアにこうつぶやいたという。真意は世界ナンバーワンの自動車会社に引き上げるには最低でも10年の時間が必要であり、自身の手で会社を世界的な企業に育成するのは道半ばだという思いであっただろう。奥田は矢継ぎ早に様々な改革を打ち出し、田舎大名と呼ばれたトヨタには似つかわしくないリーダーとなった。その中で、未来のナンバーワンになる第一段階の布石となる「２００５年ビジョン」を１９９６年に掲げ、⑴技術開発への重点投資、⑵グローバリゼーションの推進、⑶コスト競争力の強化、⑷金融事業を中心とするバリューチェーンの拡大の４つの戦略を推進する。

青天の霹靂だったムーディーズの格下げ

1998年6月、米国格付け会社であるムーディーズの自動車担当シニアアナリストのアンドリュースは、在日代表などと共にトヨタの東京本社18階の役員応接室にいた。アジア経済への不安が立ち込める不穏な空気の中での訪問だが、話にはそれよりも重要な主題があり、気の重いミーティングだ。トヨタ側は副社長の大木島、常務の荒木、財務部長の尾崎などが出席した。4月にダイムラー・クライスラーの世紀の合併が発表され、アジアでは通貨バブルの崩壊が目の前に迫っていた。

アンドリュースは最高格付けのトヨタの長期債格付けを見直す方向があり、近い格付け会議で議論されることを淡々と伝えた。ムーディーズの言い分は、トヨタを世界の自動車会社の中で最も優れた経営力があることを認めるが、世界の自動車会社とのギャップが縮小していることを認識し、トヨタを下げるか、他を上げるかの見直しを実施するということであった。最高格付けが当然と捉えていたトヨタは激しく反論し抵抗を試みるが、ムーディーズはトヨタの長期債格付けを引き下げの方向で検討すると7月に正式発表した。

その理由は会社間格差の相対的な縮小だが、終身雇用を維持しようとするトヨタの姿勢が将来の不安とのコメントを加えたことで、大変な物議を呼んだ。奥田はこのムーディーズの決断を非常に悔しがった。米国主義がグローバルスタンダードとして押し付けられることへの憤りである。特に、金融事業のバリューチェーンを成長軸におこうとしていた矢先の格下げであり、最高格付けはこのビジネスを成功させる最大の要因だと考えていた。

ムーディーズの格下げは、奥田が考えるグローバル企業へのトヨタの飛躍へ一層のアクセルを踏み込む契機となった。日野自動車とダイハツ工業の子会社化、持ち株会社構想の推進、F－1への参戦と富士スピードウェイの買収など、世界競争での勝者の条件を矢継ぎ早に整備していった。

「血は時代と共に薄まる。豊田家は2パーセントしか保有しない株主」という創業家支配にチャレンジするような発言も目立ち、豊田章一郎との不仲説も流れていた。しかし、真相はそういうところにはなかっただろう。奥田はトヨタを市場経済主義への対応と市場経済の中で盤石な競争力を保持する世界的な企業への脱皮を急いだ。同時に、2パーセントの議決権支配しか持たない創業家が影響力を行使し続けられる仕組みを模索していたのだ。

拡大主義の行き詰まり

2002年4月に発表した、「2010年グローバルビジョン」の中で、トヨタは世界市場シェア15パーセントとトヨタ／レクサスの世界販売900万台の長期経営計画を掲げている。同計画とシンクロナイズさせ、5年単位の中期実行計画となる「グロマス」を発動させた。2008年でトヨタ／レクサス760万台販売、グループ販売850万台を目的としたグロマスは、2年前倒しで2006年に実現し、トヨタはすかさず次期グロマスを策定し、トヨタ／レクサス販売台数は900万台、グループ販売は1000万台を新目標として走り始めた。

能力増強は計画台数を達成するために凄まじいスピードで実施される。テキサス、広州、天津第二、チェコなどの海外新工場の推進に加え、国内2工場の能力増強（九州工場15万台、関東自動車工業の岩手工場10万台）を決定した。毎年富士重工業の規模に匹敵する新工場を立ち上げるスピードであった。先述の通り、渡辺が描いた成長戦略は国内と海外への二段構えの能力増強を同時に実施し、1000万台の世界販売台数を狙う膨張主義であった。

グローバル営業会議では台数の議論しかしなくなった。各地域の営業担当者が集まり販売計画の議論の場から、ユーザーの顔が消え始めたのもこの頃かもしれない。ここで議論されるのは、いくらの価格なら何台売れるという台数見通しの議論が中心となり、いつの間にか営業の要求台数がエスカレートし始める。価格は市場が決めるもの。目標利益を定めてそれを確保できる原価削減を進めるというトヨタの伝統的なビジネスモデルは崩壊していた。トヨタの商品が米国とアジアで圧倒的な勝ち組となり、需要の引きが強かったことも事実であるが、いつしか台数を追う姿勢に変質していた。

2006年秋、トヨタは米国ミシシッピに新工場の建設を決定する。

「本当にこんな工場が必要なのか」「ビッグスリーは米国から逃げ出しているにもかかわらず、なぜトヨタは米国に進出を続けるのか」――。

さすがにこの段階での米国での新工場建設には、名誉会長の豊田章一郎から苦言が呈された。しかし、渡辺は反論を押し切ってこの計画を決定する。この工場はリーマンショックと共に操業を開始することになる。トヨタは2000年代の10年間に世界に300万台の能力増強投資を実施したが、その27パーセントに当る80万台を北米へ投下した。連結設備投資は10年累計で11・5兆円、売上高に対する比率は6・3パーセントにも達した。

構造固定費は著しく膨張し続けた。同時に業容拡大費用といわれる経費も急激に増加し始める。まさに、そんな費用のピークを狙いすましたように経済危機が直撃したわけだ。逃げ出せない需給のミスマッチにトヨタは苦しみ続ける。その後、単独業績は実に4年連続で営業赤字に転落し、日本の納税の義務を果たせないという慚愧に満ち、プライドを喪失した5年を過ごすことになる。

3　豊田章男の経営哲学

良品廉価への転換

２００９年5月、戦略的な価格設定で6年ぶりに新型に切り替わる「プリウス」の華々しい発表会での出来事だ。

「今日はアナリストミーティングではありません」

厳しい表情で質疑の壇上に座ったトヨタの新社長に内定している豊田章男から冒頭に発された言葉だ。当然、多くの証券アナリストも会場に招待されており、次期社長昇格が決定し普段あまり接することができない豊田章男の人柄に触れたいと思ってやってきたが、冒頭の強い牽制球にアナリストたちとの距離を感じざるを得なかった。「やっぱり、章男さんはアナリストが嫌いだね」とささやく声も聞こえた。

２００8年のリーマンショック以降、歴史的な赤字業績への転落を余儀なくされ、最大の危機の中で経営の舵とりを任された豊田にとって、最初の重要な経営の方向修正とはトヨタ本来のブランド価値を生みだしてきた「良品廉価」に回帰することであった。すなわち、良い商品を求めやすい価格で提供することだ。最初の重大な決断は「プリウス」の価格を投入直前の最終局面で大幅に引き下げる決定を下し、旧モデルより30万円も安く最低価格を205万円で発売したことである。この決断は2月にホンダが189万円で投入したライバル車「インサイト」の競争力を叩き潰しただけに留まらず、日米で「プリウス」の多大な成功と飛躍をもたらし、ハイブリッド車の市民権を決定づけた英断であった。

しかし、「プリウス」の価格戦略に関して社内議論が激しく衝突したことは事実だ。反対派はプリウス自体の採算性を問題視したのではなく、価格が150万から250万円クラスの幅広い自社モデルとのカニバリズム（喰いあい）を指摘し、将来のハイブリッド採算性の連鎖的な悪化を恐れた機能軸の面々であった。一方、トヨタのクルマづくりの基本であった「良品廉価」を実現するための絶対価格の見直しを象徴的に実現させると主張する豊田副社長とのあいだで意見は割れた。

収益性と良品廉価のいずれを優先するのか。激しく値下げを主張する豊田の涙の主張に最終的な方向性は決まった。これはトヨタのクルマづくりの方向が音を立てて変わった瞬間だ。新社長となる豊田が目指す「もっといいクルマづくり」の方向性が公表される前の出来事だけに、価格戦略の意図は十分に理解されず、コストを度外視した価格設定にアナリストや投資家の批判的な意見や不安の声が相次いだ。冒頭での発表会の発言はこのような背景を持った言葉であった。

トヨタはグローバル・マスタープランを実施する中で、過大な先行投資負担と膨張する経費に収益が押し潰されそうになる局面を2005年頃に既に迎えていた。良い商品を作り、ユーザーが喜んで支払うのであれば、価格効果をもっと得ようとする値上げ戦略でコスト上昇を吸収する動きが出てくる。特に米国市場での価格引き上げは顕著となっていった。毎年、何パーセント値上げしても面白いように商品が売れていたのだ。「廉価な商品を提供する」という顧客重視の姿勢が薄れ始めていたのである。

そもそもトヨタの基本的な考え方は「価格－利益＝コスト」という等式にある。価格は市場で決定されるもの。利益を決めれば、あとは目標原価低減が決まるという理念である。言い換えれば、それだけ原価低減に強い自信を持った会社なのである。「コスト＋利益＝価格」の考えは文化に合わなかったはずだが、いつの間にか利益を決めるために価格を動かす行動が出始めていたのだ。

「いいクルマづくり」とは

豊田が社長就任直後に経営方針説明会を開いた。

「嵐の中の船出」「どん底からの出発」だと豊田は苦しい現状認識を強調し、トヨタのあるべき姿は、「地域社会への貢献」と「お客様第一主義」の2つの基本を重視することだという。さらに、持続的に成長し続けることの大切さを強く認識し、自分のためにではなく、他の誰かや自分たちの故郷のためにトヨタに何ができるのかを求めていくと語った。過去の成長戦略の中に、身の丈を超えた拡大政策の誤りがあったことを認識し、退くべき分野を認識した効率的な資源配分を実施する考えだ。販売台数と利益を最大化するマーケティング戦略から、ユーザーに喜ばれ市場に軸足をおいた良品廉価、豊田の言葉でいう「いいクルマづくり」への戦略転換をめざすことになった。

図2-4　トヨタの新しいクルマづくり

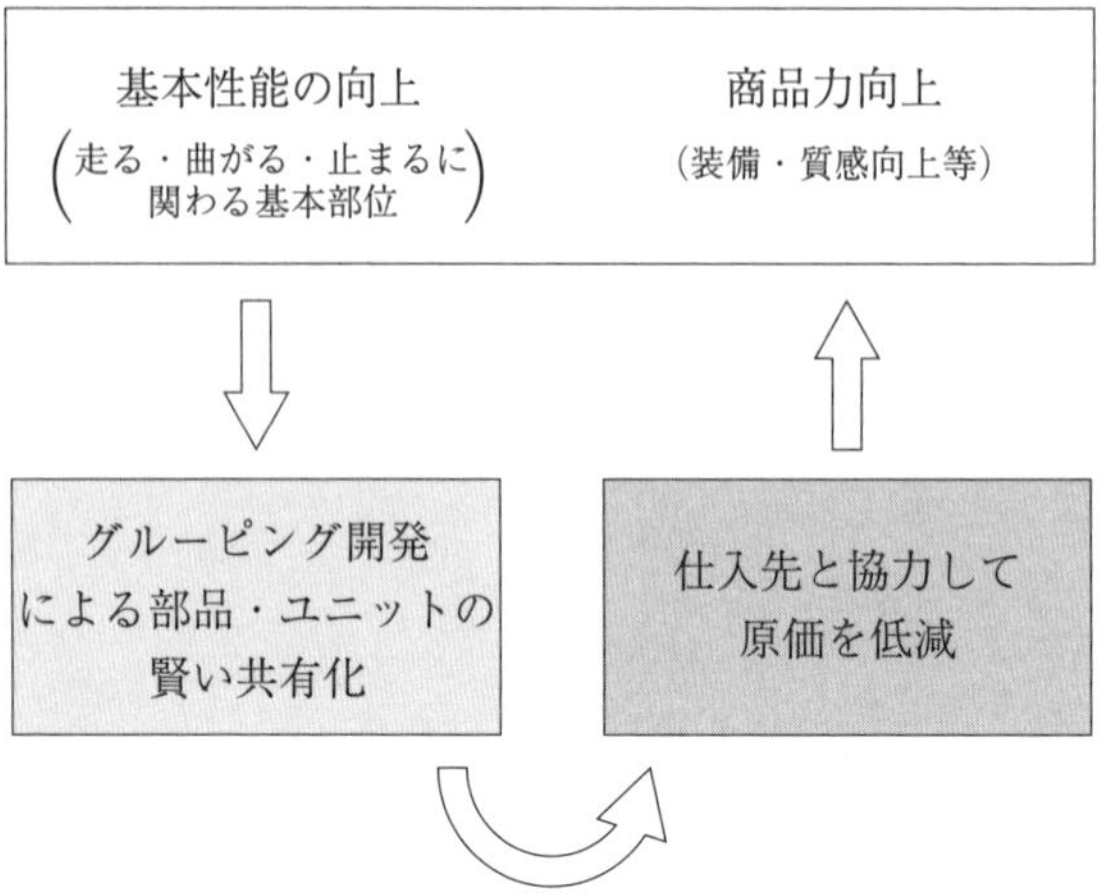

出所：トヨタ自動車ホームページ

「カッコいい」とか「Ｗｏｗ！（ワオ！）」だとか、当初は感性的な言葉で方向感を示され、新たな方向性を理解するのに正直少し時間を要した。「いいクルマづくり」とは、「趣味・感性」「量販車」「商用車」「次世代車」の4つのゾーンに層別し、それぞれのゾーンで求められるデザイン、走行性能等をユーザーの目線で明確化し期待に応えるクルマを創出するとする。そのために、「デザインの強化」「開発力の強化」「地域重視のクルマづくり」「組織・体制の整備」に取り組む。車両開発にあたって、従来のプラットフォーム戦略から進化した設計概念（アーキテクチャ）の「Toyota New Global Architecture」（以下、ＴＮＧＡ）を導入することが最大の成功への秘密となる。

　豊田が「いいクルマづくり」を口にするようになって以来、トヨタの成長サイクルの表現が確かに変わった。原価低減→商品力向上→台数成長→原価低減という成長循環が長くトヨタの持続的な成長を語る切り口として説明されてきた。今は、ＴＮＧＡという新しいアーキテクチャを導入することで、商品力向上→かしこいクルマづくり（＝ＴＮＧＡ）→原価低減→商品力向上というサイクルが持続的成長をもたらすという。非常にわかりやすい。サイクルの起点が原価低減ではなく商品力向上に代わり、成長サイクルから台数成長を排除したのである。

２０１２年春、トヨタは国内外のメディアを集め「いいクルマづくり」の進捗説明とその商品づくりの骨格となるＴＮＧＡの概要説明を実施した。滅多に部外者が入ることができない新車開発棟にメディアを招き入れ、社長の豊田が自ら新型モデルを前に、ひとりひとり丁寧にクルマづくりの方向性を説明する真摯な姿があった。トヨタが今後目指すクルマづくりの戦略性を理解し、豊田のスケールを一段と大きく感じさせる機会となった。顔の見えない経営者に対する不信感というか不安が払拭された感じだった。これまでは、豊田に対するメディアの論調は厳しく、トヨタに対する株式市場の評価はもっと厳しかった。今から思えば、このタイミングが大底となり潮目は変わっていった。

新組織の秘密

トヨタ再生に向けた戦略は明快で、地域主導のいいクルマづくりを推し進めるということにつきる。これは、トヨタの組織が技術や調達といった機能軸から地域軸に意思決定を移すという意味である。社長就任直後から豊田は組織改革を打ち出し続けている。トヨタの組織構成は、自動車事業を地域で縦割りし、技術、生産技術、調達、経理などの本社機能が横櫛を刺すマトリックスとなる。

図2-5　トヨタの新組織図

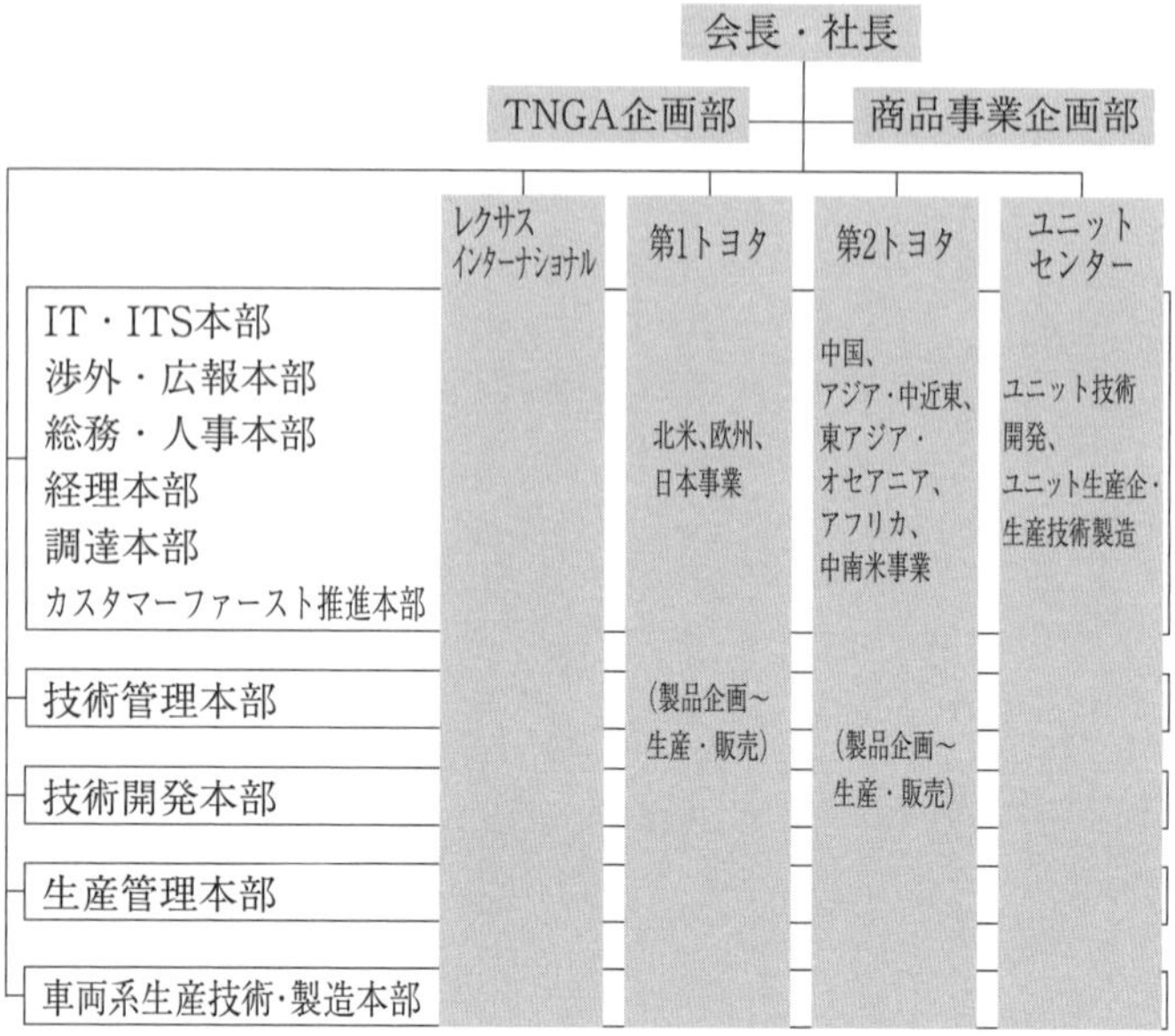

出所：トヨタ自動車ホームページ

伝統的にトヨタは本社機能の横軸管理と権限が強い組織であり、なかでもトヨタ生産システムを司る生産技術、開発を司る技術開発の２つが非常に強い影響力を保ってきた。過去は、機能軸のトップが副社長、地域軸は専務という階層が多く、最終決断は機能軸が行うという不文律があった。簡単にいえば、本社が地域を牛耳ってきたのだ。これは、６地域本部制のトップが事実上の社長のような権限で縦軸経営を行うホンダとは対照的であった。

２０００年後半に入っての台数膨張、ＴＳ重視、過剰スペック、収益重視など、トヨタのクルマがユーザーから遠ざかる根源が、強すぎる機能軸管理にあると考えた豊田は、総合企画部長の犬塚力に地域主導の組織改革を立案させた。２００９年の人事で副社長を地域担当とし、機能軸から地域主導への権限移譲を進める。２０１１年に工販合併以来の役員人事制度を大幅に改革し、役員数を77人から60人に削減し、地域本部長を原則現地に配置し、海外事業体が現地で決定できる体制を構築する。

最終的には２０１３年に組織そのものを大改革した。全社を４つのビジネスユニットに大分割し、副社長を事業責任者として配置し、事業・収益責任を負う体制に変更したのである。レクサス事業を担当する「レクサス・インターナショナル」を社長の豊田が直轄し、北米・欧州・日本の先進国事業を担当する「第1トヨタ」、中国、豪亜中近東、アフリカ、中南米の新興国事業を担当する「第2トヨタ」、ユニット系の事業を集約した「ユニットセンター」の4つのビジネスユニットとする。

この組織改革は、地域重視のクルマづくりを進めるため、事業・収益責任を明確化し意思決定を迅速化させることにある。加えて、本社機能の権限を適切に弱体化させ、地域主導をより容易に進める狙いもあるだろう。調達と経理の機能軸は前社長の渡辺時代に相当権限を振るったが、豊田の組織論の中では最も弱体化させられたように見える。一方、技術開発と生産技術部は、新組織から独立した副社長が存在するところからみて、新体制下でも影響力が強いと推察される。地域主導の意思決定が影響力の強い機能軸より優先して初めて新組織の真価が問われるだろう。

4　トヨタイズムの進化

社長もＫＡＩＺＥＮ

豊田章男が２００９年に社長に昇格して早くも4年が経過した。当初の2年間はトヨタの抱える内部的な問題の根が深かったことは言うまでもなく、外部環境の厳しさ、品質問題とその処理の不手際、不幸な天災も加わり、散々な評価であった。特に、米国での品質問題の初動対応において、危機管理とリーダーシップの弱さに危機感が抱かれたことは否定しがたい。就任直後は、改革を推し進める豊田の独裁者的な振る舞いと社員との衝突のうわさも多く聞こえ、人心をどこまで掌握し、肝心な情報が正確に届くのかどうか、部外者には真相はやぶの中だが、心配をする局面もあった。

品質問題での米国下院議会の公聴会を成功裏に収めたところが転換点となった。豊田は公聴会を振り返ったコメントで、「少なくとも自分自身は社長ではいられなくなると覚悟した」と語っており、身を捨てて会社を救う覚悟を決めた決死の行動であったとうかがえる。

「私は一人ではなかった、全米中、世界中の皆が私を守っていた」。公聴会が終わり、全米のトヨタディーラーの人々の前でスピーチした豊田はこの言葉で涙を見せた。

帰国後、社員２０００人を前に公聴会報告したときも、「私はこの人たちを守ろうと一生懸命戦ってきたつもりだったが、実は、自分はこの人たちに守られていた」。まったく同じフレーズのところで涙した。この報告会は全社員に映像で配信されたが、創業家社長の涙は社員のわだかまりを解き、会社の団結は固まった感が強い。

メディアやアナリストに対する姿勢もこのころから変化を見せる。品質問題に関わる説明会に参加し、直接自分の言葉で丁寧に説明を繰り返した。「なぜ、急に説明会に参加するようになったのですか」という嫌味な質問に対しても、「これも私のKAIZENです」と、失敗から学び改善を心がけるトヨタらしい回答を返した。

世襲なのか、実力なのか

トヨタの事実上の創業者を豊田喜一郎と考えれば、彼から数えて豊田章男は第10代目の社長となる。そのうち5人、喜一郎、英二、章一郎、達郎、章男が豊田家の出身となる。喜一郎以来、過去72年の約半分は創業家一族が社長の座にあった。豊田英二が15年間、豊田章一郎が10年間、豊田喜一郎が9年、病気療養のため退任した豊田達郎が3年と短く、豊田章男は現在で4年目になる。

豊田家はトヨタの株式を2パーセント未満しか保有していないといわれており、創業家といっても会社に君臨し統治し続けることが約束されている訳ではない。その意味で、トヨタは単純な世襲企業ではない。トヨタの中に豊田家への求心力を維持して初めて実現できるだろうし、豊田章一郎はトヨタの人事権はないが、グループ人事へ強い影響力を有すると考えられ、強力な側面支援があるだろう。ガバナンスの基本どおり、経営者として正当な結果を生み出し、期待される収益を維持することが、創業家が経営に関与し続けるためには最も重要であることはいうまでもない。

海外の自動車メーカーに創業家支配の会社が多いことはよく知られており、米国ではフォード、欧州ではＶＷ、ＢＭＷ、ＰＳＡ（プジョーシトロエン）、フィアットなどもファミリーが所有あるいは、統治・経営を実施する。韓国の現代自動車、日本ではスズキもファミリー支配の会社である。ただし、スズキを除いてこれらの企業は創業家が持株会社を通して議決権を支配する階層保有や、議決権を持たない優先株等で資金調達をする二重階級株式を活用して一族が高い比率で議決権支配しているケースがほとんどである。フォードの場合、ファミリーは実際の株式は3・75パーセントしか保有しないが、所有する特別株は議決権の40パーセントをフォード家に与えている。これでは一般の株主と高い議決権を持つ創業家との関係はアンフェアに見える。したがって、企業の所有に重きをおいて経営には介入しない場合が多い。ＶＷのピエヒ支配はさらに独特で、二重階級株式を利用して少ない資本で議決権の過半数を有し、経営の最前線で20年間君臨する。

企業ガバナンスの観点から見れば、巨大企業の世襲に異論が出ることは十分あり得るが、豊田章男が社長に就任したことに株主、社員、取引先含めて批判はまず聞かれなかった。むしろ、危機に陥った巨大企業を再建するには創業家の旗印があったほうが成功するとの期待論が主流だった。実際、関東自動車などの組立子会社の再編、住宅事業の統合など、豊田は長年議論され結論に達しなかった重要案件を就任後すぐに決断した。

最初の2年間こそ品質問題のつまずきがあったが、経営成果はトヨタ再建の結果を伴っており評価が高い。なんといっても、トヨタで働く社員は基本的に創業家の旗印が大好きに見える。創業家のＤＮＡ、文化、トヨタイズムを深く尊敬し、それが永続することを望む人たちが主流だろう。まるで

図2-6　豊田家の家系図

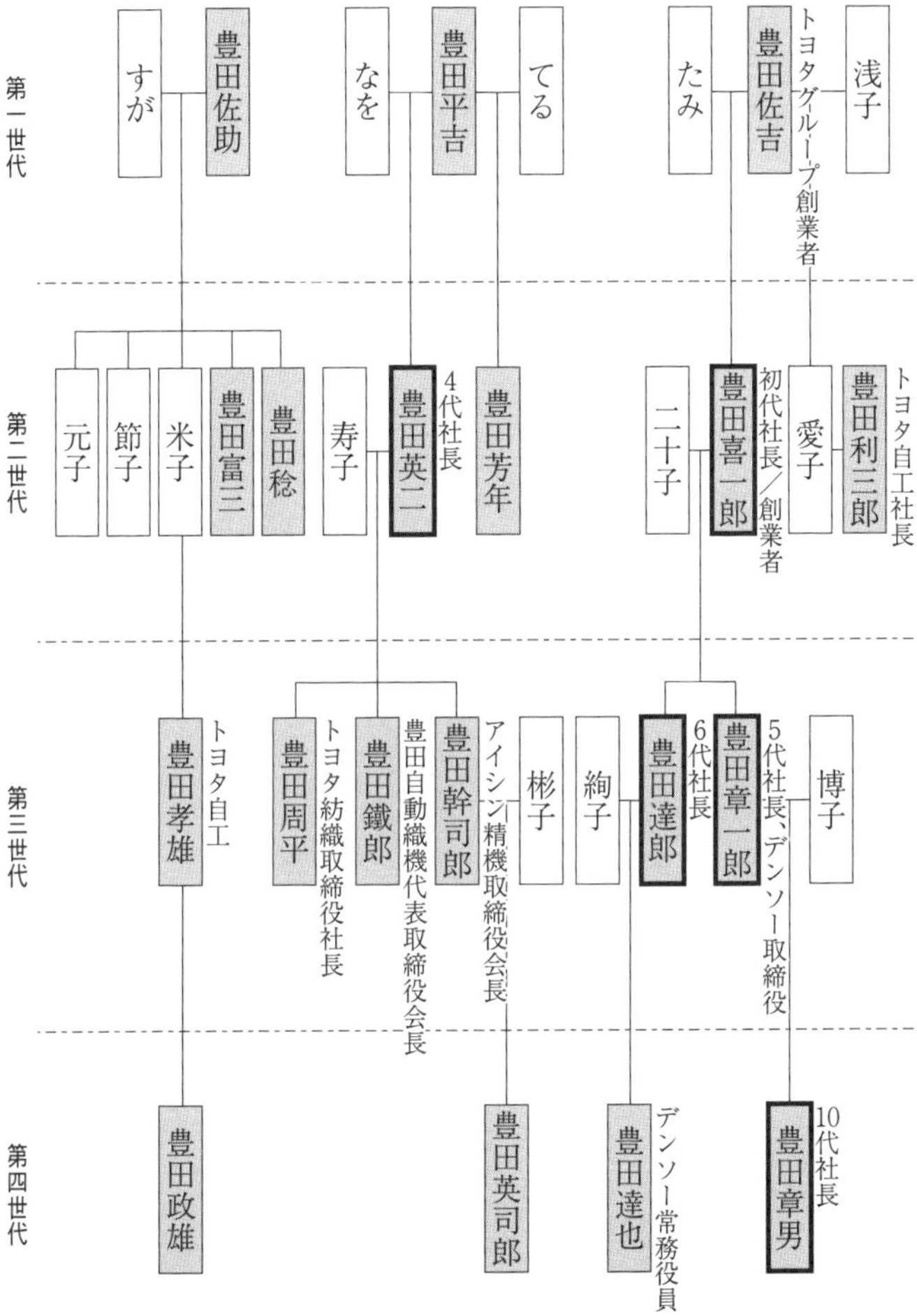

注：太線はトヨタ自動車社長に就任
出所：各種資料をもとにナカニシ自動車産業リサーチ作成

宗教のようだが、確かに、トヨタという企業はどこか宗教的である。

ものづくりは人づくり

米公聴会での豊田のスピーチでも、「ものづくりを実践するための最大の鍵が人づくりである」という信念を強調している。トヨタのものづくりの考え方である「トヨタウェイ」（社長の張がまとめたトヨタのモノづくりの考え方）を浸透させるために、従業員ひとりひとりが、どうすべきかを考え、改善を提案し繰り返す。この同等の価値観を全員で共有することに喜びを持つのである。トヨタでは仕事の半分以上が後進教育のためのＯＪＴの時間であるといわれている。誰が出世するかも、どれだけ人を育てたかで決まるところがあり、まじめに愚直に人を育てる企業だ。

グローバル化にもまったく同じように、各海外拠点にトヨタのものづくりの考え方である「トヨタウェイ」を浸透させることをまじめに取り組み続けている。米国ケンタッキー工場は「トヨタウェイ」の浸透の成功例であるが、海外の異文化に「トヨタウェイ」を浸透させることは容易ではないし、ある意味では理想論かもしれない。しかし、トヨタはあきらめず、何年かけても「トヨタウェイ」を理解し、会得していく人をひとりでも増やそうとする努力をする。

インド南部のバンガロールに工場を持つトヨタは、インド戦略の本格的始まりである新モデル「エティオス」の投入を機に第2工場を建設し生産能力を大幅に増大させた。その新工場に隣接した土地にトヨタは560万ドルを投じて職業訓練学校のトヨタ工業技術学校（ＴＴＴＩ）を新設した。中学校を卒業したばかりの貧しい生徒を集め、3年間自動車技能を修得させるだけでなく、食費、寮費、学費はすべて無料で月38ドルの給料も支払われるのだ。卒業後はトヨタで採用し幹部候補をじっくりと育てている。このような学校は南アフリカなど他地域にも多数あるようだ。ここで見る風景はおそらく1939年当時の日本に設立した技能者養成所と同じであろう。

対極に近いところにあるのがVWのグローバル化であろう。VWの海外工場は早い段階でそれぞれの地域に自立を促し、ローカル社員主導で現地化を推進する。したがって、地域で基準や進化の工程は大きなばらつきがでるが、ローカル社員が主導権をとり、現地に適した進化を短い時間で実現させることができる。一方、仕様変数が増え、管理は困難だが、VWはそこを卓越したマネジメントでコントロールするというモデルをとる。ローカル社員の昇進も早く、モチベーションも高まる。この手法は、中国、ブラジルで極めて高い成果を生みだした。中国でのトヨタは大きなジレンマを抱える。「トヨタウェイ」の浸透に相当の時間を有し、人が育つ前に離職する傾向が高い。現地主導を推進するといっても大挙して日本からマネジメントが移動し、人材育成から始めても現地スタッフにはその真意はなかなか理解もされず、かえってモチベーションを悪化させることにもなりかねないのだ。

トヨタウェイとは

トヨタが「どのような会社でありたいか」という企業理念を表したものが「トヨタ基本理念」、これを実践する上で全世界のトヨタで働く人々が共有すべき価値観や手法を示したものが「トヨタウェイ」である。事業の広がりにより多様な価値観をもつ人がトヨタの業務にかかわるようになり、暗黙知としてそれまで伝えられてきた価値観、手法を2001年に明文化し、全世界の事業体で同じ価値観の共有を可能とする。

トヨタイズムの競争優位に普遍性はあるのか

トヨタの強さの本質は今も昔も変質したようには思われない。人を育て、ものづくりに励み、考え、改善を提案する。このプロセスで鍛えられる組織とものづくりの力はやすやすと逆転を許すものではないはずだ。しかし今日、トヨタの競争力はじわじわと後退し、競合に後れを取る領域が着々と増加していることを深刻に考えるべきだ。残された優位性を持つ領域すら競合との格差は縮小している印象だ。原因はさまざまだが、構造的な理由のほかに、単なる慢心もあるだろう。

クルマのコモディティ化、新興国自動車消費での低コスト構造、企業間競争格差の縮小、新たな競争力の出現など、思えば今さら始まった現象ではない。ただ、米国住宅バブルと世界的な過剰流動性が為替レートと原油に根拠に乏しいバブルを発生させ、競争力の衰退を気づかせなかったことで傷を深め、それをリーマンショックが炙り出したのだ。不幸なことに、この直後に東日本大震災、タイ洪水によるサプライチェーンの寸断問題と、福島第一原発事故に端を発した構造的電力供給不足問題が勃発し、未曽有の円高も襲ってきた。トヨタだけを責めることはできないが、高いハンディキャップを背負わされたことは疑いの余地がない。

問題はクルマの成長ステージが進化し一段と複雑な困難がある中に、トヨタのライバルとして新たな、そして強力なチャレンジャーが登場している。それはトヨタとは対極に立つＶＷであり、ここの成功要因はトヨタイズムとは完全に距離をとった経営システムとビジネス戦略に成りたっている。

コモディティ的な商品特性が勝ってくるのであれば、競争力を支配する素子が品質／技術から価格

/コストへ移行することを意味する。変化があまりにもラジカルに進めば、日本が誇った開発力やものづくり力の競争優位が弱体化する恐れはある。さらに、新興国での新中間層の対応が飛躍的に自動車販売台数を膨張させる時代が近づいている。設計、調達、生産などの工程数が天文学的な数字に増幅し、ものづくりの力に依存しすぎてはリソースの限界に到達し持続的な成長力を失う懸念がある。トヨタ的なものづくりや人づくりの能力構築の努力に集中すれば永続的な相対優位を担保できるのか、謙虚に議論すべきところに立っているだろう。

トヨタが誇る「ものづくり」と「グループ力」の強みを進化させることが競争優位につながることは言うまでもない。その強みの上にトヨタが苦手としてきた戦略的な経営、ビジネスモデルの再構築や意思決定の質に磨きをかけていくべきだろう。マーケティング、デザイン、ブランドを含むソフト面の管理能力を早急に引き上げることも必要だろう。アベノミクスの「第一の矢」が飛び、円高局面が是正され日本車メーカーの収益がV字回復できることを、構造的な競争力改善と過大評価し、思考停止することが最も危険である。成功要因が変質していても時には過去の構造で勝ち続けることもあるのだ。古い構造に立った状態で規模がさらに膨張してしまうことはさらなるリスクを増大させる。

第３章

ＶＷ帝国とポルシェ王朝

——ピエヒイズムの分析

1　焼け跡からの出発

始まりは経営危機から

1993年当時のフォルクスワーゲン（VW）は欧州大競争時代へ突入し、ドイツの高コスト体質の苦悩の中で大幅な赤字を出す経営危機を迎えていた。当時61歳の血気盛んなフェルディナント・ピエヒはVWの苦境を救うべく立ち上がる。業績悪化の経営責任を取る形で取締役会会長のカール・ハーン博士を失脚させ、CEOのポジションを自ら手中にしたのだ。この瞬間は、まさに現在のVWの大躍進への重大なターニングポイントとなったのである。剛腕に進むべき道を切り開く強さが彼には備わっており、重大な経営危機に直面したVWを戦略的に再定義し、新経営方針を定め、多くの改革を打ち出すことになる。

VWグループの経営はポルシェ家とピエヒ家の両家による創業ファミリー経営に大きな特徴がある。元をただせば、かの有名なフェルディナント・ポルシェ博士の末裔たちである。ポルシェ博士の長男で、第2世代の代表格であるフェルディナント・アントン・エルンスト・ポルシェ（フェリー・ポルシェ）の家系と、同博士の長女であるルイーズ・ポルシェの家系に一族は大きく分かれる。前者には、第三世代としてフェリー・ポルシェの長男にポルシェ・デザインの創業者としてよく知られるフェルディナント・アレクサンダー・ポルシェ（ブッツィー・ポルシェ）、一族のグループ持ち株会社である

図3-1　ポルシェ家の家系図

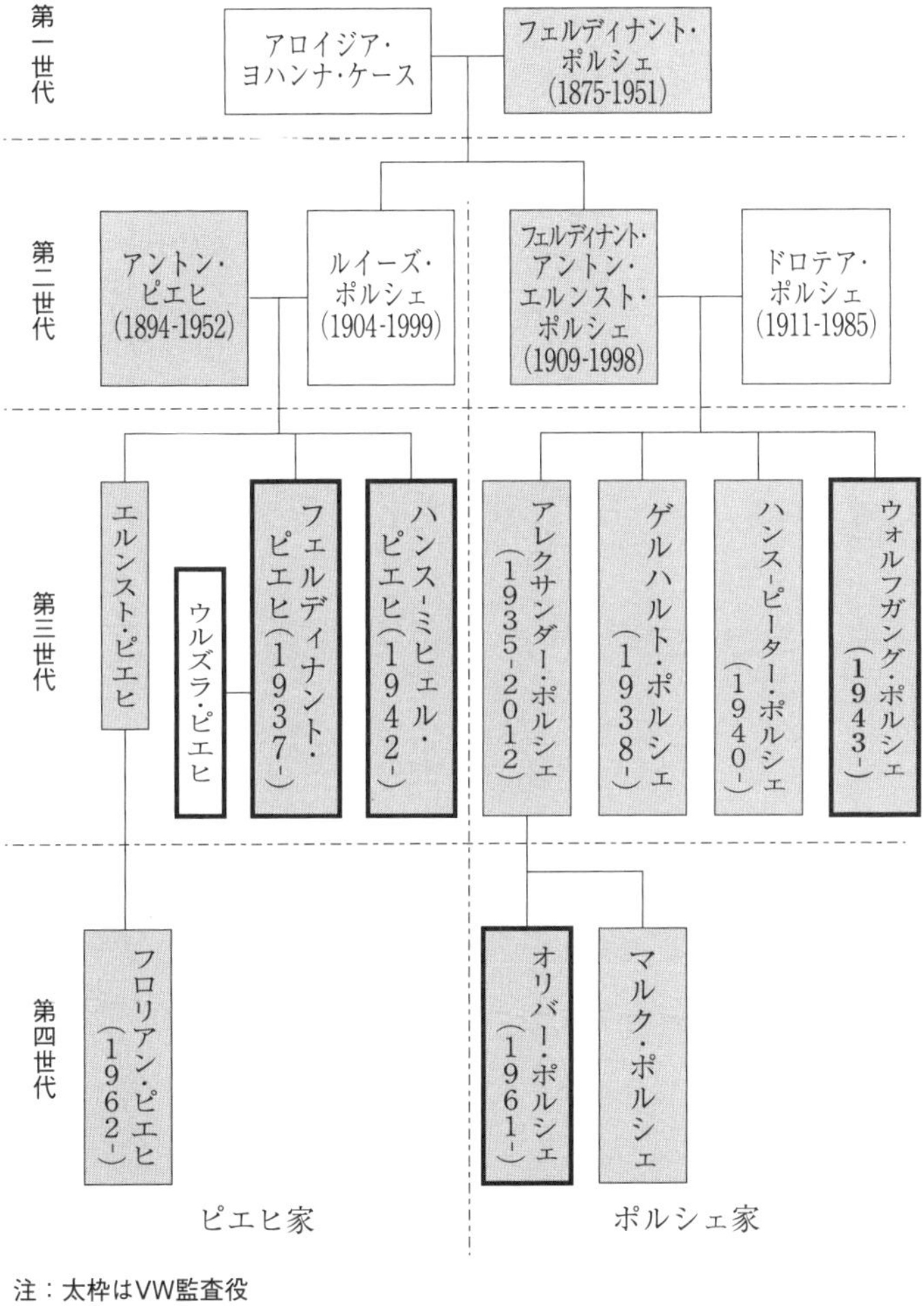

注：太枠はVW監査役
出所：各種資料を基にナカニシ自動車産業リサーチ作成

ポルシェオートモービルホールディングSE（ポルシェSE）の監査役会会長として君臨する四男のヴォルフガング・ポルシェがいる。一方、女系側で、ポルシェ博士の顧問弁護士を務めていたアントン・ピエヒ氏とルイーズの間に1932年に誕生したのがフェルディナント・ピエヒである。

ピエヒはチューリッヒ工科大学で修士号（後に博士号）を取得後、フェリー・ポルシェが経営する自動車製造のポルシェAGに勤務した。同社ではエンジニアの才能を遺憾なく発揮し、数多くのスポーツカーの開発を手掛けた人物だ。しかし、1972年になると、ポルシェが同族経営の罠に落ちることを避けるための「ポルシェ家の掟」が定められ、同族はポルシェ経営から追放される。この結果、ピエヒはVWが買収したアウディに開発担当重役として移籍する。同時に、フェリー・ポルシェの長男としてデザインを担当していたブッツィー・ポルシェも同社を追われ、独立デザインスタジオを設立したのがポルシェ・デザインである。

アウディに移籍した後のピエヒの功績は目を見張るものがあった。有名な直列5気筒ターボエンジン、オンロード四輪駆動車の「クワトロ」など個性の強い技術を大成させた。1988年には同社の取締役会会長に上りつめ、ドイツの亜流に過ぎなかったアウディをBMWやメルセデス・ベンツと拮抗するプレミアム・ブランドへ躍進させたのである。

ハーンとピエヒの因縁

1989年11月10日にベルリンの壁が崩壊、冷戦は終結し翌年には東西のドイツの統合を実現した。ポスト冷戦構造に向けて欧州メーカーは大競争時代に突入したのだ。日本メーカーという新たな強力なライバルも登場し、VWは米国販売の衰退にも歯止めがかけられず、同社の競争力は脆弱さをさらけ出し、業績は目に見えて後退し始めていた。カール・ハーンは10年間にわたってVWの取締役会会長を務め、同社のグローバル拡張路線などの高い功績を上げた人物だ。自動車産業のプラットフォーム戦略を大きく進化させた生みの親でもある。しかし、最後は追われるようにVWを去ることになる。

交代の引き金を引いたのは、当時のアウディ事業部を率いるフェルディナント・ピエヒである。皮肉にも、ピエヒの祖父であるVW創業者のフェルディナント・ポルシェは、かつてハーンの父親と国民車構想を巡って戦った相手であった。過去を紐解けば、ヒトラーのドイツ自動車産業政策の国民車開発構想で、開発を競ったのがフェルディナント・ポルシェとカール・ハーン・シニアの両名であった。結果は、ヒトラーの国民車構想はポルシェ博士へ委託された。ポルシェ博士が開発した「フォルクスワーゲン（国民車）」を量産する会社が、戦中戦後の紆余曲折を経て、現在のフォルクスワーゲンとなっていく。

カール・ハーンはVWの弱点を明白に認識していたはずであろうし、解決策を必死に模索したはずである。しかし、ハーンの戦略はVWのオペレーションをグローバル化させ、シュコダの買収を通じて廉価な生産拠点を確保することで、問題を薄めようとしただけで高コストと低い生産性というドイツの国内問題の根源を治癒することはできなかった。欧州のあまりにも急激な変化に追いつくことはできず、VWの改革効果は後手に回っていた。国内の高コスト体質を克服するためのロボットを多用した自動化工場も、プラットフォーム戦略による量産効果も業績を引き上げるには不十分だった。

未来は過去と決別するときに始まる――奇跡の米国成功

ピエヒがＶＷのトップに登りつめた１９９０年代当初、ＶＷはモデル戦略の不備、米国販売の低迷、ドイツ母国での高コスト体質など、経営は重大な行き詰まりを迎えていた。ＶＷは非常にドイツ的で柔軟性に欠け、根本的に問題を抱えた企業であったといえる。この時代の著名な自動車アナリストであるマリアン・ケラー女史は著書『激突』（草思社）の中で以下のように表現している。

ＶＷの将来を考えると、より根本的だと思われる欠陥は、製品開発の戦略がないために、ゴルフに全面的に依存している現状から抜けだせないことである。ＶＷにおいては、自動車――より正確には、ヒトラーが思い描いた自動車――が会社をつくりだしたのであり、会社が自動車をつくりだしたのではなかった。ＶＷはついに幼児期と成長期を経過することがなかったのだが、その時期こそが事業を充実させ、成熟していくのに必要なものだった。（鈴木主税訳）

ヒトラーがポルシェ博士に開発を委託した「フォルクスワーゲン（国民車）」は、１９３８年に「KdF-Wagen（歓喜力行団の車）」と正式命名され、１９３７年に現在のウォルフスブルク市にあたるＫｄＦシュタットにヒトラーの夢であった自動車生産拠点となる新工業都市が建設された。しかし、ヒトラーは１９３９年に第二次世界大戦を勃発させ、同工場は１９４５年の終戦まで軍需生産に追われ、戦争末期は空襲で焦土と化し敗戦後はソ連軍に占領された。

ソ連はおろか欧米からも、先進的すぎるデザインと斬新すぎる設計（空冷のリアエンジン）で成り立つ「KdF-Wagen」と荒廃したＫｄＦシュタットは無価値とみなされ、連合国の接収対象から免れたことが功を奏した。イギリス軍将校アイヴァン・ハーストによって工場は修復され自動車生産の再開にこぎつける。焼け跡のなかのVWを甦らせたのが「フォルクスワーゲンType1（愛称：ビートル）」を世界に量販し、同社の復興の祖といわれるハインリッヒ・ノルトホフである。

ノルトホフは、戦前はGM傘下のオペルに在籍していたエリートであったが、オペルはナチスによって没収され、ナチスに協力をしたという理由で戦後オペルからも追放されていた。辿り着いたのがウォルフスブルグ市のVW工場であり、「ビートル」であった。社長に就任したノルトホフは、卓越した経営手腕を発揮し、「ビートル」を、アメリカをはじめとする国外へ輸出しまくり、同モデルを累計生産台数2152万9464台の世界最多記録を打ち立てる伝説のクルマへと育て上げる。

当時の米国は、豊かな経済力を背景にビッグ3の大型ガソリンエンジンを搭載した全長5メートルを超えるモンスターカーが続々登場していた時代である。その中で「ビートル」は若者を中心に新しい価値観を提案し台頭してきたベビーブーマーの心をつかんだ。1959年に打ち出した「Think small」の広告キャンペーンは有名であり、大きな効果を生みだして社会現象となる。1962年までに米国で「ビートル」は100万台以上を販売する大ヒットモデルとなった。先述のカール・ハーンは当時のVWアメリカの社長を務め、この米国での成功をリードした人物であった。

米国生産撤退の屈辱を味わう

当時のVWの米国での高いポジションと進出直後の日本車とのギャップの大きさは、米国自動車産業を舞台にした社会小説で大ヒットとなったアーサー・ヘイリーの『自動車』（新潮文庫）の有名な

GMエンジニアの分解工場での会話の一節に表れている。米国市場新参の日本車に対する認識の厳しさと先行して成功したVWとのギャップがいかに大きかったのか垣間見られるだろう。生産システムで歴史的なイノベーションを起こしたトヨタ自動車とそれに続く日本メーカーに米国市場が席巻され始めていたということが、まだ確かなものとして誰の目にも映っていなかった時代である。

「もう何年もフォルクスワーゲンを分解しています。いつやってみても同じことで——品質のよさは変りませんね。どれだけ品質が向上しても、日本だけはそれと無関係ですね——少なくともこのがらくたを作った日本の工場だけは。これを見てくださいよ、ミスタ・トレントン！」「まるで紐と梱包用のワイヤーだ」「これだけはいっておきたい。わたしだったら好きな人間にはこんな車を乗りまわしてもらいたくないですね。四輪のモーターバイク、それもちゃちなモーターバイクですよ、これは」（永井淳訳）

「ビートル」で成功しすぎたことは、VWが自身の持続的な成長を支える新しい技術や商品を開発する妨げとなった。単一モデルを大量に長期にわたって売りさばくことは、収益を生むにはまたとない好機ではあるが、生産性、品質、コストなど、自動車会社として世界的競争に勝ち残る力を醸成する工程を作りそこなったのだ。「ビートル」の競争力は陳腐化を始め人気は急速にすたれていくことになる。1974年に「ゴルフ」を送り出した後も、体質の根本は大きく変質することはなく、VWは長期的の停滞局面に突入することになる。工場では量産を進めてもコストは一向に改善せず品質も向上しない。

VWは米国ペンシルベニア州のクライスラーの工場を買収し、米国現地生産に乗り出し、「ゴルフ」

を「ラビット」として市場投入した。この工場はピーク時は5700人の従業員を雇用し20万台を生産したが、好調は長くは続かなかった。「ラビット」はとてつもなく故障の多い車として不評を買い、高品質で価格競争力に優れるトヨタやホンダにユーザーの支持は完全に移行し、VWの市場シェアはじり貧をたどることになる。米国在住の日系人は、米国人がVolkswagenをヴォルクス・ワーゲンと発音することから、「ボロクソ・ワーゲン」と揶揄するほど、両社の立場は大きく逆転していた。1986年に「ジェッタ」を追加し、米国販売のテコ入れを狙うものの、ペンシルベニア州の工場は惨憺たる低稼働に悩まされ1988年に閉鎖に追い込まれる。北米生産はメキシコ工場に集約し、閉鎖工場の設備を中国に輸出し合弁生産を強化したことが、現在の中国での飛躍の発端になるとは禍福は糾える縄の如しだ。

2 ピエヒイズムの台頭

ドイツに世界的な自動車会社を確立する

VWのCEOに上りつめたピエヒの再建に向けた課題は山積みだった。ハーンの進めたグローバル化路線を軌道修正し、ドイツ国内のコスト改革と競争力改善を実現する国内改革に着手しなければならなかった。全従業員の25パーセントに相当する3万人の余剰人員を解消し、ワークシェアリングを用いた賃金調整、時代の寵児と化していた日本的リーン生産システムの導入、サプライヤー政策の再

図3-2　1人あたり平均年間総実働時間の国際比較

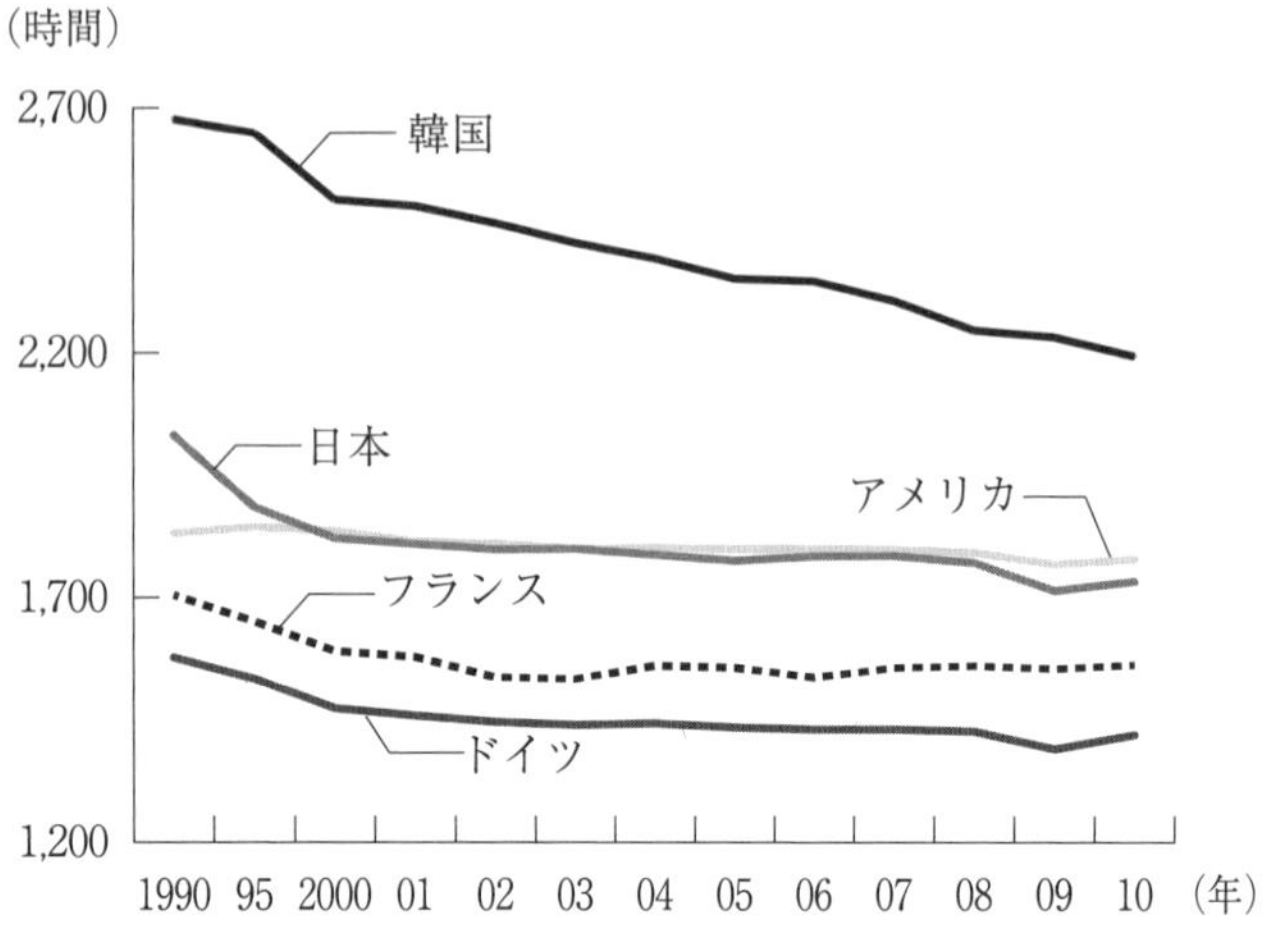

出所：OECD

構築、抜本的なコスト競争力を実現できる設計への変更、低コスト工場への生産配置転換などなど。剛腕で時には周りとの不協和音をものともせず、改革を推し進める戦略家（悪くいえば策士）のピエヒの本領がいかんなく発揮され、ＶＷは死の淵から生還を成し遂げる。

ピエヒは労働者との関係を悪化させ地域貢献を犠牲にするような改革をむやみに推進するタイプではなかった。ドイツ的な社会制度や責任を頑固に守り、政治や組合と深い信頼でつながるというポリシーを一貫させた。３万人の余剰人員の解消にはほとんど解雇は持ち込まず、ワークシェアリングを導入して賃金調整で対応した。週休３日、週28・8時間労働のワークシェアリングは世界的に注目を集めた。

２００１年には失業者対策として「アウト

５０００」プロジェクトを立ち上げている。これはウォルフスブルク本社工場に疑似製造会社を設立し、失業者を教育し雇用する仕組みである。「トゥーラン」を生産するこのプロジェクトは、正社員賃金よりも約20パーセント低い月給５０００マルクの賃金で、５０００人の失業者を雇用し大量失業問題のひとつの受け皿とした。「アウト５０００」の採用者は６カ月の基礎研修を受け、９カ月の研修を経たのち正社員になり、２年の経験を得れば自動車組立工の資格も得られた。ＶＷはこのように国家との連携を深め社会と従業員に貢献しようとする意識が高い。社会的責任を再定義し、２００３年のアニュアルレポートに以下のように記した。

ＶＷは社会的責任を新たに定義した。ＶＷは企業の社会的責任を果たすために、従業員の職業能力の継続的向上を図り、定年退職に至るまでの雇用の可能性が開かれるようにしなければならない。さらにＶＷは事業を営む地域社会においてパートナーとしての役割を果たそうとしている。

ドイツのために世界的な自動車メーカーをドイツに確立することは愛国心の強いピエヒの野望である。しかし、ドイツの独特な社会制度の中でものづくりをするということは、雇用は膠着化し、欧州最高の高賃金、複雑な企業統治制度などのドイツ的な特殊性を乗り越えなければならない。特殊かつ厳しい制約の中でその解を求めていくのは容易なことではなかった。ＶＷ再建を果たした１９９５年頃からピエヒは過去のエンジニアリング主導から、戦略的な経営手法に向かい始める。プラットフォームを進化させたアーキテクチャ（設計概念）戦略、マルチブランド戦略、高級化戦略、これらを築くための外部成長を獲得するＭ＆Ａ戦略が打ち出される。

日本的生産システムからモジュール戦略へ

ＶＷは90年代に日本式のリーン生産システムに学び、生産性の改善に努めたことは紛れもない事実である。ジャスト・イン・タイム、サイマルエンジニアリング、チームワーク、ＴＱＣなど多くの開発、生産の見直しが実施されている。しかし、ドイツの独特な社会制度の中でものづくりを続け、世界的な競争力を維持することは至難の業だ。雇用の膠着化、賃金、企業統治など制約が多いドイツでリーン生産システムをいかに模倣し日本メーカーと同じ土俵で戦っていても、ライバルを超えることは容易ではない。新たな戦略を選択する決断には長い時間を要さなかった。日本的な生産システムを体系的に包括的に取り入れたポルシェとは違い、ピエヒに導かれるＶＷは日本的なものづくりの学習から徐々に距離を取り、独自戦略を鮮明に打ち出し始める。アーキテクチャを定義するプラットフォーム、マルチブランド、M&Aという戦略を実行し始めるのである。プラットフォーム戦略は、モジュール組み立て、モジュラー・マトリックス戦略に進化を続けていき、ＶＷの世界競争力の強い原動力となっていく。

２０００年代の大衆化路線への戦略転換で、ＶＷのプラットフォーム戦略は飛躍の時を迎えた。数多くの派生車種を複数のブランドで開発、生産するために、従来のプラットフォームのシステムや構成部品をモジュール化したアーキテクチャに進化させていく。２０12年にＶＷは次世代のモジュラー・マトリックス戦略である「Modularer Querbaukasten」（英語名Modular Transverse Matrix）、「ＭＱＢ」の概要を公表し、その先進性に世界は驚いた。縦置きで「ＭＬＢ」、横置きで「ＭＱＢ」とエントリークラスの「ＮＳＦ」の２つ、合計３つのプラットフォームに集約されるということは、従来のメガプラットフォームの概念をはるかに超えていたからだ。第４章でこのアーキテクチャ戦略の深層に切り込む。

すべてのセグメントへマルチブランド戦略

１９９０年代後半に入り、ピエヒはベントレー、ランボルギーニ、ブガッティなど、欧州高級ブランドの買収を立て続けに実施する。時代は１９９８年のダイムラーとクライスラーの世紀の大合併で国境を越えた合従連衡の最中にあった。投資家たちは、規模のシナジーがないラグジュアリーブランドを買いあさるピエヒに困惑したが、ピエヒはひるまなかった。

傘下のアウディ、ポルシェとの協業推進を合わせ、ＶＷグループはほぼフルラインのマルチブランドを形成していく。２０００年に入ると今度はスカニア、マンという商用車への出資を拡大し、世界的な商用車グループの結成に動く。最近ではイタリア二輪車のドゥカティ、イタリアデザイン会社のイタルデザイン・ジウジアーロを傘下に収め、デザイン領域の強化も万全となる。現時点で、商用車、二輪車も加え12のブランドを持つ巨大な自動車グループを形成した。

自動車ビジネスのフレームワークを戦略的に再構築するのがピエヒイズムの新骨頂である。トヨタイズムのものづくり、人づくりとは対極にある、オープンなビジネスモデルを果敢に成長戦略に取り込んでいく。ドイツ的な社会制約の受け入れと国際競争力を引き上げるという二律背反の命題に応え、ドイツのために世界的な自動車メーカーをドイツに確立する。ピエヒの愛国的な野望が自動車産業に新たなイノベーションを引き起こしつつある。

M&A戦略、マルチブランド戦略、プラットフォーム戦略を三位一体で推進し、コストと品質のブレークスルーを生み出し競争力を再構築させた。設計、調達領域においても、メガサプライヤーとの水平分業体制に大きな抵抗を示さず、システムのオープン化、標準化を戦略的に推進し、互換性の高いアーキテクチャ、部品のモジュール化にかなり積極的に取り組む。製品の平準化や同一化のリスクを高いレベルで管理する一方、マーケティング、デザイン、ブランドを含むソフト面でも卓越したマネジメント能力を発揮しているのだ。

3　ピエヒ絶対権力の確立と成長戦略の加速

VW帝国の絶対権力者の地位

2000年代後半、ポルシェの自動車事業会社ポルシェAGの持ち株会社でポルシェ一族が支配するポルシェSEによるVW買収にからみ、名経営者とうたわれたポルシェのヴェンデリン・ヴィーデキング、ポルシェ家、ピエヒ家の権力闘争を経て現在のピエヒの絶対に近い権力が形成された。詳細は第6章で解説をするが、その結末は、ピエヒのひとり勝ちに終わり、この過程でピエヒはポルシェSEへの議決権出資比率を引き上げ、うるさいライバルのヴィーデキングを追放し、ポルシェAGをVWの傘下に収め、VW帝国の絶対権力者の地位を確立したのである。

図3-3　ポルシェ、VWの出資構造

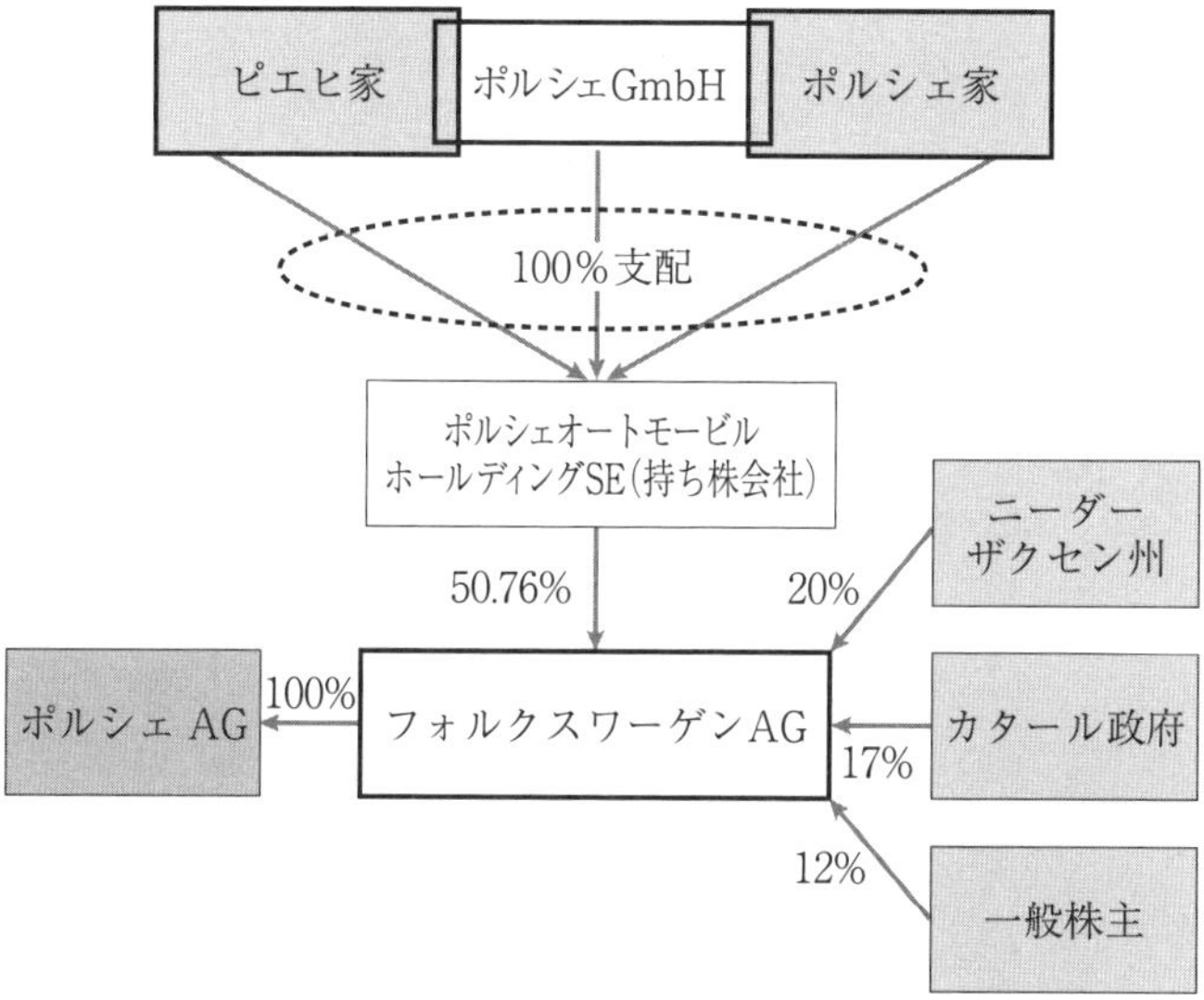

注：出資比率はすべて議決権ベース。
出所：VW、ポルシェオートモービルホールディングSEアニュアルレポート

ピエヒの支配力が頂点を迎えることになったことで、２つの重要な方向性が明白となった。第一に、世界のトップを狙える自動車グループが形成し、一段と強気な経営拡大政策を実行できる地盤が整った。第二に、ピエヒとポルシェ一族の悲願である、世界的な自動車会社をドイツに実現するという愛国的な理想実現への可能性だ。ピエヒの強力なリーダーシップがこれらの実現を目指して勢いを加速するのである。

ヴィンターコルンの起用

２００７年、その日は予想より早く訪れた。ピエヒの後継者としてＶＷのＣＥＯを務めてきたベルント・ピシェッツリーダーが辞任を迎えたのだ。しかし、誰の目にもそれはピエヒによる解任にしか見えなかった。

２００２年に65歳定年を迎えたピエヒは、ＶＷ取締役会会長を退任し、監査役会会長として院政体制に移行し、ピシェッツリーダーはＢＭＷの経営最高責任者からピエヒの後継者として移籍してきた。それ以来、ピエヒが当時推し進め、著しい業績悪化を招いたＶＷの高級化路線を転換し、大衆車路線への軌道修正、リストラ、経営体質改善をピシェッツリーダーは果敢に推し進めてきた。彼はドイツの国内生産の高コスト体質を深刻にとらえ、その解決策を見出そうとしてきた。しかし、強力な権力と経営への影響力を有するピエヒとの対立構図は公然化し、誰しもが更迭の危険を感じていた。後継者は下馬評どおり、ピエヒとそりが合うＶＷ取締役でアウディＣＥＯを務めていたマルティン・ヴィンターコルンが波乱なく順当にＶＷの取締役会会長兼ＣＥＯの地位に上りつめた。

マルティン・ヴィンターコルンは１９４７年にスタットガートの郊外に生まれた。シュトゥットガルト大学で物理学修士を得たのち、世界最大手の部品会社、ロバート・ボッシュに勤めた生粋のエンジニアである。１９８１年に、彼はピエヒが当時ＣＥＯであったアウディに移籍し、１９９３年にピエヒがＶＷのＣＥＯへ昇格すると、同じく品質保証部門ヘッドとしてＶＷに移籍している。実に、30年間にわたりピエヒの傍らで開発・品質・ブランドマネジメントなどの事業の中核を支えてきた人物である。戦略家で機知縦横なピエヒとは対照的に、ヴィンターコルンは垢抜けないエンジニア然とし、完全主義で無愛想な男に映る。しかし、ピエヒとの相性は抜群といわれ、欧州メディアは２人をして「ドリームチーム」と讃えている。

ＶＷの意思決定は今でも間違いなくピエヒの独壇場と考えるべきだろう。ヴィンターコルンは強力なディシジョン・メーカーというよりは、戦略的方向を定めるピエヒの忠実かつ強力な執行者だというのが一般的な欧州自動車アナリストの評価のようである。常に、ピエヒとの電話を怠らず、忠実に指示を仰ぐというイメージが定着している。VWの取締役会会長兼CEOとポルシェAGのCEOを兼務するヴィンターコルンの実務処理能力は超人的である。エンジニア的な理詰めで寸分の緩みも許さない確実な執行力は、完全権力を確立し世界ナンバーワン戦略を推進するピエヒにとっては何ものにも代えがたい右腕だ。VW最高財務責任者（CFO）のハンス・ディーター・ペッチュ、アウディCEOを務めるルパート・スタッドラーとのトロイカ体制は非常に高い経営力と実務執行能力を有すると欧州自動車アナリストには絶賛の声が多い。

これがVWの世界ナンバーワン戦略

確立されたより強固な支配体制、ヴィンターコルンという有能な戦略実行者を得たピエヒは、拡大戦略を加速させ、VWの世界的自動車会社への飛躍を現実に近づけようと考えている。2007年に「マッハ18」と銘打った世界ナンバーワン戦略がヴィンターコルンCEOから打ち出され、ローリングしながら現在はより具体的な「ストラテジー2018」の中期経営計画が施行中である。「ストラテジー2018」は、最良の雇用者満足、最高の品質と顧客満足、税引き前売上高利益率8パーセント、2018年のVWグループ販売台数1000万台という4つのゴールを目指す計画だ。1000万台への到達は、2014年に到達見通しのトヨタから1年遅れるが、計画を3年前倒しとなる2015年に達成し、2016年頃にはトヨタを抜き去り、2018年には世界トップの地位を固め

図表3-4　VWの「ストラテジー2018」の概要

	2010年 実績	2011年 実績	2012年 実績	2018年 目標
VWグループ販売台数	720万台	827万台	928万台	1,000万台 以上
VWグループ税引き 前売上高利益率	7.1%	7.8%(1)	6.9%(1)	8.0%以上
自動車部門の設備投資 対売上高比率	5.0%	5.6%	5.9%	6.0%
自動車部門の 投資収益率	13.50%	17.70%	16.60%	16.00% 以上
VWグループ新車の 平均CO_2排出量(EU27)	144g/km	137g/km	134g/km	120g/km 以下

注：VWグループ税引き前売上高利益率は、ポルシェの株式に関するプット/コール・オプションの再評価による特別利益を含めると(1)2011年が11.9%、2012年は13.2%となる。

出所：VW、マークラインズ

る可能性が高い。

ＶＷの成長戦略は以下の4点から構成される。第一に、「ＭＱＢ」などの革新的な設計概念に基づきモジュラー（組み合わせ型）をベースにするメガプラットフォーム戦略の推進だ。第4章の進化するクルマのアーキテクチャで詳細な解説を行うが、横置きＦＦエンジンの車両は基本「ＭＱＢ」プラットフォームに切り替わる。５００万から６００万台規模の生産台数を派生させるメガプラットフォーム戦略でコスト削減を実現させ、世界が求める環境と安全機能を拡充し価格・機能のブレークスルーを実現させる狙いである。

「ＭＱＢ」は、新型に切り替わった「アウディＡ３」「ゴルフ７」でその

図3-5　VWの今後3年間の投資計画

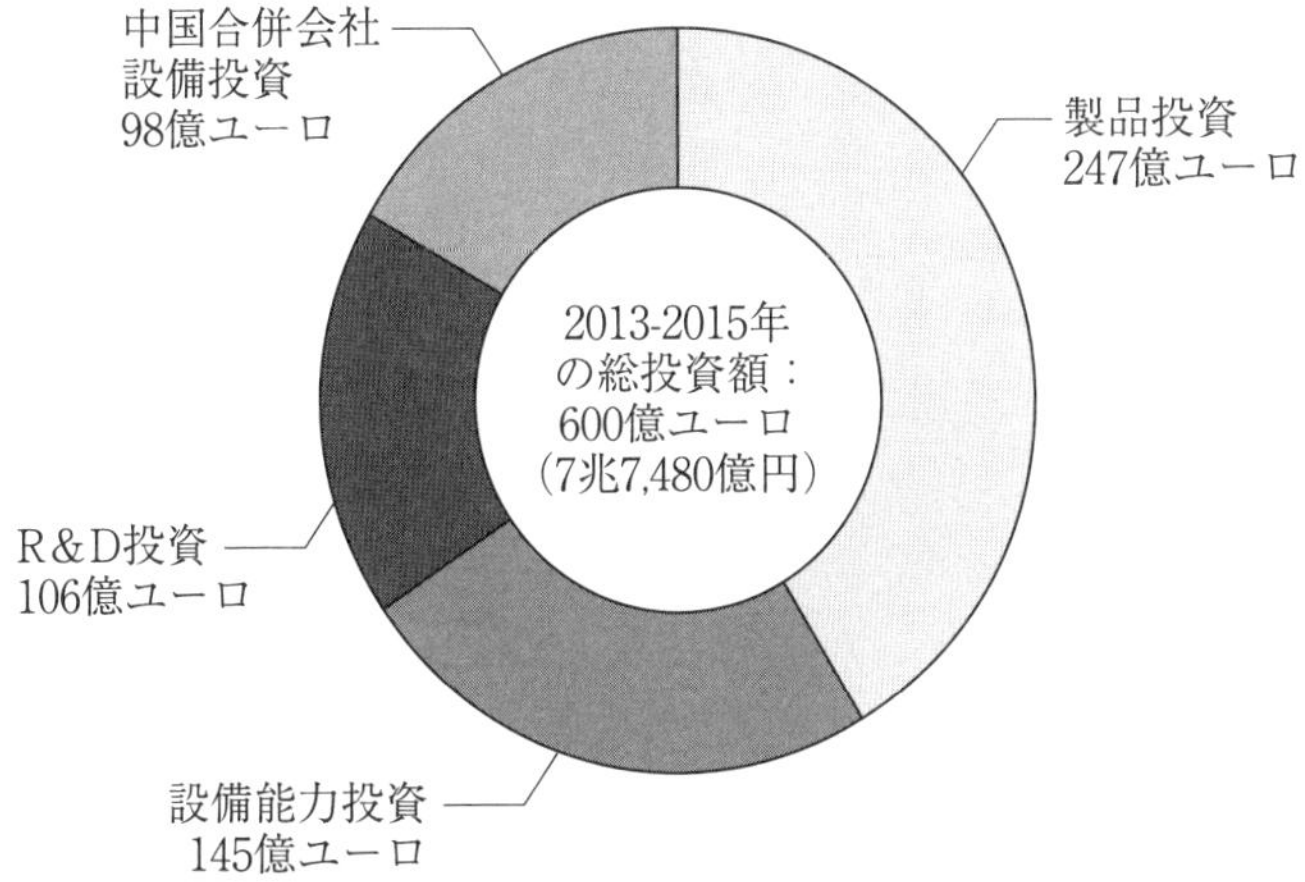

出所：VW

先進性とパフォーマンスが強く認められ、大げさにいいたくはないが、歴史的に最強の部類ともいえるアーキテクチャを構築した可能性がある。

　第二に、積極果敢な生産設備と研究開発への投資規模だ。２０１２年11月のローリング計画に基づけば、２０１３〜15年の３年間で６００億ユーロ（円換算７兆７４８０億円）の総投資を実施する。内容は、設備投資に３９２億ユーロ（同５兆９６０億円、年間１兆７０００億円）、資産計上される研究開発投資に１０６億ユーロ（同１兆３７８０億円、同４６００億円）、中国合弁会社の設備投資に98億ユーロ（同１兆２７４０億円、同４２５０億円）の資金が投下される。２０１３年度のトヨタの計画は、設備投資が９２００億円、研究開発が９０００億円であり、投資規模で大幅に見劣りする。設備投資の中で、１４５億ユーロが生産能力増強に投下される。60パーセントはドイツ国内工場向けとなるが、海外ではメキシコのアウディ新工場、新型「マカン」向けのポルシェ工場拡張や、既に稼働を開始した米国テネシー工場、インド工場、ロシア工場の拡充へも向かう。中国における生産能力は、２０１１年の２２０万台を２０１４年に３００万台、２０１８年に４００万台へ引き上げる方針である。

第三に、プレミアム戦略の強化であり、アウディ、ポルシェの成長を推進させる。アウディの販売台数は２０１２年には１４５万台に達し、過去５年間の平均成長率は９パーセントに達する大幅な飛躍を実現した。さらに、２０２０年に２００万台への成長を持続させる強気な計画を掲げている。２０１６年から次期「Ｑ５」を北米向けにメキシコで現地生産を開始する。中国のアウディ現地生産能力は30万台から50万台規模へ増強する計画にある。ポルシェは戦略車の小型ＳＵＶ「マカン」が２０１３年12月に生産が開始される。

第四に、２０２０年の欧州CO_2規制95ｇ／㎞をクリアできる革新的なパワートレイン（エンジンなどの動力および駆動系）のリーダーシップをとることだ。小排気量過給ガソリンエンジン（ＴＳＩ）の一段の性能引き上げに加え、将来的に、ディーゼルエンジンの小排気量過給化にも挑戦する。次世代パワートレインの世界のトップに２０１８年で躍り出る決意を固め、プラグインハイブリッド、電気自動車のモデルラインアップを進める。トヨタの戦略とは差別化し、ハイブリッドと燃料電池車にはやや冷ややかであるのがＶＷのメッセージである。

ピエヒの独裁は持続可能なのか

２０１２年4月、ＶＷ株主総会がハンブルグの国際会議場で開かれた。重要な議題はＶＷの監査役会メンバーにピエヒの現妻であるウルズラ・ピエヒを指名することである。「ウルズラ・ピエヒです。夫とは結婚して約30年。ＶＷが一層強くなれるように貢献していきたい」。ピエヒ夫人の所信表明に会場は拍手喝采になったと聞く。この人事には賛否両論があるようだが、ピエヒにブレーキを掛けられる人物が誰もいそうもないことは間違いなさそうだ。

最高意思決定機関であるＶＷ監査役会は、労働者代表10名と株主代表10名の総勢20名で構成される。株主代表を見れば、ピエヒ家から家督のフェルディナント・ピエヒ、弟のハンス・ピエヒに加え、新任のウルズラ・ピエヒを加えて3名を占める。ポルシェ家はピエヒの従弟にあたるヴォルフガング・ポルシェ、オリバー・ポルシェの2名となり、一族の支配力に差が生じている。

ドイツの企業経営機構は日本と大きく異なる。業務を執行する取締役会は株主総会ではなく監査役会で選任される。この取締役の選任権を監査役会が有することが特徴的だ。監査役会は経営の監督が任務であり、株主側と従業員側（労働組合）の代表により構成される。株主側と労働組合側の代表は会社規模に応じて構成比率を決められるもので、従業員２０００人以上の大企業では、その構成比は50対50となる。取締役会と監査役会のパワーバランスは企業でまちまちのようだ。ＶＷの場合、ピエヒが監査役会会長の任にあるため、監査役会の権力は非常に強いといえるだろう。ドイツの自動車メーカーの中でＶＷは労働組合との関係が経営の舵をとるうえで重要である。ニーダーザクセン州が20

パーセントの議決権を保有する物言う株主として2名の監査役を送り込んでいる。

VWは議決権の50・76パーセントが持ち株会社のポルシェSEが保有し、少数株主にニーダーザクセン州が20パーセント、カタール政府が17パーセントを保有する。このポルシェSEはピエヒ家とポルシェ家で100パーセント保有されており、議決権でみればVWは両家の支配下にある。先に触れたように、ポルシェAGによるVW買収騒ぎが起こる前、持ち株会社のポルシェSEはピエヒ家が38・105パーセント、ポルシェ家が61・895パーセント保有しており、ポルシェ家の力が勝っていた。その後、買収劇の中でポルシェAGが経営難に陥り、カタール政府が10パーセントの議決権を買い取った段階で、ピエヒ家が46・5パーセント、ポルシェ家が43・5パーセントの出資構成となり、ポルシェ家の支配が低下している。2012年にカタール政府はポルシェSEの議決権を両家に売却し再び両家が100パーセントの議決権を有することになり、代わりにVWの議決権を17パーセント所有することになった。この段階でカタール政府の議決権をピエヒ家、ポルシェ家でどのように譲り受けたかは開示されていないが、ピエヒ家の支配力が一段と上昇した可能性が高い。

ただし、ピエヒのVW支配が、議決権の過半数を握るポルシェSEの大株主であるということだけで実現しているとは思わない方がいいだろう。労働組合はドイツ企業の経営に影響力を及ぼすものだが、国民車製造会社として設立されたVWは、ドイツの自動車メーカーの中でも労働組合との関係が特に重要な意味を持つ。ピエヒの経営力は労働組合と強い関係を築いているところにあることは間違いないだろう。労使協調路線のさじ加減が素晴らしく、組合から強い支持を受けている。表面上は、ピエヒがVWをまるで個人会社のように独裁的な経営を行っているように見えるが、その裏側では繊細な気配りで政治力と協調性のバランスを取っているのだ。ピエヒは卓越した政治家なのである。

大株主である創業家の人間関係、一族の経営関与、州政府の株式保有など、ＶＷのガバナンス構造を正確に理解することはなかなか容易ではない。ましてや、上場会社であるポルシェＳＥもＶＷも多額の議決権のない優先株を発行しているため、全体資本を創業家が出資する比率は過半数に至らないのに、議決権の１００パーセントないしは過半数を支配する資本の二重階級構造が顕著であることも、創業家以外の資本家の立場では面白くないことだ。一族経営の不透明さや二重階級構造を理由にＶＷへの投資を除外する投資家もいるようだ。ＶＷが株式バリュエーションで常に割安に放置される理由のひとつになっている可能性が高い。

複雑なガバナンス構造や経営体制の不透明さが弱点に見えても、現在のＶＷが世界中の消費者を唸らせる非常に魅力的な製品を送り出し、世界中の様々な市場でシェアを上昇させている実績を認めざるを得ない。このような複雑でコントロールの難しい組織を牛耳り、強いリーダーシップを発揮しているピエヒの功績は極めて絶大だ。ピエヒの権力が絶対的であれば、ポストピエヒの経営体制が機能できるのかという疑問は常にある。ピエヒも既に76歳を迎え、以前ほどのエネルギーはなくなってきたという評判も耳にするが、まだまだ気力に溢れ強いリーダーシップは健在のようだ。ドイツに世界的な自動車メーカーを作り上げるという愛国的な情熱が彼を支えているのだろう。ドイツで最も裕福な一族にもかかわらず、自動車ビジネス以外へはまったく興味を示さず、集中して目標にまい進する姿は美しさすら感じられよう。メディアでは気難しさが嫌がられ、無口で人気取りを気にするような人物ではないが、勤勉で、ドイツ的な技術、仕組み、文化を敬愛するカーガイである。

第4章

進化するクルマのアーキテクチャ

──ものづくりはどこへ向かうのか

1　ものづくりの力は減衰したのか

トヨタの「勝利の方程式」

戦後の荒廃の中から出発した日本の自動車産業が、後発にもかかわらず世界で競争優位を奪取できたのは、ものづくり、現場力に支えられた日本的生産システムのイノベーションがあったからにほかならない。ジャスト・イン・タイム、標準化、暗黙知の学習能力に代表される、トヨタ生産システム（TPS）とトヨタ経営システム（トヨタイズム）のイノベーションが世界競争のパラダイムシフトを引き起こし、新しい覇権構造を生み出したのだ。

国内自動車産業の国際競争力の源をたどれば大きく3つの要因が原動力となってきたと考えられる。第一に、ものづくりの弛まぬ進化であり、TPSの提供する高品質かつコスト競争力の確立である。ジャスト・イン・タイムに代表されるTPSは、世界のアカデミズムでリーン生産モデルとして学術的な体系づけがなされ、世界の製造業の大改革を引き起こした。第二に、ものづくりを支える重層的なサプライヤー構造の存在と、「人（血縁も含めた）・もの・カネ」のパートナーシップで統治する垂直統合のサプライチェーンだ。第三に、部品メーカーが高度に関与する「擦り合わせ型」の設計モデルだ。

すなわち、「ものづくり」「サプライヤー」「擦り合わせ」の3つのキーワードが、高品質で魅力的な価格でクルマを提供するというトヨタのバリュー・ブランドとしての世界的地位を確立させ、世界の覇権を支配し、ついには世界ナンバーワンの自動車メーカーに上りつめたのである。トヨタスタンダード（トヨタ基準あるいはＴＳ）と呼ぶ独自の高い品質基準を設け、他社の追随を許さない品質トップランナーの地位を築いた。ＴＳとは設計管理を目的に明文化されたトヨタの技術標準、設計標準であり、設計の手順、結果の合否も含めた設計基準の分厚いマニュアルだ。サプライヤーが開発に深く関与し、個別最適化をする「擦り合わせ型」の開発モデルとＴＳが生んだ高品質コンポーネントがトヨタのクルマの全体的な魅力を高め、世界の消費者を唸らせる商品を提供してきたのだ。

「擦り合わせ型」の開発モデルとトヨタ標準

以下の説明のために定義を再確認するが、自動車の構造をどのような部品に分割し、機能を割り当て、その部品間のつなぎ（インターフェース）をどのように設計するかという設計概念を「アーキテクチャ」という。こういった部品を載せるパレット（クルマの基本フレーム）が、これまで本書で繰り返し使ってきた「プラットフォーム」の意味だ。

製品アーキテクチャの大家である東京大学大学院教授の藤本隆宏によれば、アーキテクチャには製品レベルと企業間の関係という2つの切り口がある。製品レベルは、インターフェースが標準化された「組み合わせ型（モジュラー型）」と個別最適化された「擦り合わせ型（インテグラル型）」があり、企業間の関係では「オープン型」か「クローズド型」かである。このマトリックスにプロットすれば、言うまでもなく、クルマは「擦り合わせ型」の「クローズド型」の典型にあり、パソコンは「組み合

図4-1　設計情報のアーキテクチャ特性による製品類型

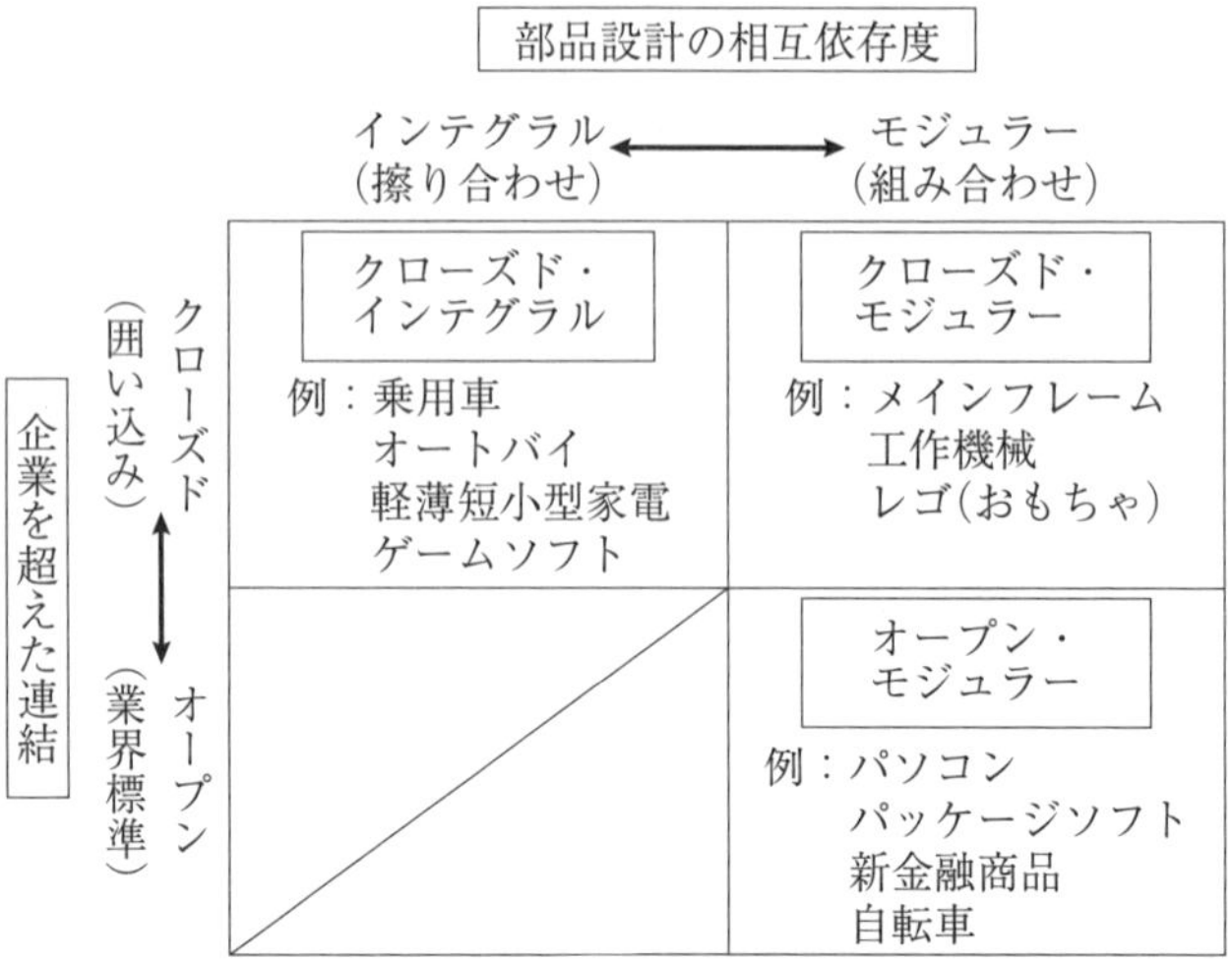

出所：藤本隆宏・東京大学21世紀COEものづくり経営研究センター（2007）『ものづくり経営学』（光文社新書）

わせ型」の「オープン型」製品となる。

藤本の『生産マネジメント入門』（日本経済新聞出版社）によれば、自動車産業の調達部品の開発方式には、貸与図方式、承認図方式の2つの括りがある。貸与図方式では、自動車メーカーが設計・開発を担当し、部品メーカーに対して設計図を与えて製造させる方式。承認図方式とは、自動車メーカーが基本仕様を提示し、それに基づいて部品メーカーが部品を開発し、設計図を作成し、自動車メーカーの承認を受け、部品を製造する方式である。トヨタとそのグループの自動車部品調達モデルは、承認図方式に基本的に基づく。トヨタは詳細な仕様構想図を提示し、グループサプライヤーの開発を支援する。両社は「人・もの・カネ」のパートナーシップで結ばれ、「擦り合わせ型」の個別最適開発を極めていくのだ。

ここに、ＴＳの厳しい品質要求水準が加えられる。厳格なＴＳをクリアするために、自動車メーカーとサプライヤーが努力とフィードバックを重ね、品質のトヨタの成功体験を構築していった。

トヨタとグループサプライヤーが複合的に部品開発を擦り合わせる「擦り合わせ型アーキテクチャ」が原価改善と魅力的商品の根源にあり、トヨタの国際競争力を牽引してきた。世界で一番品質が高く、コスト競争力に優れ、個性的で魅力的な味をもったクルマを組み上げてきたのである。通常3年程度経過すれば承認図方式で開発された部品でもグループサプライヤーはトヨタ以外のメーカーへの拡販が認められる場合が多い。世界最高品質のコンポーネントを系列外へ拡販することで数量増大効果をもたらし、さらにコスト低下と原価改善を増大させる、勝ちが勝ちを呼ぶ好循環を生みだすのだ。

トヨタ生産システムの強みと課題

トヨタ生産システム（ＴＰＳ）は、フォードの大量生産システム、ＧＭの事業部制と並び、20世紀の自動車産業の目覚ましい発展をもたらした偉大なイノベーションであった。単なる生産現場の改革に留まらず、自動車の設計概念、調達構造、生産システム、流通のバリューチェーンすべての改革を実現し、世界の最後発メーカーのひとつにすぎなかった弱小のトヨタを世界のトップメーカーへ押し上げた構造変化を生み出す。

トヨタのホームページにはトヨタ生産方式を以下の通りに解説している。

トヨタ自動車のクルマを造る生産方式は、「リーン生産方式」、「ＪＩＴ（ジャスト・イン・タイム）

方式」ともいわれ、今や、世界中で知られ、研究されている「つくり方」です。「お客様にご注文いただいたクルマを、より早くお届けするために、最も短い時間で効率的に造る」ことを目的とし、長い年月の改善を積み重ねて確立された生産管理システムです。トヨタ生産方式は、「異常が発生したら機械がただちに停止して、不良品を造らない」という考え方（トヨタではニンベンの付いた「自働化」といいます）と、各工程が必要なものだけを、流れるように停滞なく生産する考え方（「ジャスト・イン・タイム」）の2つの考え方を柱として確立されました。「自働化」と「ジャスト・イン・タイム」の基本思想によりトヨタ生産方式は、1台ずつお客様の要望に合ったクルマを、「確かな品質」で手際よく「タイムリー」に造ることができるのです。

トヨタ生産システム（TPS）は1980年代に世界的にその概念とシステムは学習され、様々な進化を遂げながら各国の自動車会社、製造業に取込まれていった。TPSの継承者はコンサルタントとして世界中を飛び回り、製造現場のカイゼンを推進した。なかでも、マサチューセッツ工科大学の国際自動車共同研究プログラム（IMPV）は、TPSを学術的に整理し優位性の根幹を「リーン生産システム」として体系づけ、世界の自動車産業の未来のための道筋を説いた。その研究成果は『リーン生産方式が、世界の自動車産業をこう変える。』（経済界）という本としてわかりやすくまとめられ出版されている。こうした研究によってトヨタの引き起こしたイノベーションは世界の産業に深く浸透し、先駆者としてのトヨタの優位性は、1990年代には相当キャッチアップされていたともいえるだろう。

逆に、トヨタはトップランナーとしての苦悩を経験し続けたことは皮肉な結果だ。1980年代末には人手不足の問題が生じ、暗黙知伝承の持続性に疑問がもたれた。また、ジャスト・イン・タイムを大切にするTPSは、生産拡大期には柔軟性が高いが、減産に対し膠着する弱点は広く認識されている。サプライヤーの工場火災、地震、洪水などサプライチェーンの問題が生じるたびに、トヨタの工場は全面的な操業停止に陥り、システムの持続性への疑問がメディアでの論議を賑わせてきた。

TPSの優位性に変化があるとは思わないが、TPSとその暗黙知を明文化したトヨタウェイを崇め奉る文化が行き過ぎると、そこには落とし穴があるだろう。互換性の低いトヨタ標準の部品をジャスト・イン・タイムで引くということが、果たして1000万台を超えて規模を拡大するトヨタにとって持続が可能なのか、改めてこのシステムの真価が問われている。また、優位性を過信するがゆえの傲慢さがTSを過信し、アーキテクチャのガラパゴス化が行き過ぎ、その帰結としてコスト競争力を喪失しているのなら本末転倒な話である。

密かに進むトヨタ標準のガラパゴス化

2008年からの4年間ほどトヨタの経営者を苦悩させ、プライドを打ち砕いた時期はなかっただろう。戦後の経営危機を除けば、概ねトヨタは順風満帆の成長を遂げて優良中の優良企業であっただけに、初めてのつまずきといえよう。混沌とした難局に経営の舵をとった豊田章男は就任会見で、「嵐の中の船出」と表現したが、その時には豊田丸が難破しかけて海図なき航海になるとまでは想像もしなかった。高品質で魅力的な価格でクルマを提供するというバリュー・ブランドの本質が揺らいでいたのである。

トヨタのつまずきは、トヨタ一企業だけの問題ではない。6重苦（円高、高い法人税率、自由貿易協定への対応の遅れ、労働規制強化、環境規制強化、電力不足）という外部環境の変化に加え、自動車のアーキテクチャやビジネスモデルで新しいイノベーションが引き起こされ、日本製造業が謳歌したかつての競争優位が後退している。これは日本製造業全体の問題である。自動車産業が牽引してきた国内製造業の過去の好循環はもはや悪循環に陥り始めている。開発・調達・生産のいずれの階層においても、競争力の源泉であった日本のマザー機能の再整理を行い、必要な構造転換を急がなければならない。

ここで、自動車産業が迎える3つの大きなトレンド変化を押さえておきたい。第一に、アーキテクチャの進化であり、標準化された「組み合わせ型（モジュラー型）」のアーキテクチャがトヨタの強みを封じ込め始めた。第二に、自動車のコモディティの進展により、販売価格に支配される傾向が一段と強まっていくだろう。先進国、新興国の要求性能が収斂していくことで、両地域でこの傾向が強まると考えられる。第三に、自動車のビジネスモデルの変質にあり、垂直統合から水平分業の時代を迎えていることだ。自動車は爆発的な規模の膨張を迎え、垂直統合してすべてを最適化することはもはやできない。オープンにすべきところ、囲い込むところの戦略的な選別が求められ始めた。

トヨタの強みはものづくりの力にあり、トヨタ生産方式で世界の自動車業界の設計概念や製造思想の基本を変えたことにある。製造業のイノベーターとして日本の天稟の才ともいえるものづくりを牽引し、垂直統合されたサプライヤーの力と共に、世界に冠たる自動車大国を作り上げた。しかし、この仕組みに則った成長戦略の優位性の限界も見え始めている。過去の自動車産業は産業構造、テクノロジー、設計アーキテクチャなどの変化が比較的穏やかに起こっていたが、2000年代を境に世界経済は著しくグローバル化し、変動も激しく、自動車産業構造も著しく外部環境の変化への対応が求められる変動の激しい産業に変わってきている。

同一言語、多様性に乏しい文化なかで擦り合わせを中心に個別最適する閉ざされた関係は、あいまいさも許され、「阿吽《あうん》の呼吸」という日本的文化の中で力を発揮してきた。しかし、この関係は海外での現地化の妨げになりやすく、系列サプライヤーの海外展開を待つ構造に陥りやすい。設計概念のなかのインターフェースのトヨタ標準が、閉鎖的なコンポーネントになりがちで、世界的なオープン化、標準化の流れから孤立しやすい。すなわち、ガラパゴス化に陥りやすい。爆発的な台数膨張と地域拡散のこれからの世界の自動車産業の中で、個別最適はリソースの限界を超え、自縄自縛の構図を作る。このような複雑な工程管理の標準化は、人の能力学習の蓄積でこなせる領域を超え始めている。

トヨタが急成長していた2006年当時、米国でのトヨタの現地生産比率はホンダと比較してかなり低く、コンポーネンツの現地調達率も低かった。トヨタの系列サプライヤーはまさしく自転車操業の状態で、トヨタの数量成長に追いつくので精一杯だった。そのころ、トヨタに市場シェアを奪われた米国自動車メーカーの販売ディーラーは開店休業状態で、倒産に追い込まれるサプライヤーも数多かった。日系サプライヤーの兵站線におびえるトヨタと、注文があればいつでも増産可能な米国サプライヤーの閑散とした工場の異様なコントラストがあった。トヨタの成功が閉ざされたアーキテクチャに立っていた証左であろう。

従来の個別最適の開発は限界に近づいてきた。トヨタウェイや人づくりというトヨタイズムの根本を変えるわけではないが、進化を遂げなければ適切な競争力を維持できない危機感に苛まれよう。トヨタはいまや欧米の自動車メーカーのイノベーションに学ぶ立場に立っているのだ。1980年代にトヨタ生産システムを真摯に学び、自らの設計や生産システムを改善した欧米メーカーと立場は逆転している。

「トヨタは個別最適なクルマづくりを実施してきたが、エンジン・バリエーション、駆動方式、各国の規制対応など量の拡大とともに個々に対応する車種数が増大し、従来の個別最適への難しさが生じてきている」。技術部門を担当する加藤光久副社長は以下のように続ける。「2011年から開発設計にアーキテクチャの概念を取り入れたToyota New Global Architecture（TNGA）の取り組みを開始した。グルーピング開発による賢い共有化、それを実現するアーキテクチャの構築、仕入れ先と協力したものづくり改革、部品のグローバル標準化を通じた原価低減の実現を目指す」。

2　欧州の戦略的ビジネスモデル

何度も荒波と浮き沈みを経験

欧州は自動車産業の発祥の地であり、進化した自動車文化を育んだ地域である。しかし、米国勢のマス・プロダクションがもたらすコスト競争力と高品質が自動車の世界競争の優劣を支配し始めると、その存在は薄れ、世界の自動車産業は米国メーカーが長期にわたり支配することになる。その米国支配の恐怖から逃れるため、欧州市場は保護と規制の温床となり、非効率的で集約が進んでいない産業として停滞していた。

特にフランス、イタリアは保護政策が色濃かった。1980年代の主要自動車メーカーの域内市場シェアは12～13パーセントで拮抗し、寡占化の遅れた市場である。その頃、日本車の台頭を受けた米国自動車メーカーは、日本的なリーン生産システムを競って学び、部品調達構造を大幅に改革し、国際競争力を再強化していた。一方の欧州自動車産業は、国際競争力の挽回に向けた改革実施が、米国メーカーよりも大幅に遅れていた。

欧州市場は特殊で成熟化も進んでいる。労働組合が非常に強く、高い賃金率、短い労働時間、規制にがんじがらめの市場に加え、何をもってしても、非常に政治的リスクが高かった。こういった地域で自動車生産という複雑なものづくりを続け、かつ世界的な競争力を維持することは著しい苦悩を伴う作業といえるだろう。

欧州自動車産業は何度も荒波と浮き沈みを経験してきた。しかし、最近10年は、VWやBMWといったドイツメーカーの世界的な躍進は著しく、競争優位の復活を輝かしく示している。ギリシャ危機に端を発したユーロ通貨安が追い風になっていることは否定できないが、逆転への原動力がどこから生まれてきたのかを真摯に受け止めることが大切だ。

1990年代半ばを境に、欧州自動車メーカーがトヨタの経営モデルから距離をおき、独自の優位性を発揮できる戦略をより明確に示し始めた。独自のプラットフォーム戦略であり、生産モジュール、サプライヤー・パーク、サプライヤーとの水平分業体制、メガサプライヤーの育成、システムのオープン化、組み合わせアーキテクチャという一連のイノベーションに発展していく。

日本メーカーを凌駕する存在に復活

１９９０年代に入ると、東西冷戦に伴う長期的な経済の混迷から脱し、欧州連合の発足に伴う市場開放と流通自由化の流れが始まった。欧州自動車産業は変革期を迎えたのだ。大競争時代に突入し、域内競争の均衡は崩れ、世界を先導する環境意識の重大化など、苦難に直面した欧州自動車メーカーは生き残りをかけた戦略的なアプローチを選択し始める。

ＶＷが先導し、欧州自動車メーカーは自動車ビジネスのフレームワークを戦略的に再構築し始めた。第一に、Ｍ＆Ａ戦略を活用し寡占度を引き上げ、外部シナジーを企業戦略に取り入れた。第二に、マルチブランド戦略を推進し、量販とプレミアムブランドの一体経営を構築した。第三に、日本的なリーン生産の模倣から距離をとり、独自のプラットフォーム戦略を進化させたことだ。

プラットフォーム戦略の進化過程で、組み立てモジュールを先行して導入し、工場のサプライヤー・パークの取り組みでも世界をリードする。この結果、メガサプライヤーが育成され、日本の系列サプライヤーの垂直統合とは対照的な、サプライヤーとの水平分業体制が明確化されていく。２０００年代に入ると、システムのオープン化、標準化を戦略的に推進しながら、互換性の高い部品の組み合わせを可能とするアーキテクチャ、モジュラーで新たなイノベーションに挑戦を始めている。

様々な制約を抱える欧州地域に、自動車のような複雑なものづくりで日本メーカーと同じ土俵で戦っていても勝ち目はない。ドイツメーカーを中心に、生き残りをかけた戦略的な選択が決断されたわけだ。Ｍ＆Ａ戦略、マルチブランド戦略、プラットフォーム戦略の三位一体の改革効果は、欧州メーカーの競争力を大幅に改善させ、現在では日本メーカーを脅かす存在どころか、多くの領域で日本メーカーを凌駕する存在に復活した。

プラットフォームからモジュラーへの流れ

車のボンネットを開けてみれば限られたスペースに部品がぎっしりと積み込まれている。このような複雑な構成部品を一個ずつ組み上げることを前提にモデル開発をすると、組み合わせの数は無限大となり管理不可能な工程となる。この組み合わせの数を削減するため、中間的なパレットを設ける概念がプラットフォームであり、伝統的なプラットフォームとは車の骨格（基本フレーム）そのものに等しいのである。ひとつのプラットフォームに違う内外装やデザインの意匠を与え、複数の車両を派生させることを「プラットフォーム戦略」という。

プラットフォーム戦略の中で欧州自動車メーカーは先んじて生産モジュールを進化させた。人件費圧縮と生産性向上がその狙いだ。コックピットやフロントエンドなどの大括りにしたモジュール単位で部品を組み立てておき、組み立てラインで装着する工法だ。サプライヤー・パークはそれらの部品供給会社が同じ工場敷地内に集結し、オンサイトで部品を供給し、モジュールの組み立てに参画することである。最終的なモジュールを製造するサプライヤーはシステム全体を設計、調達、製造するメガサプライヤーとなっていく。

ただし、この生産モジュールはあくまでも完成車の組み立て工程の一部アウトソーシングに等しく、組み立て品質の向上や賃金率圧縮の効果はあっても、大幅なコスト削減に結び付くものではない。プ

図4-2　モジュラーへの進化

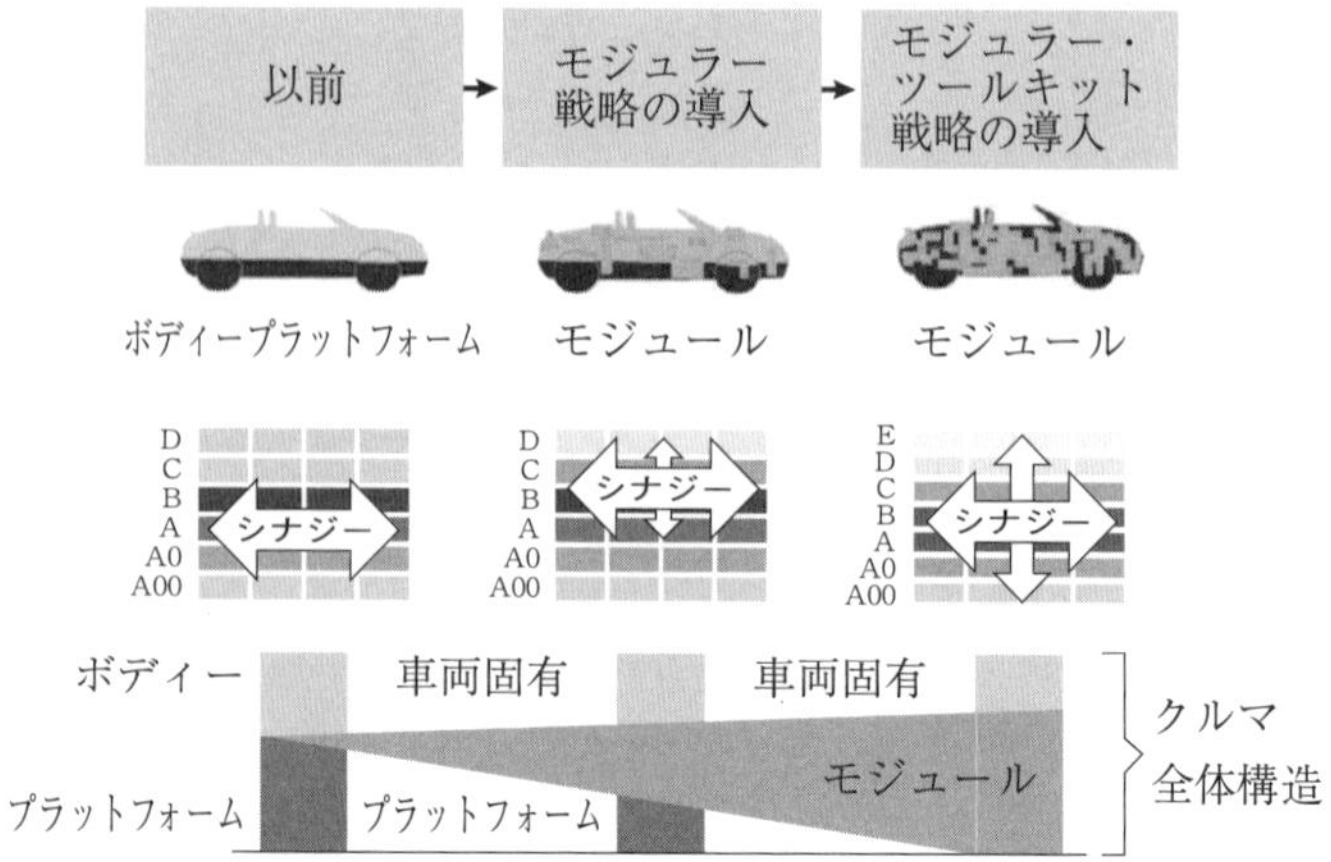

注：ナカニシ自動車産業リサーチ翻訳
出所：VWホームページ

ラットフォーム戦略が必ずしも部品点数削減につながらない問題もある。プラットフォームを共有化しても、そのパレットの上に載せる部品はモデル間で様々なバリエーションをつけることは可能である。むしろ、モデル間で乗り味の差異を付けようとすれば、同じプラットフォームでも搭載している部品はまったく別開発というケースもある。プラットフォーム戦略は、複数のモデル設計の整理には力を発揮するが、必ずしもコスト最適となる戦略ではない。

コスト削減を追求するためには、変動費と固定費のいずれかを引き下げる必要がある。プラットフォーム戦略は、サプライヤーの設備投資を抑制できるどちらかといえば1台あたりの固定費を抑制するという効果が大きいが、変動費そのものを最小化するには効果が薄い。ところが、今では新興国の大膨張を受け、生産台数規模が数百万台規模へ拡大してくると、1台あたりの固定費抑制の限界効用は小さくなってくる。新興国膨張時代のコスト競争力は、変動費そのものを削減する努力が必要となり、結果として、部品の共通化にまい進しサプライヤーの効率改善を追求することが重要になってくる。

そこで、現在の欧州メーカーで主流に上がってきたのがモジュラー戦略である。プラットフォーム（＝パレット）を一定の大きさに切り分け、部品間のインターフェース、位置、形状も含めて互換性の高いアーキテクチャ（設計概念）を持つ構造に分解して設計することだ。わかりやすくいえば、モジュラー＝レゴブロックであり、その組み合わせで自動車会社が狙うバリエーションを持った多種車両を設計、製造する概念だ。ルノー・日産の「コモン・モジュール・ファミリー（CMF）」戦略、VWの「MQB」に代表されるモジュラー・マトリックス（ツールキット）戦略など、いずれも、よりオープンなモジュラー・アーキテクチャに比重を移した戦略であり、その戦略の根底にあるのは極限的なパーツ部品の共有化の引き上げである。

量販と高級ブランドの一体経営

1990年代に入って、域内市場シェアの均衡が崩れ大競争時代に突入した欧州はM&A戦略による外部シナジーの追求が加速度的に進行する。早くはVWによるシュコダとセアトの買収。ダイムラー・クライスラーの歴史的な合併、ルノーによる日産自動車の買収、フォードのボルボ乗用車の買収、GMとフィアットの資本提携など、国境を越えた大型M&Aが連続する。

M&A戦略は、量販とプレミアムブランドの一体経営というマルチブランド戦略の推進に発展していく。マルチブランド戦略とプラットフォーム戦略の相乗効果は、量販とプレミアムブランドの一体経営で大きくシナジーを生みだせると考えたからだ。VW経営の立て直しに成功したピエヒは、立て続けにベントレー、ブガッティ、ランボルギーニという高級ブランドの買収を続けた。BMWはローバー（のちにミニのみを保有）を買収、フォードはジャガー、アストンマーチン、GMはサーブの買収に乗り出した。

これらの合従連衡の流れを、「400万台クラブ（400万台の生産規模を持たなければ生き残れない）」の根拠のない幻想に躍った規模拡大ゲームが繰り広げられた結果という短絡的な解釈が多々見られる。事実そのような行動も米国メーカーにあったことは否定できないが、それは物事の一面しか見ていない。欧州メーカーは歴史的な経緯から必然的な生き残りをかけた戦略的行動であった。

標準化とオープン化へのトレンド

VWのプラットフォーム戦略に踏み込む前に、欧州自動車産業全体の戦略性を理解することは重要だ。欧州の自動車産業は自分たちの弱点を克服し競争優位を維持するために、戦略的なアプローチのもと選択と集中を実施している。自動車のビジネスモデルを進化させ、自分たちが勝ち残れる領域を定義し、そのための必要な改革を戦略的に実施する。

プラットフォーム戦略とマルチブランド戦略は一対の戦略である。巨大部品メーカーであるメガサプライヤーの育成とアーキテクチャの標準化も同様だ。メガサプライヤーへ水平分業を展開し、苦手なものづくりの弱点を克服したうえで、プラットフォーム共有化で平均的にコストを引き下げ、最終的にブランド戦略で稼ぐ。苦手な部分は思い切って切り捨て、自分たちが得意なところで確実に稼ごうというわけだ。得意なエリアをブラックボックスとして残すが、その他は思い切った標準化を進める。標準化部分はコモディティ化され、コスト優位のある国で大量生産に向かう。

欧州メーカーは「Autozar」コンソーシアムを通して基本ソフトの標準化／オープン化の推進に熱心である。標準化された基本ソフトとオープンなAutozarが定義するインターフェースの上に、メガサプライヤーが互換性の高い、横滑り防止装置（ESC）や緊急ブレーキ・システム（EBA）等のアプリケーションが乗る。アプリケーションの階層はブラックボックスが残され、メガサプライヤーの収益源となるが、システムのエンジンであるマイクロチップ（MPU）は完全なコモディティ商品となり収益化は困難となる。自動車システムの肝心なアプリケーションを、メガサプライヤーによってブラックボックス化することを容認するのは勇気ある戦略といえようが、苦手な領域をアウトソーシングし、自分たちの有利なところ、まさにブランドを強化し収益性を確保しようとするVWの戦略的アプローチには敬服する。

3　MQBに見るモジュラー・アーキテクチャへの進化

欧州メーカーの中でVWは最も先進的にプラットフォーム戦略に取り組む自動車メーカーといえる。1990年代からプラットフォーム戦略を加速化、2000年代に入ると生産モジュールを積極的化させ、モジュラーのアーキテクチャへの導入も進めてきた。2013年からモジュラー・アーキテクチャへの戦略を加速化させ、自動車のプラットフォームを過去になかったレベルへのメガプラットフォームに進化させようとしている。「ＭＱＢ」はそんなモジュラー・アーキテクチャの設計概念に基づき、エントリーを除くすべてのＦＦ（前部エンジン・前輪駆動）モデルをひとつのプラットフォームから派生できる画期的なモジュラー・ツールキット戦略である。

縦軸に車両価格（＝重量）、横軸に車両の大きさ（＝プラットフォームサイズ）でモデルをプロットすれば、どのグループの車種をどの程度のプラットフォームでまとめるかが見えてくる。ＶＷの場合、過去は8個のプラットフォームで括られてきた。このプラットフォームの縦割りを排除し一定の大きさに切り分けたモジュラー・アーキテクチャに再定義していくのがモジュラー・マトリックスである。

ＶＷのプラットフォームの進化

ＶＷのプラットフォーム戦略は、大衆化路線へ舵を切ったピシェッツリーダーの戦略転換の中で大きく飛躍した。大衆領域でより高いコスト競争力を確保するために、数多くの派生車種を複数のブランドで開発し、商品の味の差別化を実現しなければならない。ＶＷはこの時期から従来のプラットフォームの構成部品をより大括りにし、システムのインターフェースを標準化したモジュラー・アーキテクチャを段階的に導入している。

当時はＡ00、Ａ0、Ａ、Ｂ、Ｃ等のクラスごとに分類されたプラットフォームがあったが、モジュラー・アーキテクチャを採用し、セグメントを超えた部分シナジーを実現している。たとえば、Ａプラットフォームは ＰＱ35（小型「ゴルフ」クラス）と ＰＱ46（中型「パサート」クラス）に進化し、

図4-3　VWのプラットフォーム戦略

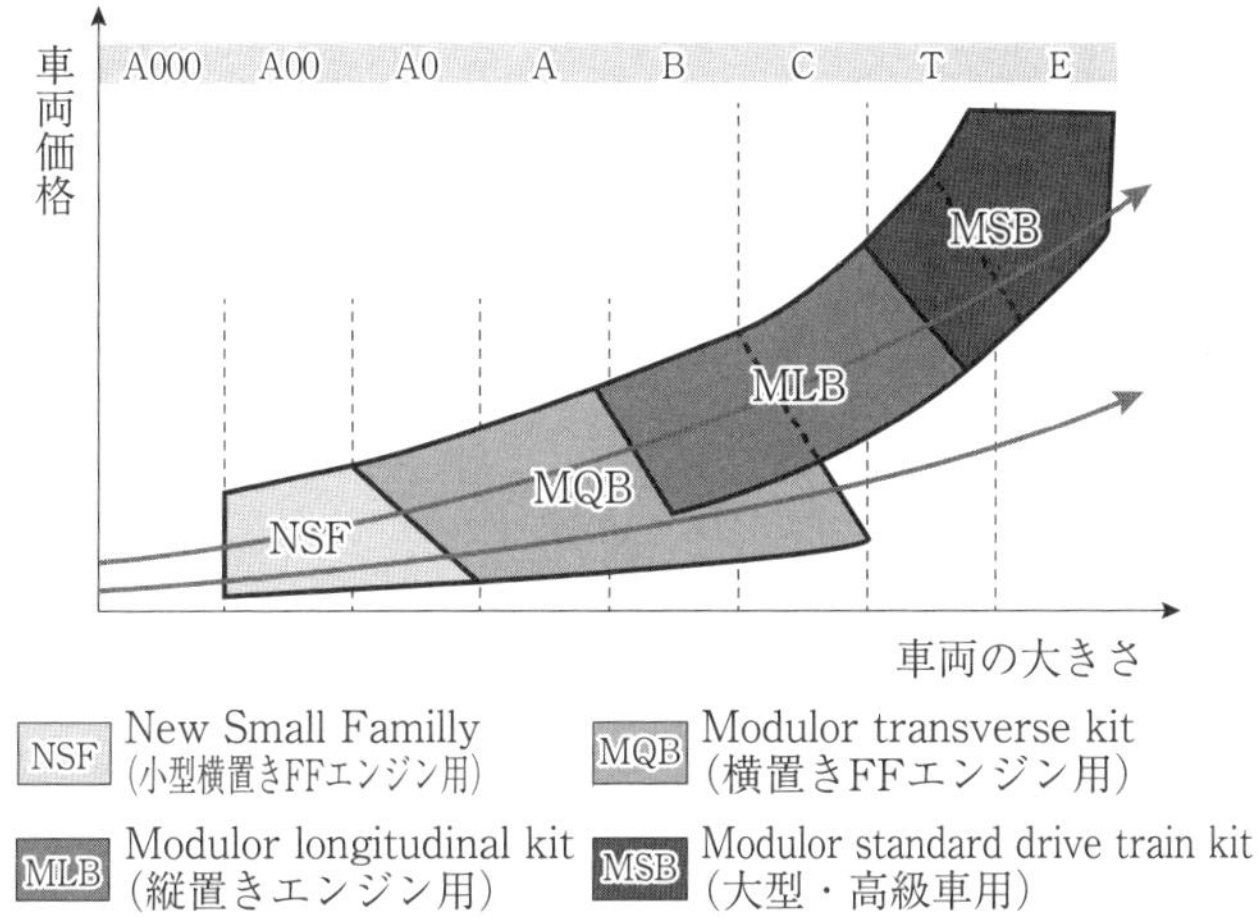

注：括弧内はナカニシ自動車産業リサーチが加筆
出所：VWホームページ

２０００年には６モデルしか派生しなかったＡプラットフォームから２００７年には14モデルを派生させるまでに柔軟性を実現している。

ヴィンターコルンはモジュラー・アーキテクチャ戦略を一層加速化させ、モジュラー・キット戦略、要するにモジュラー・マトリックスのアーキテクチャを全面的に採用し、プラットフォームの概念を超えたメガプラットフォームを作ろうとしている。それが、「ＭＱＢ」である。従来は、横置きエンジンの車両には従来ＰＱ24、ＰＱ25、ＰＱ35、ＰＱ46、Ｂ－ＶＸ62の５つ、縦置きエンジン車両はＰＬ71、ＰＬ64の２つ、合計７つのプラットフォームを有してきたが、モジュラー・マトリックスを採用し、縦置きで「ＭＬＢ」、横置きで「ＭＱＢ」とエントリークラスの「ＮＳＦ」

の2つ、合計3つのメガプラットフォームに集約する考えだ。

プラットフォーム戦略の変革によって、一定のバリエーションを持ちながらも、大きさや味付けなどの多様性のあるクルマづくりが可能となる。「MQB」は、プラットフォームを複数のツールキットを呼ぶモジュールの組み合わせによって構成されている。ホイールベース、オーバーハング、全幅などの寸法には柔軟性があり、幅広い車両サイズへの対応が可能で小型は「ポロ」クラスから中型の「パサート」まで、VWグループのほとんどの横置きFF車をカバーできるようだ。

「MQB」の可能性

1つの大きなパレットとして固定化された骨格(=プラットフォーム)から調整するとなれば、重量、大きさ、車型でも変えなければならないが、部位ごとモジュラーを差し替えれば変種の製造が容易に可能となる。同一体質から500万~600万台という次元を超えた数量効果を発揮することが将来的に可能となるようだ。

VWは1台あたり直接プラットフォームコストが最大20パーセント、一過性経費が最大20パーセント、1台あたりのエンジニアリング時間が最大30パーセント削減できると試算する。削減されるコストは積極的に車載電子システム、車載情報機器、運転支援システムの搭載に振り向ける考えだ。製品の味付けの差別化を可能な限り図り、両立を目指すようだ。

VWはMQBプラットフォームを採用した「アウディA3」「ゴルフ」を市場に投入した。新型「ゴルフ」はモータージャーナリストから完成度の高さが認められており、共通化率を高めたモジュール

図4-4　『CAR GRAPHIC』の走行テスト結果

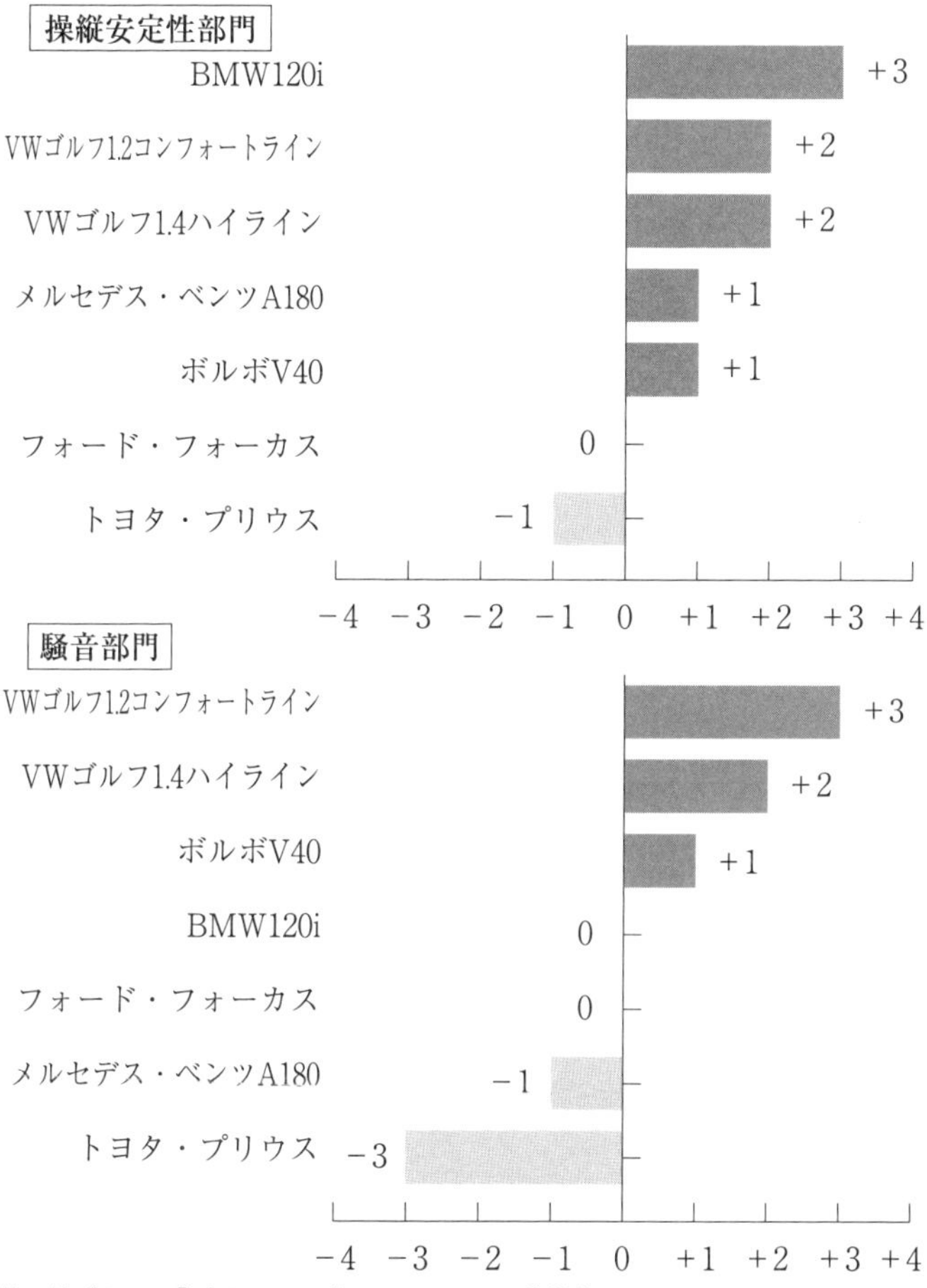

注：棒グラフの「0」はこのセグメントにおける基準的レベルにあることを示す。それに対して特筆すべき優位点があれば「+」、看過できない点があれば「−」を付与した。

出所：『CAR GRAPHIC』、Sep. 2013

戦略が商品性を犠牲にする懸念を払拭している。『CAR GRAPHIC』（2013年9月号）には新型「ゴルフ」を含めた競合モデルの走行テストが掲載され、走行性能に優れる伝統の強みに加え、静寂性で特出した性能を示す結果を得ている。「ゴルフ」の性能からみて、MQBは非常に競争力のあるアーキテクチャを構築した可能性がある。

モジュラー戦略の死角

メディアの論調ではVWがモジュラー技術で圧倒し、世界最先端のプラットフォームを作り出したかのよう聞こえる。概念をわかりやすく伝えるため、レゴブロックを積み上げればクルマができて、それも「ポロ」から「パサート」まで自由自在に組み上げるようなイメージを与えているが、実際のクルマづくりはそのような単純構造でないことは運転する人なら簡単にわかるだろう。

VWのモジュラー戦略は確かに先進的だが、自動車設計、製造がパソコン、カラーテレビのような単純なモジュラー構造に変化することは現段階では考えられない。無理なモジュラー化は大幅な性能の陳腐化を招き、消費者を魅了することはできない。走りの性能やブランドの個性や味にこだわるVWは、モジュラー構造の限界を最も理解している自動車メーカーであろう。モジュラーによるマルチブランド戦略の推進は、ただコスト引き下げで収益の最大化を狙うなら、商品とブランドの陳腐化を一気に引き起こしかねないもろ刃の剣である。商品力を保とうとすれば、モジュラー構造でも相当のバリエーションが必要であり、表層的な仮説を唱えたところでコスト削減は実現するものではないだろう。

図4-5　VW、ボッシュ、トヨタ、デンソーの国際特許申請件数の比較

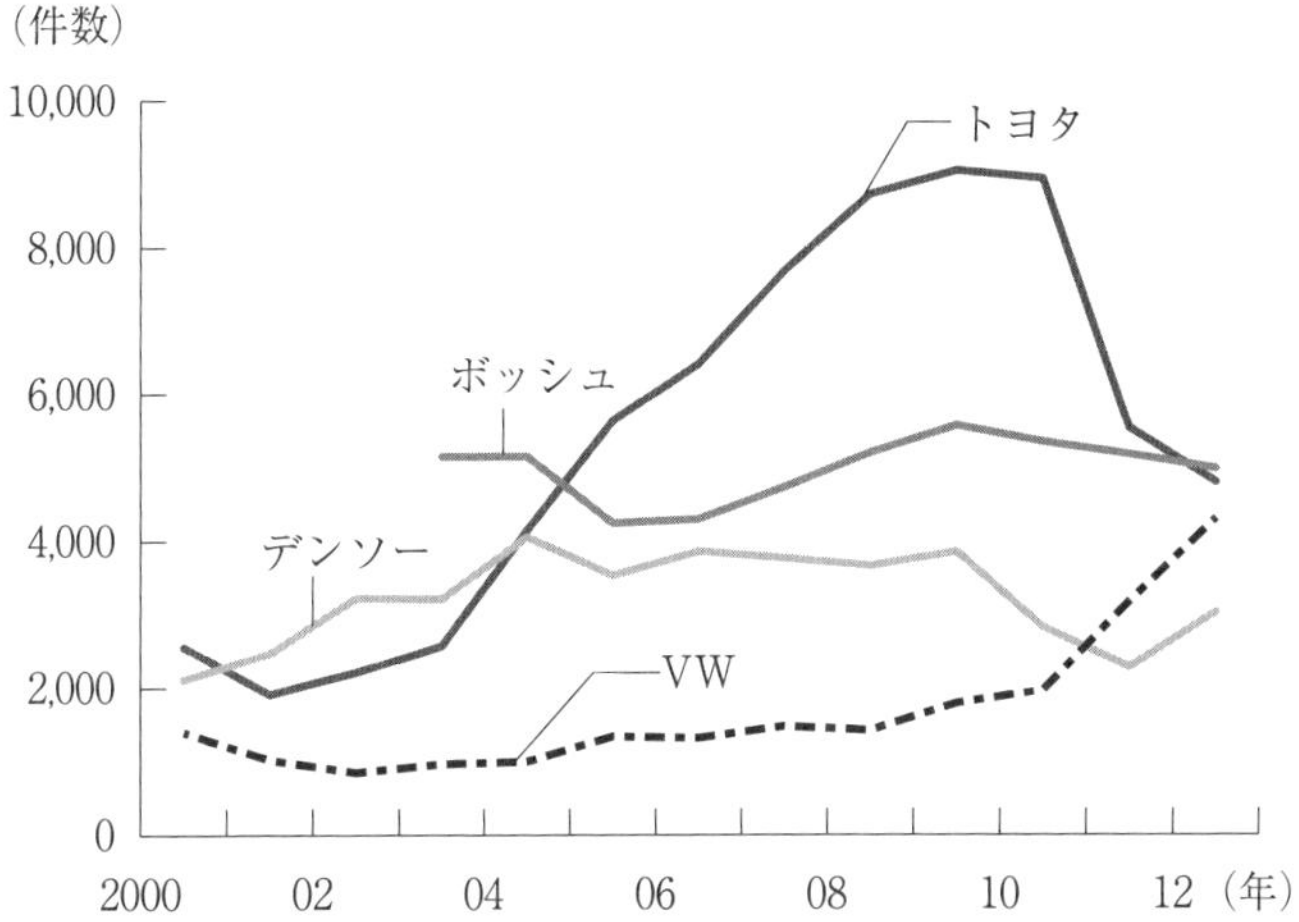

出所：WIPOホームページ、VW アニュアルレポートよりナカニシ自動車産業リサーチ作成

モジュラー戦略のもうひとつの懸念は技術のブラックボックス化にある。ＶＷやルノーは、ロバート・ボッシュ、コンチネンタル、ヴァレオなどのメガサプライヤーとインターフェースを標準化してアプリケーションを大量発注し、数量効果の最大化とコスト削減を目指している。

しかし、こういったシステム部品は肝心な技術がブラックボックス化されていることが多い。重要技術が自社内に確実に蓄積できなければ、将来的な競争力維持を図ることはできない。メガサプライヤーに依存する考えはリスクが大きいのである。気になるのは、特許申請件数におけるＶＷの存在の低さである。ＶＷの特許申請件数はトヨタ、デンソー、ロバート・ボッシュと比較して相対的に低い。このデータだけでは何ら判断できるものではないが、加速する数量成長をモジュラーで支えようとする戦略には陰の部分も潜む。適切なバランスの維持が経営には不可欠である。

4　TNGAに見るトヨタのものづくりの進化

クルマの設計を全体最適化するアーキテクチャの概念が必要

TNGAという新しいアーキテクチャを導入することで、顧客感性に訴える商品力向上と二律背反する原価低減を同時に成立させることができるとトヨタは説明する。わかりやすくいえば、第2章で示したとおり、商品力向上→かしこいクルマづくり（＝TNGA）→原価低減→商品力向上というサイクルが持続的成長をもたらすという意味だ。

ではトヨタはなぜ今あえてアーキテクチャという言葉を使い始めたのだろうか。欧米メーカーはアーキテクチャという言葉が大好きであったが、トヨタではあまり馴染みがない。トヨタは個別最適を実施し、サプライヤーと擦り合わせてきた設計概念に自信を示してきたが、もはや個別最適できるほど世界の自動車マーケットは小ぶりではない。今後、トヨタが中国、ロシア、南米も含めて世界市場で成長するには、数えきれないバリエーション（仕様変数）が生まれ、天文学的な工程数の管理をしなければならない。リソースの限界に到達し成長力を失うことが懸念され、一括企画し賢くまとめながら管理しなければ収拾がつかない。そのために、クルマの設計を全体最適化するアーキテクチャの

図4-6　トヨタのプラットフォーム別生産台数(2010年実績)

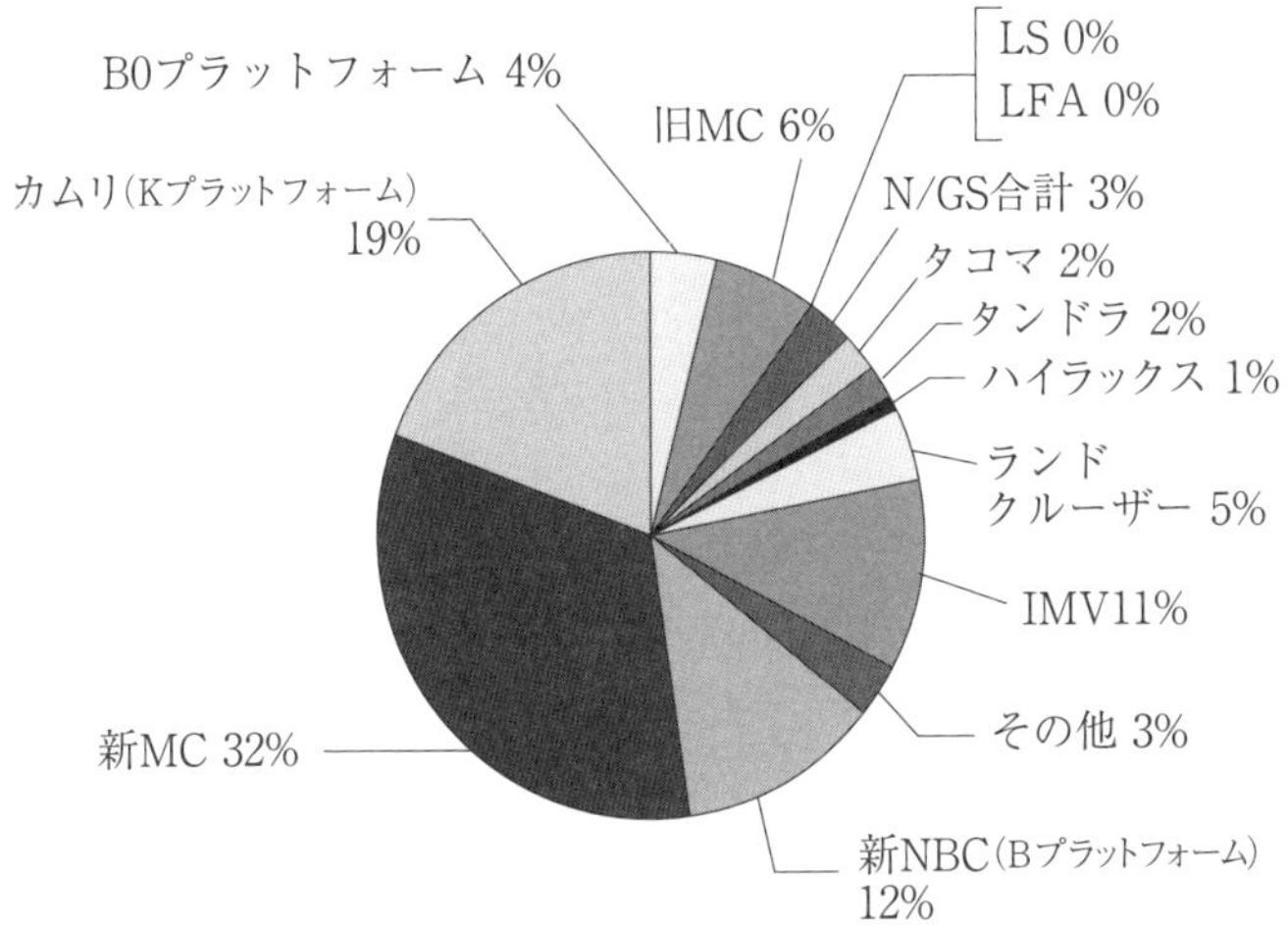

出所：各種データに基づいてナカニシ自動車産業リサーチ作成

概念が必要となってきたのだ。

もう一点加えれば、個別最適を実施し、サプライヤーと擦り合わせてきた結果、トヨタのインターフェースは孤立し、悪くいえばガラパゴス化している。これでは、トヨタはメガサプライヤーのアプリケーションとの互換性が悪いし、トヨタ系列のサプライヤーはトヨタと開発した部品を世界レベルで拡販しづらい時代を迎えている。トヨタのインターフェースが標準化されれば、トヨタはメガサプライヤーの開発力と供給力を活用できるだけでなく、トヨタ系列のサプライヤーは頭から部品を世界的に拡販できる。

そのためには、グルーピング開発による賢い共有化、それを実現するアーキテクチャを構築し、サプライヤーと協力した、ものづくり改革、部品のグローバル標準化を通じた原価低減の実現が不可欠だと主張している。内装外装など車の上部部分は、各地域の顧客要求に合わせた個別最適化を図るが、プラットフォームやユニットを含む基本部品は共有化を進め、アーキテクチャによる全体最適化を図り、賢い共有化を目指す。

アーキテクチャによる全体最適化とは、中長期の目線に立ち、競争力ある商品の品揃えを確定し、それを実現できるアーキテクチャを定め、モジュール単位でグルーピングした企画と開発を実施することを意味する。そのうえで、中期的な技術と調達シナリオを策定し、アーキテクチャに基づいた部品の機能、配置を決めることである。部品の発注形態も変わっていくことになるだろう。従来は車種や地域のモデル切り替えのタイミングに合わせて部品発注してきた。今後は、将来車種を含めた部品シナリオを策定し、地域と時間をまたいだ「まとめ発注」を採用していくことにあるだろう。

トヨタは未だＴＮＧＡの立ち上げスケジュールを公表していないが、現在のプラットフォームとそれをベースにするモデルの新車切り替え循環から、概ね頭出しのタイミングは予測できる。

対象となるのは3つのグローバルＦＦプラットフォームだ。「プリウス」や「カローラ」を派生する「新ＭＣ」、「カムリ」や「ＲＸ」を派生する「Ｋプラットフォーム」、「ヤリス／ビッツ」を派生する「新ＮＢＣ」の3つのプラットフォームを順次対象とするシナリオが濃厚だろう。3プラットフォームの総数は、約５００万台の規模となり、トヨタ自動車総生産台数の50パーセント近くが一括企画され、機能モジュール化が進み、従来のグループサプライヤーの枠組みを超えた調達構造に進化する。頭だしは、２０１５年初に予定される次期「プリウス」が濃厚であろう。２０１６年の次期「カムリ」、２０１７年の次期「ヤリス／ビッツ」で入れ替えが大きく進展する公算が高い。

図4-7　グルーピング開発による賢い共通化

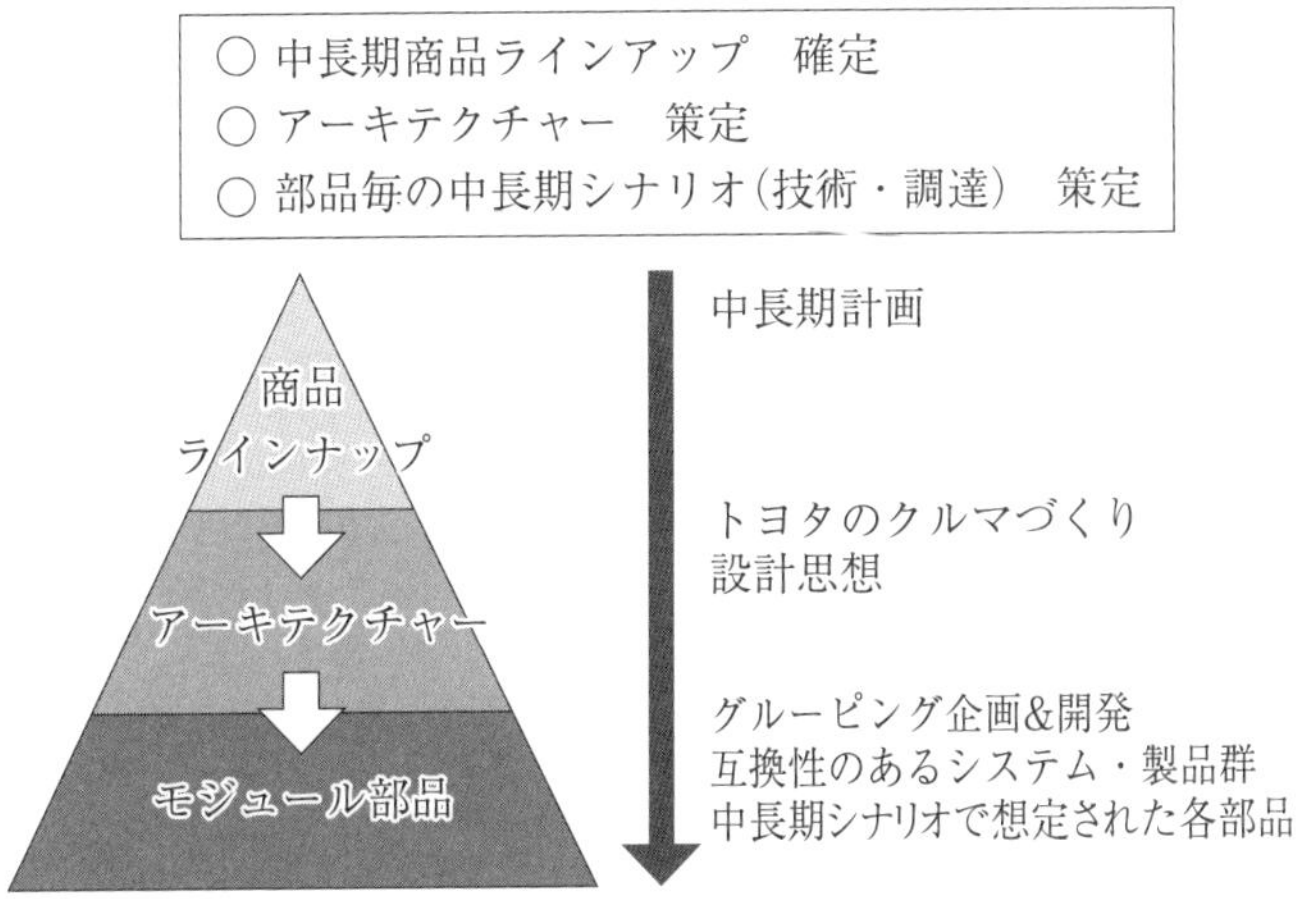

出所：トヨタ自動車資料を基にナカニシ自動車産業リサーチ作成

TNGAには複合的な狙いがある

TNGAが原価低減ありきの取り組みでないことを副社長の加藤光久は繰り返し強調している。部品共通化に伴うコスト削減が、ハイスペックな技術、機能の民主化（様々なモデルにユーザーのコスト負担を軽くして普及させていく）を進めると明白に主張するVWやモジュラーに伴うコスト削減を利益率向上と魅力的な商品に投下する、と同じく明言する日産とはややニュアンスが違う。トヨタがTNGAの開発に込めた問題意識の背景と狙いは非常に複合的だと思われる。

TNGAが担う役割は5点程度はありそうだ。第一に、ジャスト・イン・タイムをリスクコントロールされた持続可能なサプライチェーンを持った仕組みに進化させる。第二に、閉鎖的なトヨタのインターフェースをただし、賢く標準化／オープン化する部分と、固有維持／クローズドを守る領域の仕分け、外部リソースを有効活用する。第三に、豊田が繰り返す「もっといいクルマづくり」の根底にある魅力的なデザインを実現するための骨格づくりである。第四に、国内自動車生産を死守するための国内コスト競争力の維持。最後に、新興国主導の台数膨張に対し天文学的に拡大する複雑化とバリエーションを賢くまとめ、高品質かつコスト競争力に優れる次世代のクルマづくりへの準備である。

「他社はコスト削減ありきで、そのためのモジュール化であるが、トヨタは様々な課題を解決する手段としてアーキテクチャを定め、共有化を進める。問題解決に向けて、結果としてモジュールとなるが、狙いとプロセスは大きく異なる」と加藤は力説する。

ＴＮＧＡとデザイン改革は有機的に結合する

「かっこいい」とあまり褒められない最近のトヨタのクルマ。例えば、２０１１年に投入した米国の「カムリ」の評判は散々であった。幅広の襟が目立つ古いスーツを着て六本木に出かけてきたような、古さを感じるシルエットはなぜなのだろうか。日本で人気がある新型「クラウン」も、欧州向け「オーリス」も、細部に意匠性の高い加飾が施されても、シルエットにはＶＷやヒュンダイが持つ流麗でかつ低く構えるプロポーションがない。

「問題は車体骨格にある」。社長の豊田章男はためらわずはっきりと現在のトヨタの弱点を指摘する。トヨタのモデルは他社とのベンチマークで重心高が高いということは客観的な事実である。いまのパワートレインを載せる重心高が高い骨格があるかぎり、低く構えた魅力的なプロポーションをつくることには限界があるという。

ユニットの重心高が高い特徴は、デザイン上確かに制約が増える。エンジンルームの骨格はユニットの重心高が支配し、この骨格からAピラー、Bピラーという具合に全体のプロポーションが決まっていく。人間に例えれば顔が大きいということであり、どんなにダイエットしても骨格が変わって小顔にはなれないことと同じだ。

高重心の骨格がトヨタへ競争力を提供していた時代があった。車高が高くてボディの大きいクルマは弱みではない。SUV（多目的スポーツ車）やMPV（多目的車）などが飛ぶように売れていた2000年代の米国市場がそれだった。

「内面から綺麗になる」

専務役員でデザインチーフの福市得雄は彼の目指すデザインの方向性を示す。TNGAで車体骨格、エンジンユニットを刷新できれば、次期モデルではクラストップの低重心を実現し、デザインの重要度は増すだろう。多摩美術大学美術学部出身で、初代「エスティマ」のデザインを担当し、トヨタヨーロッパデザインディベロップメント社長を務めた福市は、2008年に突然関東自動車工業の執行役員へ転出していた。豊田が社長就任後、系列会社等に転出していた幹部4人をトヨタ役員に戻す異例の復活人事を実施したが、先述の加藤副社長や福市もその中の1人である。

トヨタのデザイン力が後退した理由は、骨格だけの問題ではなさそうだ。新車のデザインの審査会には100人の社員が得点をつけ、結果としてデザインは平板で没個性になりがちだ。近年では、声が大きいトップクラスの実力役員がデザインに注文を付ける傾向が強まり、デザイナー達が委縮する弊害があったとも聞く。２００９年にその役員が退任した後は、圧殺されていたデザイナーの意見が交錯し再び混乱を招いたようだ。まるで１９８０年代後半の日産自動車の迷走を彷彿させるような出来事ではないか。

豊田は福市にデザイン改革を託す。福市は守りの姿勢を捨て、アグレッシブさを示すことで社内意識改革を促している。内面から綺麗になると説いていることは、エンジンユニットや車体骨格を改善し美しいプロポーションを持てば、奇抜なグリルも、ピンクの色調も、妙な加飾がなくてもクルマのかっこよさが表現できるということだ。近年のトヨタのデザインやマーケティングの奇抜さには賛否の両論がある。しかし、奇抜さを訴求するのは小手先の対処であり、トヨタのデザインが内面から変わるまでの移行期間と考える。

5　モジュール化に限界はあるか

さらに先進的な日産のＣＭＦ

モジュラーで戦略的な大転換を進めるルノー・日産アライアンスの「コモン・モジュール・ファミリー（ＣＭＦ）」は、トヨタやＶＷ以上にビッグモジュールをモジュラーのパレットに使うという狙いが大変興味深い。市場に投入された「エクストレイル／ローグ」はＣＭＦから生まれた第1弾である。

日産がＣＭＦを推し進める目的は、第一に環境と安全関連の費用増加を見越し、顧客へのコスト転

図4-8　日産自動車のコモン・モジュール・ファミリー

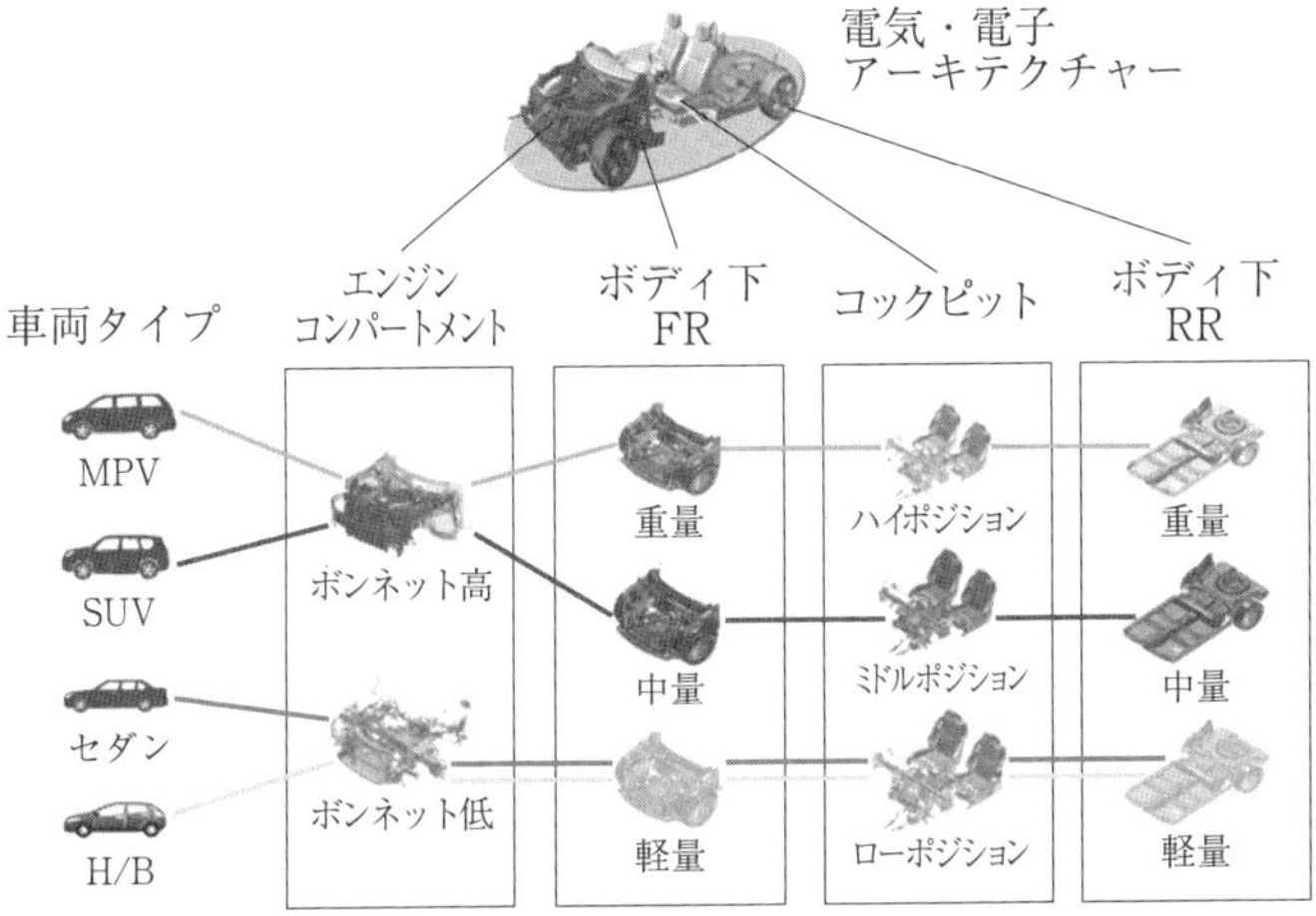

出所：日産自動車

嫁を最小化しながら、中期経営計画の目標である2016年度の営業利益率8パーセントを達成する、第二にCMFで獲得したコスト削減効果を商品性向上へ投下し、同計画の8パーセントのグローバル市場シェア獲得を勝ち取ることにある。モジュラーを活用し部品共有化率を高め、サプライヤーへまとめ発注することでコスト削減を進める。日産が試算するCMFの評価分析は、従来のプラットフォーム戦略との比較で部品のバリアンスは60パーセント削減、1台あたりコストを27パーセント、設備投資額を28パーセント、開発費を29パーセント削減できると試算している。

CMFはモジュラーのパレットとなるプラットフォームの切り分けを、骨格+内蔵物を含めて4+1のビッグモジュールに定義しているところが明快だ。日産はビッグモジュールに適切なバリエーションを持たせ、複数の組み合わせでクルマの変種を作り上げる考えだ。

トヨタもＶＷもどのような大きさにモジュラーを切り分けるのか、その内容はまったく説明されていない。自動車の構造を突き詰めれば、概ね４～６個のビッグモジュールに構造は分かれてくるはずだ。例えば、コックピットは車の重量には関係なくバリエーションが作れるだろう。あらかじめ留め位置などのインターフェースを共通化して設計しておけば、ドライビングポジション、ヒップポイントなど適切なバリエーションを持つモジュラーを作ることが可能となり、プラットフォームを超えて共有化できるはずである。

日産はＣＭＦの将来展開を明白には語っていないが、クルマの大きさに応じて、ＣＭＦ１から３まで３つの独立したシリーズを持たせる可能性があると考えていいだろう。平たくいえば、ＣＭＦ１はＶＷでいえば「ゴルフ」クラス、ＣＭＦ２は「パサート」、ＣＭＦ３が「ポロ」クラスと考えられ、それぞれのクラスを超えて部分的にモジュールは共有できる構造となるだろう。

モジュール化は魔法の杖にあらず

ホンダも「シビック」と「アコード」のプラットフォームを大きく共通化する方向があると聞く。そのようなアーキテクチャはモジュラーをベースにしなければ実現できないと思われ、大なり小なりホンダもモジュラー・アーキテクチャを採用すると考えられる。

クルマの構造はモジュールでシンプル化されレゴブロックのような組み合わせ型でつくる時代が到来するのだろうか。クルマのアーキテクチャがモジュラーに変わりつつあることは事実であろうが、クルマのモジュラーとはパソコンやテレビのようなアーキテクチャに進化するという意味とはまったく違うので注意が必要だ。先に触れたような商品力の問題だけではない。クルマは走行性能、環境性能、安全性能などの非常に高度で、感性的、主観的でかつ政治的な変数を持つ製品であるからだ。

1・5トンの重量が時速100キロで走行する機能が求められるクルマが一歩間違えれば、人命にかかわる重大事故につながりかねない。実に、世界で年間130万人もの尊い命が自動車事故で失われており、放置できない社会的課題である。広い裾野で抱える雇用は膨大であり、国家の経済と雇用政策の重要な戦略を担う産業でもある。

環境負荷も著しく大きく、自動車技術は国家のエネルギーや環境対策などの重要政策の1つである。もともと、コストだけに振れることが許されない製品であるし、上記の問題解決を目指し、規制対応へ準拠していけばクルマの構造は自ずと複雑化しコストも上昇するものであろう。レゴブロックにはなりたくてもなれない運命にある。

新興国に迎合すべきか

先進国を中心としてきた自動車産業は、複雑化とコストの関係は右肩上がりであり、この関係をいかに適切にコントロールするかの戦いであった。しかし、先進国の数量成長が止まり、新興国中心の需要成長に移行したことで、高度な性能を求めないシンプル構造でより廉価なクルマが爆発的に膨張を始める時代に変わった。中国のボリュームゾーンがまさにこういった市場なのだ。

2000年以降、市場を大きく膨張させたのは米国と中国であった。この2大地域は求めるクルマの性能や機能が大きく異なるため、いずれの市場で勝ち組に立っているかで自動車メーカーの商品開発、アーキテクチャの進化する方向は大きく異なった。トヨタとホンダはアメリカ中心の成長、VWと日産は中国中心にあり、前者は高付加価値、後者は低コスト化に向かった。その後、米国の住宅バブルは崩壊し、トヨタとホンダは高コスト体質を正すことが急務となっている。

将来に向けて新中間層の消費が膨張し、第二、第三の中国市場がすぐにでも生まれると思うなら、もう、自動車メーカーの競争力はコストだけに絞り込まれ、本当にレゴブロックのようなクルマが走り出すかもしれない。果たして未来とはそれほど単純なのだろうか。中国の現在の交通渋滞、微小粒子状物質（PM2・5）に見られる大気汚染、年間7万人といわれる交通事故による死亡者数を前に明白なことは、現在のシンプルな構造の自動車が規制を受けずに増殖を続けることは持続可能ではなさそうだということだ。

新興国の規制環境が長期にわたって放任されるとは考えにくい。新興国の製品は、規制強化とクルマの上位移行が進み現在の先進国に近いクルマに接近し、複雑かつ高度な構造に進化すると見るべきだ。すなわち、先進国と新興国の自動車構造は収斂していくシナリオが見え、先進国と同体質の構造を、新興国で消費できるコスト構造にアーキテクチャを構築していかなければならない未来図が見えてくる。そうであれば、闇雲にシンプルで廉価なアーキテクチャを増殖させることは大きなリスクになりそうである。

第５章

自動車産業の環境対応技術戦争

——最大の難所

1　環境問題の変遷

自動車がもたらす地球環境への3つの問題

人は豊かになれば移動距離（モビリティ）を拡大させる。所得とモビリティには正の関係が現存しており、モビリティへの欲求がモータリゼーションを引き起こし、経済発展を牽引する原動力となる。地球環境はモビリティを求める人類進化を受け止め続けなければならない宿命があると考えねばならない。かつては、自動車保有は世界の80パーセント以上をOECD加盟国が独占していた。しかし、ブラジル、ロシア、インド、中国などの新興国における経済発展と新中間層台頭は爆発的な自動車保有の成長をもたらすことが予想されている。2020年までに自動車保有台数は12億5500万台（2002年7億5100万台）へ、2030年までには20億台に拡大する見通しである。

新興国や新中間所得層の台頭という経済的な光の一方で、環境問題が深刻化する陰の部分から目をそらすことは許されないのである。自動車は先進国、新興国を問わず戦略的な基幹産業として重要な役割を担ってきた。同時に、自動車産業は社会的に多大な負荷を生み出す産業でもある。世界合計で年間130万人もの人命を交通事故で失い、マスクなしでは外を歩けないような新興国での排気ガス問題を生じさせ、CO_2の排出量では社会全体の20パーセントを構成する。

自動車保有増大がもたらす地球環境への問題は、①大気汚染、②地球温暖化問題、③代替燃料問題

図5-1　環境問題の方向性

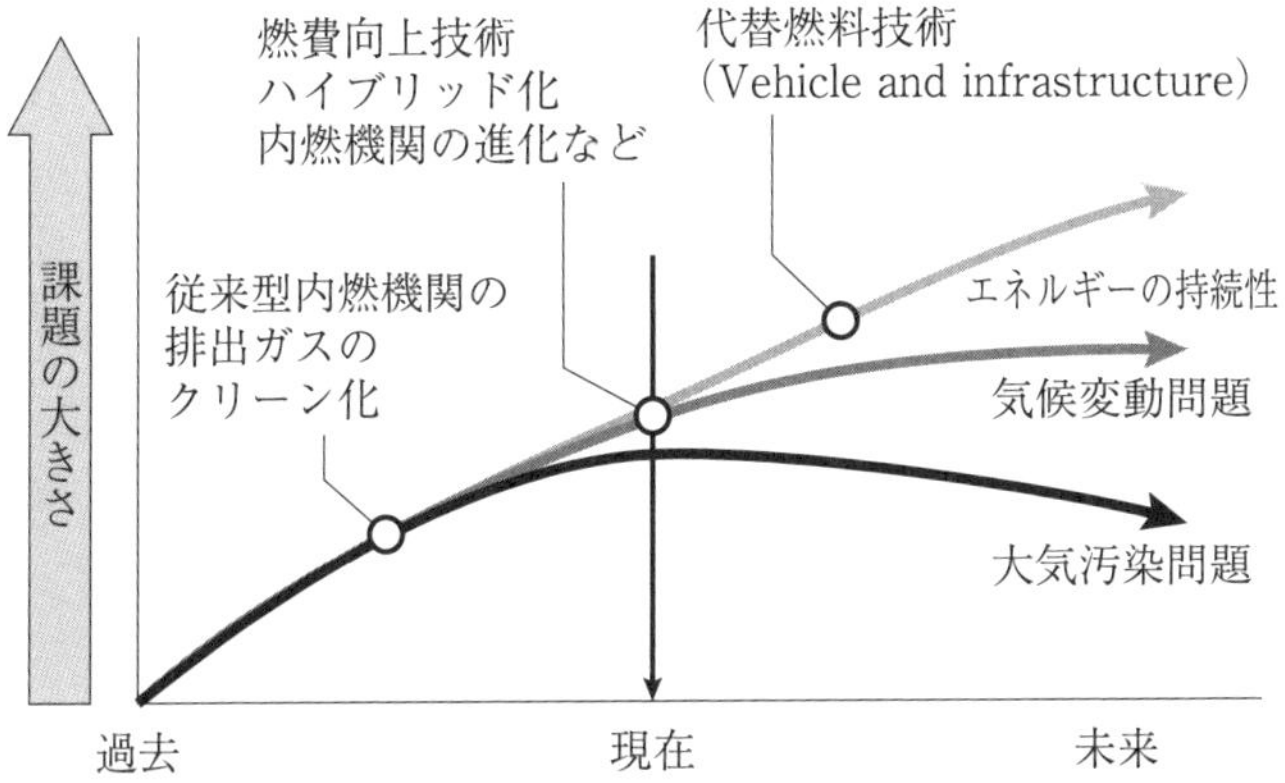

出所：ホンダ

の３つのステージを経過するといわれる。

１９７０年代は排気ガスとの戦いであり、従来型内燃機関からの排気ガスのクリーン化が最大のテーマであった。１９６７年にはカリフォルニア州の排気ガス規制が施行、１９７０年に米国マスキー法が制定され、わずか６年間で排気ガス中の有害物質を十分の一まで規制することが求められた。いち早く規制対応した日本車が世界的な競争力を獲得する契機となったのだ。

その後、排気ガスのレベルは千分の一まで浄化され、いまでは吸気よりも排気の方が綺麗なぐらいだ。先進国の自動車産業は既に排気ガスの問題をクリアしている。一方、新興国では経済的制約が重く大気汚染問題が蔓延している。中国のＰＭ２・５の問題に見られるよう、爆発的な自動車普及に対し規制レベルが低い新興国はまだまだ排ガス浄化に向けた規制強化がこれから本格化する見通しだ。

燃費改善が2020年に向けた最大のテーマ

先進国の課題は地球温暖化問題と代替エネルギーの2つの問題へ完全に移行している。気候変動問題としてグリーンハウス・ガス（GHG）（＝二酸化炭素CO_2）の排出量をいかにコントロールしながら、代替エネルギー車を確立するかが課題である。ここにきて、シェールガス革命や現実的な石油埋蔵量の査定が進むにつれ、化石燃料枯渇の問題はかなり先の問題であるとの認識に変化し始めたため、代替エネルギー問題よりも地球温暖化問題の解決に優先順位は高くおかれている。すなわち、エネルギー効率の改善、低燃費化が大切な議論である。

2012年度の日本のCO_2総排出量は12億4千万トンであったが、このうち18パーセントにあたる2・2億トンが自動車から排出されている。政府方針はCO_2を含む温室効果ガスの排出量を1990年対比で2020年までに25パーセント、2050年までに80パーセントの削減目標を目指す。省エネルギーとCO_2排出量の大幅削減を実現する次世代自動車の早期実用化は非常に重要な役割を担う。

World Resources Institute（WRI）とWorld Business Council for Sustainable Development（WBCSD）が共催で概算方法を定義した「GHG（CO_2）プロトコル・イニシアチブ」に基づいてホンダが試算した同社のCO_2排出量は2012年度実績で実に2億7591万トンにも達した。驚くことに、この規模は京都議定書で定められた日本のGHG削減規模を大きく上回るものであり、いかに自動車会社がこの環境問題の中で重要な責務を負っているかを端的に示すデータである。地球温暖化対策として自動車のエネルギー効率を高め、燃費改善を求める規制強化は2020年目線で留まることなく強化が続くことになるだろう。

厄介なことに、このような大きな問題に各国の経済、エネルギー、防衛戦略などが複雑に絡みあう。先進国と新興国とを問わずに、自動車産業は自国の経済と雇用を防衛するためにも失うことができない産業だ。自国にとって有利な展開を確保すべく、ことあるごとに政治、外交、経済、規制の様々な外部要因が大きく浮上してくる。国家戦略的な方向性が複合的に絡み合い、規制や税制が動くことで自動車メーカーは複雑な対応を迫られる。

中国にとっては、石炭火力発電による一次電池を用いた電気自動車転換が有利と考えるのに対し、シェールガス・シェールオイルを多く生み出せる米国では、石油資源を有効活用するガソリンエンジンの延命化を図ることは損な話でない。欧州は世界一厳しい環境規制の社会要求を満たしながらも、国際競争力を確保するという命題に対し、ディーゼルエンジン効率を高め延命化しながら、トヨタが強いハイブリッドを避け、電気自動車やプラグインハイブリッドの普及を促すことが有利となりそうだ。日本の戦略に立てば、圧倒的に有利なハイブリッドの世界的な普及が何よりも嬉しいことだろう。

世界の燃費規制は2020年までには収斂

自動車メーカーに厳しい対応を迫る先進国の環境と安全規制は2020年へ向けて世界の自動車メーカーの経営戦略を左右させる最大の関心事項となった。近未来のクルマは燃費性能を30パーセント程度改善し、安全機能は衝突回避装置や自動走行機能が組み入れられ飛躍的に向上する見通しであ

図5-2　世界の燃費規制の方向

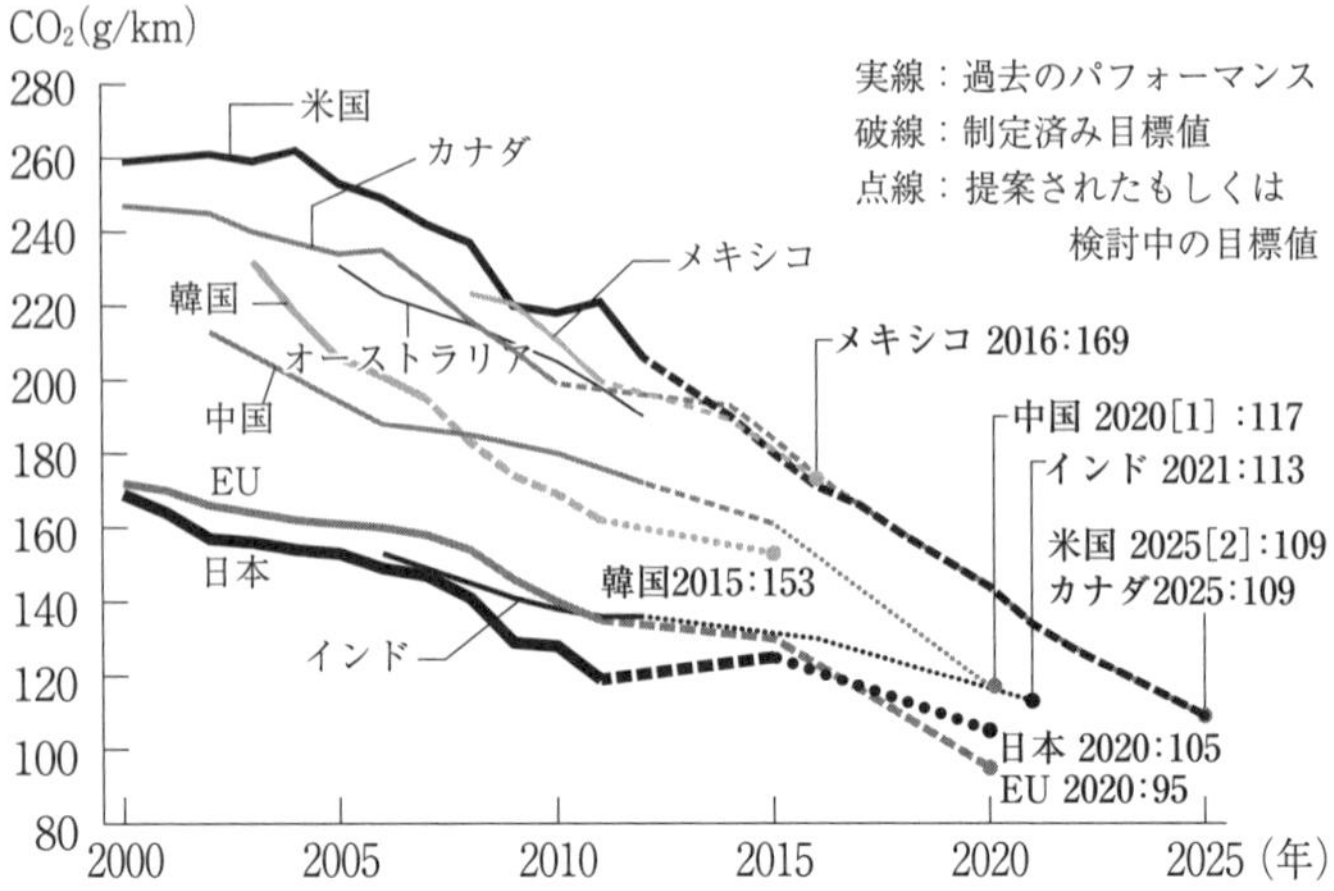

注：1）中国の目標値はガソリン車のみ
　　2）米国、カナダ、メキシコのLight VehicleはLight commercial vehicleを含む
出所：ICCT

る。ところが、こういった環境と安全の規制や法規対応費用が重くなる一方、ユーザーが支払う対価は著しく減衰する公算が高い。自動車価格は下方移行し、自動車会社は膨張する環境・安全費用をコントロールできる構造構築が迫られる。これらを実現できるアーキテクチャと企業収益構造の構築が生き残りに向けた課題として重要性を増している。

世界の環境規制を俯瞰すれば、2020年を基準に世界先進国+中国の燃費規制の格差はほぼ収斂し、CO_2排出量100g/km近くにまとまっていく。この水準をクリアできるパワートレインを廉価で実現できるなら、クルマの設計概念はその時点で大きく変貌し、技術デファクト（標準）を握るメーカーは新たな覇権を築くことも可能だ。ただし、実際に決め打ちできる夢の技術は存在していないのが現実だ。

２０２０年に世界先進国＋中国の燃費規制の格差が収斂するということは、自動車産業の競争に著しい影響と勝敗を及ぼすと考えられる。帰結は大きく3点あると考える。第一に、同等な規制環境下に成り立つ先進国と新興国との設計概念の融合が予想され、自動車アーキテクチャの新たな進化が予想される。第二に、先進国と新興国のコスト構造の融合も始まり、新興国ではコンテンツの上昇から付加価値の向上が望めても、先進国のコスト構造は新興国側へ下方収斂することで、費用の価格転嫁が困難となっていく。技術対応できても、コスト優位性を確立しなければ生き残りは担保できないのだ。第三に、決定的な対応技術は存在せず、さまざまな技術を地域で混合的に活用していく必要に迫られるだろう。

１社ですべての技術を、競争力をもって確立することは困難であり、合従連衡を進めグローバルに補完関係を構築する戦略性が優勝劣敗を決していきそうだ。世界的な業界再編に目を転じると、支配と規模を求める資本軸の論理は静まりかえっているが、技術補完とデファクト戦略に立てば、いまでも実情は非常にホットであるだろう。穏やかな資本提携の枠組みの中で、技術補完を目的とするアライアンスは形成される傾向にあるが、再び支配を目指す世界的な業界再編に過熱するリスクも孕んでいる。

2　対立する技術戦略：ハイブリッド対小排気量過給

次世代パワートレインミックスは本命なき戦い

2007年頃までは、CO_2の排出量規制95g／kmの水準を到達するには従来型内燃機関では到達不能と考えられ、相当量の車両がマイルド・ハイブリッドかストロング・ハイブリッドへ移行しなければならなくなると考えられてきた。そうであれば、技術的な方向性はある程度決まってくるため、ハイブリッドで先行する日本車メーカーの世界競争の優位性が際立つと期待されてきた。

しかし、現在では環境が変化し、ガソリンやディーゼルといった内燃機関の燃費効率改善を中核におきながら、部分的にハイブリッド、プラグインハイブリッド、電気自動車などの電化パワートレイン、天然ガス車、バイオフューエルエンジンを導入することで達成が可能という見方が主流になった。もっと長い視野に立っても、特定技術へ特化すれば戦いに勝利できるという確信を持った自動車メーカーは皆無だろう。本命なき次世代パワートレインミックスの戦いの時代に入っている。

ハイブリッドや電気自動車といった次世代パワートレインの躍進を押さえこんだ理由は多数ある。最大の理由は、従来型内燃機関が想定以上のエネルギー効率の改善を実現し、さらに進化し続けていることだ。VWのTSI、TDIに代表されるターボチャージャーのような過給機でパワーアップした小排気量化したエンジン（直噴＋過給機＋ダウンサイジング）やマツダのスカイアクティブ技術のような燃焼効率の進歩が貢献している。加えて、アイドリングストップ、ブレーキエネルギー回生システムなどの性能と採用比率の向上が支援する。第二に、期待が高かった二次電池の性能ブレークスルーが予想以上には起きず、電化パワートレインのコスト低下と性能アップが期待以上に実現していないことだ。

さらに、原子力発電依存への難しさという社会的制約も加わる。原油価格とガソリン価格は懸念したほど上昇していないことも従来型内燃機関の相対的な競争力の向上をもたらした。米国におけるシェールガス革命や石油埋蔵量に向けた楽観的な見方への変化など、化石燃料枯渇が相当先の将来問題という認識に変わり、従来型内燃機関への依存に対する警戒は随分と低減した。

2020年目線でのパワートレインミックスに関しては様々な予測が飛び交っているが、最も信頼性がおける予測はカギとなるコンポーネンツを供給するサプライヤーの見方だろう。自動車会社の戦略性を理解し、彼らが最も主力部品のコスト構造を知っているからだ。主力サプライヤーの見方では、2020年の電動パワートレインの構成比は16パーセント程度に過ぎず、ハイブリッドが12パーセント、電気自動車はわずかに4パーセント程度に過ぎない。内燃機関が圧倒的な存在を維持し、その中でもガソリン直噴エンジンの構成が拡大し、ディーゼル比率は2010年の30パーセントから25パーセント程度に構成比を落とすと見ている。

ハイブリッドはガラパゴス化しているのか？

主力サプライヤーの考えでは、2015年から2020年の間に日本車が強いハイブリッドの飛躍的な成長があるようだが、実際、現段階でのハイブリッド普及は日本と北米に集中しており、世界的な普及段階にはほど遠いように見える。日本では2012年の販売に占めるハイブリッド比率は16パーセントと世界の中で突出して高く、トヨタ、ホンダの2社で世界シェアの90パーセントを占め、日本市場が世界のハイブリッド市場の53パーセントを占めるといった、いかにもガラパゴス化に映る。戦略的コアをおくハイブリッドの世界的な普及が実現できるか否かに両社の命運は大きくかかわるといっても過言ではない。

トヨタ、ホンダの環境戦略は、燃費性能、走行性能、コストのバランスに優れるガソリンハイブリッドで世界的に先行し、この技術優位性で世界の燃費競争を有利に戦うことにあった。CO_2の排出量が100g／㎞を切る燃費性能を確立するには主体をハイブリッド化させることが不可避と考え、この先行優位性が将来の国際競争優位を引き上げるはずであったのだ。

しかし、日本以外の市場でハイブリッド普及は狙うほどには進展できていない。トヨタが絶対的に優位に立ったハイブリッド技術に対し、他国は自国自動車メーカーに挽回の時間的猶予を作るためハイブリッドの普及を加速化させない政策が目立つようになる。欧州メーカー主導でクリーンディーゼルや小排気量過給ガソリンエンジンが相対的に性能を高め、ハイブリッドのお株を奪うような燃費性能を実現させてきた。

ハイブリッドは内燃機関にバッテリー、モーター、インバーターという3つの高コストの構成部品を加えなければならず、約3000ドル以上のコストペナルティを受けることが弱点になる。ハイブリッドの経済合理性は、ハイブリッドと内燃機関の平均燃費、燃料価格、年間平均走行距離の3つの

図5-3　主要メーカーのハイブリット販売台数の推移

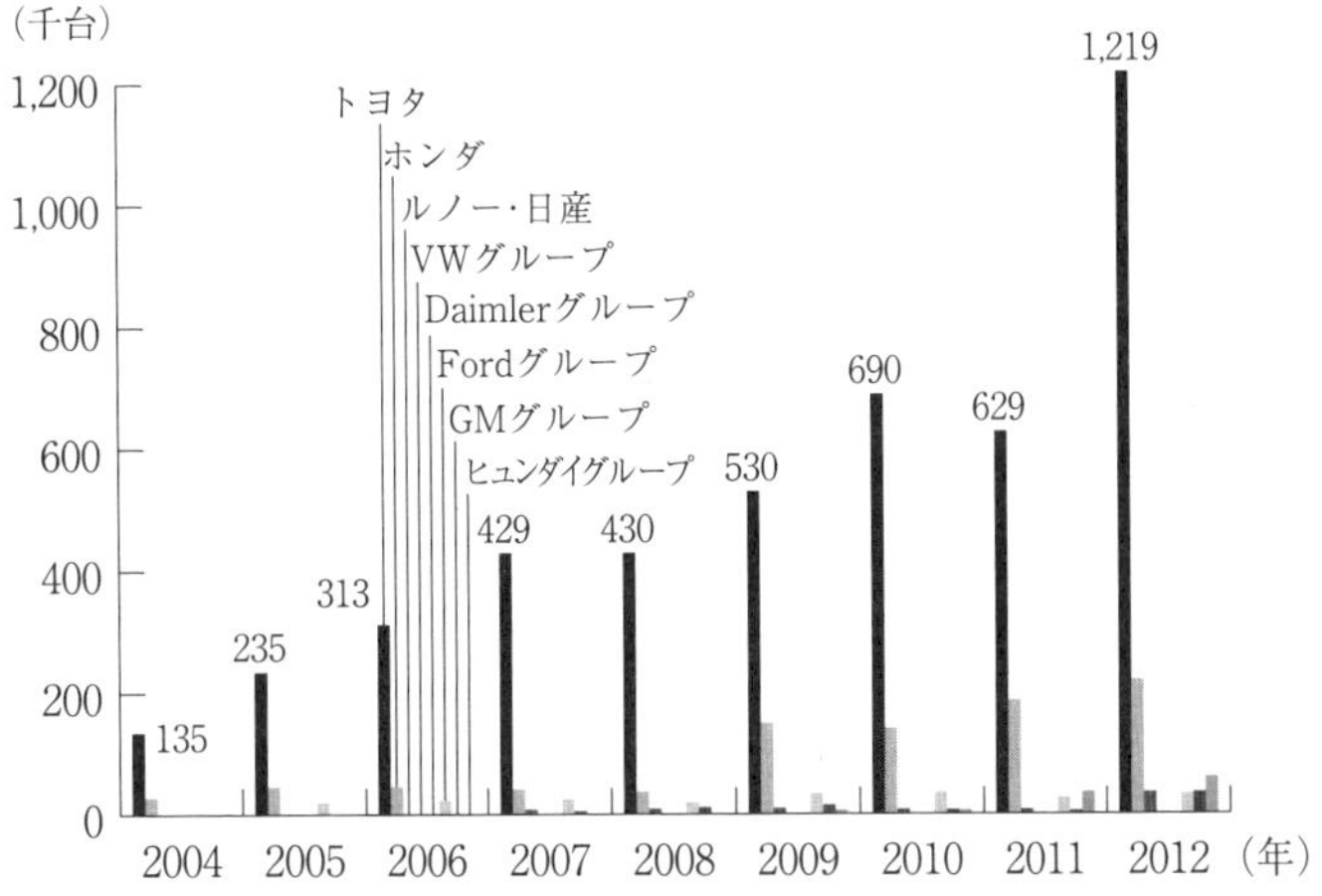

出所：会社資料およびマークラインズ

変数で決定され、ハイブリッドによって節約できる燃料費がハイブリッドプレミアムを回収する期間は通常8〜10年と長い。売却時の残存価値の差異も考慮しても、回収には最低5〜6年程度はかかると見てよいだろう。価格差が歴然とする同一モデル内での従来型とハイブリッドの併売よりも、「プリウス」のような専用車が有利であるのは、経済合理性がいまだ力不足であることの証左である。

ガソリン価格の上昇が抑えられ、VWなどの欧州メーカーが強みを持つディーゼルエンジンやダウンサイズ・ガソリンエンジンといった従来型内燃機関の燃費性能が改善した結果、ハイブリッドプレミアムの回収期間の短縮化がさらに遅れていることは否定しがたい。その結果、ハイブリッドがまともに普及しているのは日本と北米の2地域にほぼ限られている。

回収期間が表面的に5年を切り、税メリットや残存価値差を含めて2～3年まで短縮化できれば、世界的な普及に拍車がかかる可能性が高い。ガラパゴス化を避け、世界的な普及を実現するには、ハイブリッドはコスト削減と燃費性能のバランスでもう一段高い階段を上る必要がある。その意味で、2015年の次世代トヨタハイブリッドシステム（THS）の性能は最も注目される。次期「プリウス」でトヨタはTHSの世代を進化させ、コストと性能の一段の引き上げを目指す。実力を示して世界にハイブリッドの普及を認めさせる契機となりうるだろう。そうなってくれば、この技術に注力してきたトヨタの国際競争力は一段と向上できるチャンスがあるだろう。

欧州メーカーはハイブリッドに躍らない

VWの技術戦略が内燃機関を進化させたTSI、TDIとプラグインハイブリッドにおかれているように、ハイブリッドは欧州ではあまり人気がない。その他の欧州メーカーも似たり寄ったりで、各社とも着実にハイブリッドのラインナップは増大させているが、コストペナルティを吸収しやすいニッチかプレミアムのセグメントに多く、それほど多くの台数を確保する状況ではない。明らかに、コストがまだ割高である印象だ。

欧州には地域独特の事情がある。2000年代まではディーゼル、近年は小排気量過給・直噴ガソリンという内燃機関進化を牽引してきた欧州勢にとってハイブリッドは入口が難しい技術だ。最も重要な要因であったのは2012年の130g／kmのCO_2規制をクリアするためにはハイブリッドではコストが高すぎ、いち早く燃費改善効果を実現できる小排気量過給の技術に集中したといえよう。

厳しい規制への対応を早期に進めるために内燃機関の性能向上を先食いした感は否めないが、今ではこの小排気量過給が日米に留まらず中国でも競争力を獲得し始めており、非常に競争力の高いパワートレインに成長した。高速域でのパフォーマンスを求める欧州の運転傾向は市街地で強みを発揮するハイブリッドとの相性もいまひとつであった。

内燃機関は、今後の規制強化の中で常に新たな装置が加わりコストが増大する傾向にあるだろう。これは時間と共にコストが低減するハイブリッドとは方向性が大きく異なる要素だ。たとえば、直噴ガソリンエンジンは欧州中心に飛躍的に成長を遂げたが、一方、直噴化に伴うＰＭ（微小粒子状物質）のコントロール問題が浮上し、新規制強化への流れが懸念材料となっている。ガソリン車の排出ＰＭをディーゼル車並みにしようとする動きがあり、２０１４年の「ユーロⅥ」で第１段階の規制が導入され、２０１７年にはディーゼルと同等レベルまでの強化が予想されている。その段階では、ディーゼル車では当たり前となったＰＭフィルターと呼ばれる後処理装置を新たに付与する可能性が出てくる。

２０２０年に近づくほど内燃機関のコスト上昇は顕著となり、コスト削減が進むハイブリッドとの格差は縮小していくと予想される。構造としては、日本メーカーは小排気量過給・直噴ガソリンの領域へ、欧州メーカーはハイブリッドの領域へと、これまでお互いに攻め切れていなかった技術領域が２０２０年に向けた戦略的攻勢領域となっていく可能性が高く、お互いの強い領域を攻め込む激しい戦いの構図となっていく。

ハイブリッドの普及は米国、中国が中心

燃料代が高くCO_2税制がある欧州と比較して、米国はよりハイブリッドには厳しい市場のはずだ。燃料費は高くなったといってもまだまだ恵まれており、自動車税はほとんどないお国柄ゆえ燃費インセンティブはあまり関係ない。それでも2012年のハイブリッド構成比が3・3パーセントと相対的に高いのは、ひとえに「プリウス」のブランド力によるところが大きい。2020年に約20パーセントにまで同比率は上昇すると予想される。米国市場も大幅な燃費規制の実施が決定され、ハイブリッドの領域は拡大していく可能性が高いのだ。ガソリンがガロンあたり4ドル以下であれば着実に、4ドルを大きく超えればハイブリッド市場は飛躍的に拡大する可能性がある。米国ではフォードが非常にハイブリッドに熱心であり、THSに近い2モーターのシリーズ・パラレルハイブリッド技術に粛々と取り組んできた。

欧州市場でのハイブリッドのポテンシャルは恐らく最も低いと考えられるが、それでも2020年までに約10パーセントの市場地位を確立すると考えられる。欧州市場は環境規制が厳しく、ほぼすべての国で自動車税制や保険がCO_2の排出量と連動するほど、燃費性能の持つ戦略的価値は大きい。燃費が改善するほどメリットが増大するわけで、さらなる燃費改善へのモチベーションは本質的に非常に高い。ましてや、2020年の95g／km規制をクリアするために、内燃機関だけで達成できるとは考えにくく、電化パワートレインを取り込む必要性は間違いなくあるだろう。

小排気量過給は燃費性能の向上を早期に実現できたが、さらなる向上をそこに求めても、限界があ

るといわれている。小排気量化されたエンジンにさらに過給を付加しても、そこから得られる効果は低減するといわれている。小排気量過給は効果を先食いしており、今後、限界効用が低減する懸念があるのだ。一段の燃費規制強化が避けられない欧州勢にとって、燃費性能向上の技術を小排気量過給の外へ拡大することは避けられないと考えられ、ハイブリッドの持つエネルギー効率は選択肢のひとつである。

ディーゼルの小排気量過給化へは間違いなく挑戦されていくだろうが、ディーゼル燃料の需給問題や排気ガス規制の難題が存在するため決して容易な選択ではない。ましてや、ディーゼルハイブリッドは一段とハードルが高い。こう考えれば、ガソリンハイブリッドの魅力は否定しがたく、コスト構造との見合いで徐々にハイブリッド領域への攻めが始まると考えるほうが自然であろう。ＶＷは口では冷ややかに「ハイブリッドはつなぎ技術」といい放つが、根っこのところではまじめにハイブリッド開発に取り組んでいる可能性が高く、近い将来、確実に攻めて来ると考えたほうがよさそうだ。

ハイブリッドにとって最大の好機は中国市場にある。ハイブリッド市場は２０２０年までに約15パーセント、実に５００万台の規模に成長できるポテンシャルがありそうだ。２０２０年までに電気自動車とプラグインハイブリッドを50万台、２０２０年までに累計５００万台を目指した新エネルギー車重視の政策を一部修正し、従来は省エネ車に組み込まれていたハイブリッドへの補助金拡大が予想され、戦略転換を迎えそうである。２０１２年の新エネルギー車（電気自動車とプラグインハイブリッド）の販売台数は全体市場の１パーセントにも満たず、新エネルギー車政策は事実上暗礁に乗り上げている。

大気汚染の問題、燃費改善が喫緊の課題となる中で、より普及が望めるハイブリッドへの支援を増加させるシナリオが見え始めてきた。トヨタは中国でのハイブリッドユニットの現地生産を2014年にも始め、中国でのハイブリッド普及を後押しする考えだ。中国市場でハイブリッド市場が確立できるなら、欧米メーカーにとって無視のできない重要技術となるだろう。そうはいっても、中国で最大の成長期待があるのは小排気量過給ガソリンエンジンだといわれている。欧州車は高いアドバンテージを発揮できるはずである。日本車は出遅れている小排気量過給を火急的に強化する必要に迫られている。

3 電気、プラグイン、燃料電池――次世代技術の可能性

遅れる電気自動車の普及

近年、評価を大きく落としたのが電気自動車だ。2000年代に台頭したリチウムイオン電池（LiB）の技術革新が電気自動車時代の早期到来期待をあおった時期があった。日産はゼロ・エミッション戦略を掲げ、2020年までに販売台数の10パーセントを電気自動車に置き換える大胆な計画のもと戦略車「リーフ」を推進し、世界のゼロ・エミッションのリーダーとなる目論みであった。GMはオバマ政権が掲げた「グリーン・ニュー・ディール」政策に沿ってレンジエクステンダー付電気自動車「ボルト」を投入した。しかし、今ではこの電気自動車期待は後退している。投入された日

図5-4　高性能電池コストの推移と予測

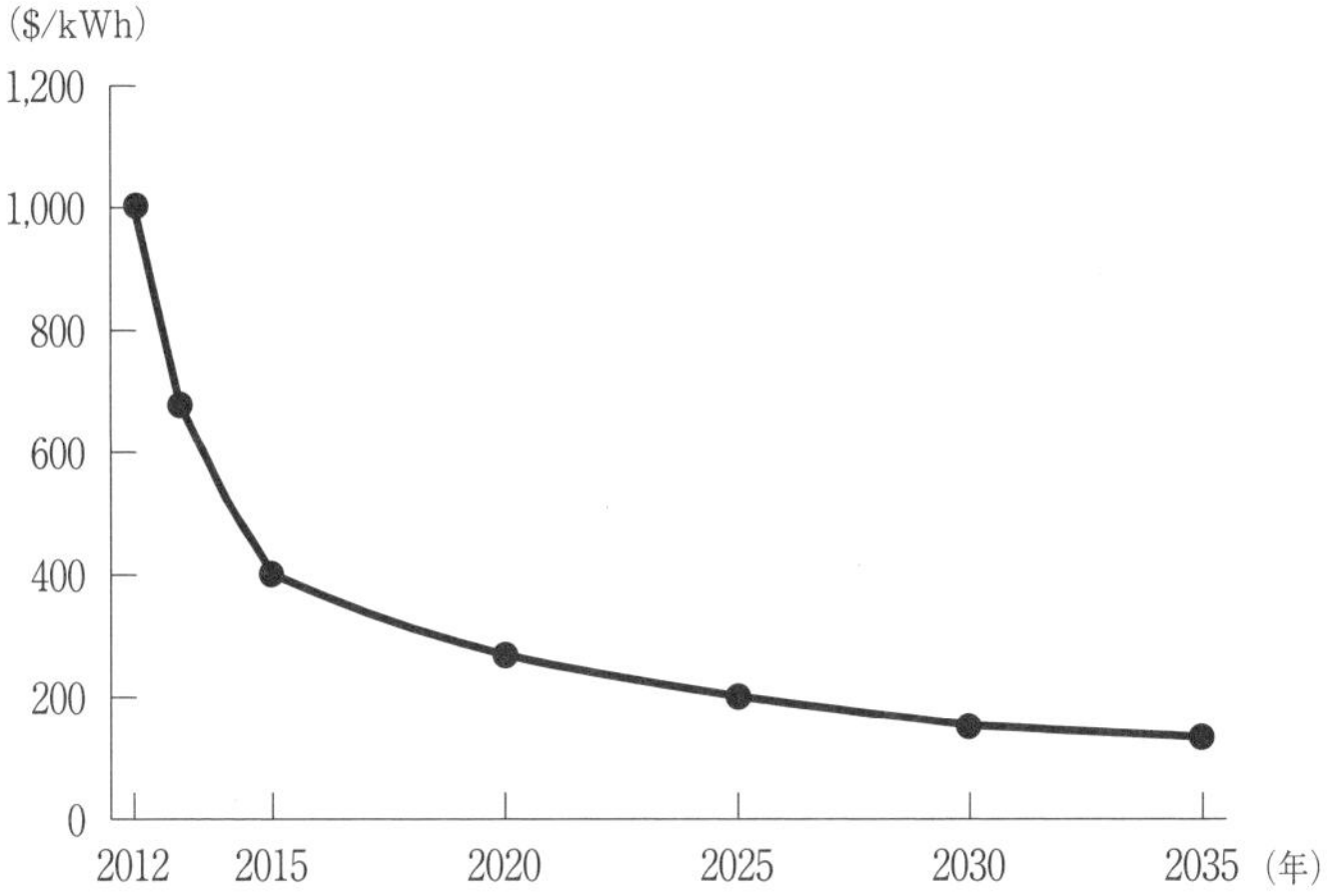

出所：DoE

産の「リーフ」、ＧＭの「ボルト」といった戦略電気自動車の販売台数が芳しくないことに加え、電池技術の飛躍が期待したほど早く実現していないためだ。

電気自動車の普及が遅れている原因は３点ある。第一に、車載電池のコスト・パフォーマンスの予想以上のブレークスルーが起こらず、電池コストが車両価格の足かせとなっている。第二に、消費者の電気自動車走行距離（レンジ）に対するこだわりが思いのほか強く、自動車所有に対して長距離のモビリティへのこだわりが強いことを再確認したこと。第三に、急速充電設備のインフラ整備が追い付かないことだ。原子力発電への依存度を慎重に見なければならない情勢に転じたことも向かい風だ。

リチウムイオン電池は確実に進化を続けてはいるが、10年前に描いたコスト削減曲線にほぼ沿った進捗に留まり、劇的なブレークスルーが生まれていない。現在のコストロードマップでは、2020年に電気自動車が大きな存在になるとは考えにくい。車載用のリチウムイオン電池コストは、一般的に、現在でも1kWhあたり5万円前後のコストに留まり、2020年で目指すべき2万～3万円へはまだほど遠い。平均的な電気自動車が25～30kWhの電池容量を搭載するとすれば、依然100万円以上の電池コストがのしかかる。今後も自動車用リチウムイオン電池の着実な進化は望め、2020年までに民生用コスト2・5万円水準に接近するとしても、加速度的に内燃機関を置き換えるのは難しい情勢である。

近距離移動としての電気自動車は有望

化石燃料枯渇のリスクが後退し、内燃機関の性能が大幅に改善したことで電気自動車への待望論は確かに後退した。しかしこれは電気自動車の可能性を否定するものではない。電気自動車は電池とモーターという非常に単純な構造で成り立ち、エネルギーである電気は、どのような形で一次電気が起こされているかは別にして、家庭と社会に供給が張り巡らされている。このインフラを利用して、近距離の移動を電気自動車で賄うという姿は必ず生まれると考えるべきだ。

「短距離は電気自動車、中距離はハイブリッド、プラグインハイブリッド、長距離を燃料電池車という棲み分けに合理性が高い」。トヨタの常務役員小木曽聡はそのような姿が2020年から2025年のメインシナリオとなるだろうと主張する。自動車メーカーは電気自動車の長期的な可能性を認識しており、電池性能の進化を冷静に待ち、適切に普及を訴求してくる公算だ。

もっとも、ゼロエミッションの時代を訴え、最も強気に見えた日産ですら、2020年目線の電気自動車比率は最大10パーセントでしかなかった。パワートレインミックスの主力は依然、内燃機関が占めると考えるシナリオは他の自動車メーカーと大差なかったわけだ。電気自動車は限定的な地域、用途で普及を勝ち取っていくが、社会のモビリティのメインストリームに立つことが時期尚早なことはどのメーカーも認識していたことである。ゼロ・エミッションは数ある環境技術の答えのひとつであり、内燃機関が凄まじい勢いで電気自動車化されるシナリオはメディア的な盛り上げ話に過ぎないのである。電気自動車の普及が期待ほど進んでいなくとも、日産が得た効果は大きかったはずだ。ハイブリッドで先行するトヨタとホンダに対抗し、より先進的な電気自動車技術へ差別化するマーケティングは、日産の企業ブランドへ販売台数以上の効果をもたらしただろう。

欧州メーカーが攻勢をかけるプラグインハイブリッド

欧州メーカーが戦略的に注力するのがプラグインハイブリッドである。プラグインの特徴は電気自動車とハイブリッド車の長所を併せ持つことである。50㎞程度の近距離市街地走行はエネルギーコストの安い電気自動車として利用し、郊外への長距離移動と高速走行ではハイブリッドの性能を利用するコンセプトである。欧州市場における走行環境へのマッチングもいい。ＶＷのヴィンターコルンは「ハイブリッドよりもプラグインが有望」と主張しており、「ポルシェ　パナメーラ」「アウディＡ３ｅトロン」「アウディＡ６」「ポルシェ　カイエン」へ電気走行距離50㎞以上のプラグインラインナップの拡充を進めている。ＢＭＷもプラグインのスポーツ車「ｉ８」の投入が決定している。

欧州メーカーのプラグイン戦略にはいくつかの狙いがありそうだ。トヨタが先行し圧倒的なコスト競争力を保有するハイブリッド領域での衝突を回避し、プラグインに移行する時期に電化パワートレイン普及の照準を合せている。第二には、米国カリフォルニア州でのZEV（ゼロ・エミッション・ビークル）規制法は、2018モデルイヤーから新規定に移行し、規制対象自動車メーカーが、同州内年販6万台レベルの大衆ブランドから、同2万台レベルのメーカーへ拡大される。その結果、VW、BMW、ダイムラー等のドイツメーカーが規制対象になると見込まれることもプラグインハイブリッドを推し進める背景にあるだろう。米国カリフォルニア州で罰金を支払う汚名を被るわけにもいかず、電化パワートレインの導入を急がなければならない。

欧州燃費基準算定では、プラグインのCO_2排出量は電気自動車とハイブリッドで50パーセントずつ足し合わせる。この方法によれば、電池容量を増やし電気走行距離を長めにとったほうが、CO_2排出量が大幅に削減され、各国のCO_2税制で一段と有利な補助を受けられる。実際、価格は上昇するが、電池容量を増やし、電気走行距離を長くとる傾向はある。性能は高く、コストも高いが、ポルシェ、アウディなどのプレミアムブランドであれば価格で吸収が可能であり、段階を追って大衆車セグメントに拡大させる戦略が取れる。

欧州メーカーのプラグインハイブリッド戦略はプレミアムブランドの多角化があるため、その成果が生み出しやすいといえるが、日本の自動車メーカーにとって、電気走行距離を20kmにすると約5kWh、50kmにすれば10kWhのリチウムイオン電池の搭載が必要となってくるため、1〜2kWhレベルの電池容量ですむハイブリッドと比較してプラグインは高すぎるコストがネックとなる。各社でプラグインモデルの投入を進めてはいるものの、現段階ではいま一歩、普及に弾みはついていない。しかし、電池コストが２００～３００ドル／kWh近辺に下落すれば、コストのデメリットも縮小し、商品としての競争力が増して普及への弾みがついてくる可能性があろう。

２０１５年、燃料電池車は元年に立つ

２０１３年6月に「日本再興戦略」が閣議決定され、燃料電池自動車に関しては、「２０１５年の燃料電池自動車の市場投入に向けて、燃料電池自動車や水素インフラに係る規制を見直すとともに、水素ステーションの整備を支援することにより、世界最速の普及を目指す」とされた。中・短期工程表「クリーン・経済的なエネルギー需給の実現」に基づけば、燃料電池自動車の市場投入と水素ステーションを先行整備し、４大都市圏（首都圏、中京、関西、福岡）を中心に１００箇所を設置すると記された。

この計画自体は経済産業省の従来目線に沿った内容であるが、資源制約と経済成長の両立を実現する国家成長戦略の中に記された意義は大きいだろう。世界に先駆けて燃料電池車の普及を構築することで、自動車産業の国際競争力と雇用創造を実現する意義も大きいからだ。

燃料電池車の普及には、水素供給インフラ（水素ステーション）の構築、水素燃料による安定供給の実現が不可欠である。燃料電池車の車両コストは近く大幅な下落が予想されている。トヨタが２０11年の東京モーターショーに発表した「ＦＣＶ－Ｒ」は５００万円を目指した価格設定で２０１５年に発売開始を目指すとされてきた。５００万円に届くかどうかはともかく１０００万円を切る価格へ下落する公算は高く、かつて1億円といわれた価格から劇的な価格下落が実現しそうだ。

燃料電池車のチャンスは拡大するも課題は大きい

燃料電池車普及への問題は、水素の製造・出荷・輸送と水素スタンドを含めた水素供給インフラ整備が不可欠であり、かつ、非常に困難なことである。何処にでもある電気をベースにした急速充電ステーションの普及よりもはるかに難題だ。水素そのものは潤沢な資源であり、天然ガスや石油、石炭など様々な種類の化石燃料から製造が可能で、多様なエネルギー源を利用できる利点がある。石油化学や鉄鋼業界の生産工程で副次的に発生する活用されていない水素の量だけで世界で1000万台の燃料電池車の普及が可能といわれている。石油製油所で廉価な水素を作ることができても、水素はマイナス253度の極低温でしか液化しないため、貯蔵と輸送が極めて難しい。

水素ステーションの設置コストも大きな課題として残っている。国内の水素ステーション数は

ダイムラー
BクラスF-CELL

—
385km(NEDCモード)
2010年春リース販売
燃料電池車。モーター(最高出力:100kW/136hp、最大トルク:290Nm/29.6kgm)、FCスタック、リチウムイオン電池(容量:1.4kWh、定格出力:35kW)、水素タンク(水素貯蔵量:3.7kg、圧力:70MPa)を搭載。
水素貯蔵量:3.7kg 圧力:70MPa[約350気圧]
170km/h

図表5-5　燃料電池車の製品スペック比較

	トヨタ	ホンダ
モデル名	FCV-R	FCXクラリティ
写真		
L×W×H mm(in)	4,745(186.8)×1,790(70.5)×1,510(59.4)	4,845(190.3)×1,845(72.7)×1,470(57.8)
乗員	4人	4人
航続距離	約700km(435マイル)以上(JC08モード)	620km(10・15モード)
発売開始	2015年発売	2008年米国開始、2015年一般発売
動力システム	燃料電池車。高圧水素タンク(70MPa)を後部座席下と後部座席背面下に2本搭載、燃料電池(出力密度：3kW/L)を床下に搭載する。充填水素量：5kg程度。2次電池(方式検討中リチウムイオン電池またはニッケル水素電池、容量：ハイブリッド車と同等)。	前輪駆動。永久磁石式同期モーター(最高出力：100kW/136ps、最大トルク：256Nm/26.1kgfm)、リチウムイオン電池(電圧：288V)、燃料電池スタック(最高出力：100kW、PEMFC[固体高分子膜型]、VFlowFCスタック)、高圧水素タンク1本(タンク容量：171L、最高充填圧力：35MPa[約350気圧])を搭載する。
タンク圧力、容量	70MPa[約700気圧]	171L、最高充填圧力：35MPa[約350気圧]
最高速度	—	160km/h

出所：マークラインズ、各社データを基にナカニシ産業リサーチ作成

２０１３年７月時点でわずかに19カ所にすぎず、このほとんどが水素供給・利用技術研究組合（ＨＹＳＵＴ）の実証実験設備にすぎず、商用に対応するステーションはとよたエコフルタウン水素ステーションを含めてわずかに３カ所にすぎない。水素ステーション設置コストは現在の10億円から、２０１５年に３億～４億円、２０２０年に１億～２億円をロードマップとするが、その時点でも一般的なガソリンスタンドの設置費用の２～３倍のコストとなる。補助金制度「水素供給設備整備事業費補助金」が支援材料だ。13年度は45億９０００万円の予算を計上済みで、14年度には１００億円の予算へ拡大が見込まれている。

燃料電池車のチャンスは拡大していると見る。特に、二次電池の技術的なブレークスルーが遅れていることで、水素インフラ整備が加速度的に進むなら燃料電池車の普及を前倒しさせることも可能となってくる。日米欧ともに、産・官が歩調を合わせ２０１５年から普及拡大への施策が続く。ただし、まだ時間がかかるという認識を変えるところまでは来ていないというのが実情だ。最も積極的な取り組み姿勢にあるトヨタでさえ、普及目標は２０２０年代に年間数万台（数千台／月）のレベルを公表しているに過ぎず、規模感は非常に小さい。次世代環境車の本命との期待は大きいが、インフラ問題の解決が進展するまでは、簡単に飛躍する技術と過剰期待するべきではなさそうだ。

4　トヨタ自動車の環境技術戦略

環境技術の基本戦略

「環境のトヨタ」の名声を欲しいままにしてきた。ハイブリッド「プリウス」の成功がこの地位を揺るぎないものへ押し上げている。このクルマは奥田碩の強い熱意が後押ししたことでかなり早い段階で実現し、初代が1997年に発売され現在は3代目となる。2012年の販売台数は「プリウス」「プリウスプラグインハイブリッド」「プリウスV（日本名プリウスα）」「プリウスC（日本名アクア）」のシリーズ合計で89・3万台にも達し、トヨタのグローバル販売台数の実に10パーセントを占める同社のコアモデルに成長した。

トヨタの環境戦略は、ハイブリッドを戦略的コアにおきながら、全方位の次世代パートレインを幅広く技術開発することにある。したがって、どんな技術が主流になってもトップランナーの地位を狙える体制を整えることだ。唯一の弱点はディーゼルエンジンだが、BMWといすゞのアライアンスで補完が可能である。現在の最大の課題は、次期「プリウス」の燃費性能とコストバランスを大幅に飛躍させ、小排気量過給ガソリンエンジンに対する競争力を挽回すること、対応が遅れた小排気量過給ガソリンエンジンの製品投入を急ぐことの2点にある。

トヨタの環境技術に対する根本的な思想はエネルギー効率を極めるというところにある。化石燃料の枯渇と地球温暖化阻止という2つの重大課題に対し、エネルギー効率を極める技術を推進し、燃料多様化に対応するという2つの基本スタンスを持続的に基本戦略においてきた。経営戦略のコアにハイブリッドをおく決断は、「本質的な問題解決はエネルギー効率を高めることにつきる」と考え、ハイブリッドが本格的な解決策に貢献し環境製品に育つと読んだことだ。結果として、戦略は大成功となり、トヨタの製品競争力とブランド価値向上に著しく貢献した。

ＴＨＳのシリーズ・パラレル機構はデファクトへ

トヨタハイブリッドシステム（ＴＨＳ）の基本構造を開発した当初、システム選択にあたり、エネルギー効率が追求できる利点を判断材料として、2つのモーターを用いるシリーズ・パラレルハイブリッドシステムを選択した。当初は、システムが複雑かつ大型との批判があったが、いまや機構構造に若干の差があってもシリーズ・パラレルは、動力システムとしてハイブリッド技術のデファクトになりつつある。

ＴＨＳは駆動力のある大型モーターをシステムに取り込む。これは大型モーター技術の開発蓄積を高め、次世代自動車技術への応用力が高く有利な展開をもたらす。電池容量を増やし、充電装置を装着すればプラグインハイブリッド、電池を大型化しエンジンを外せば電気自動車、エンジンを燃料電池に付け替えれば燃料電池車に比較的簡単に進化できるのが、ＴＨＳの応用力の利点である。将来の技術を確実に読み込むことは困難だが、どんな技術展開へも迅速に対応できるのがこの戦略の優位性である。

図5-6 電気・ハイブリット・燃料電池〈各車の棲み分け例〉

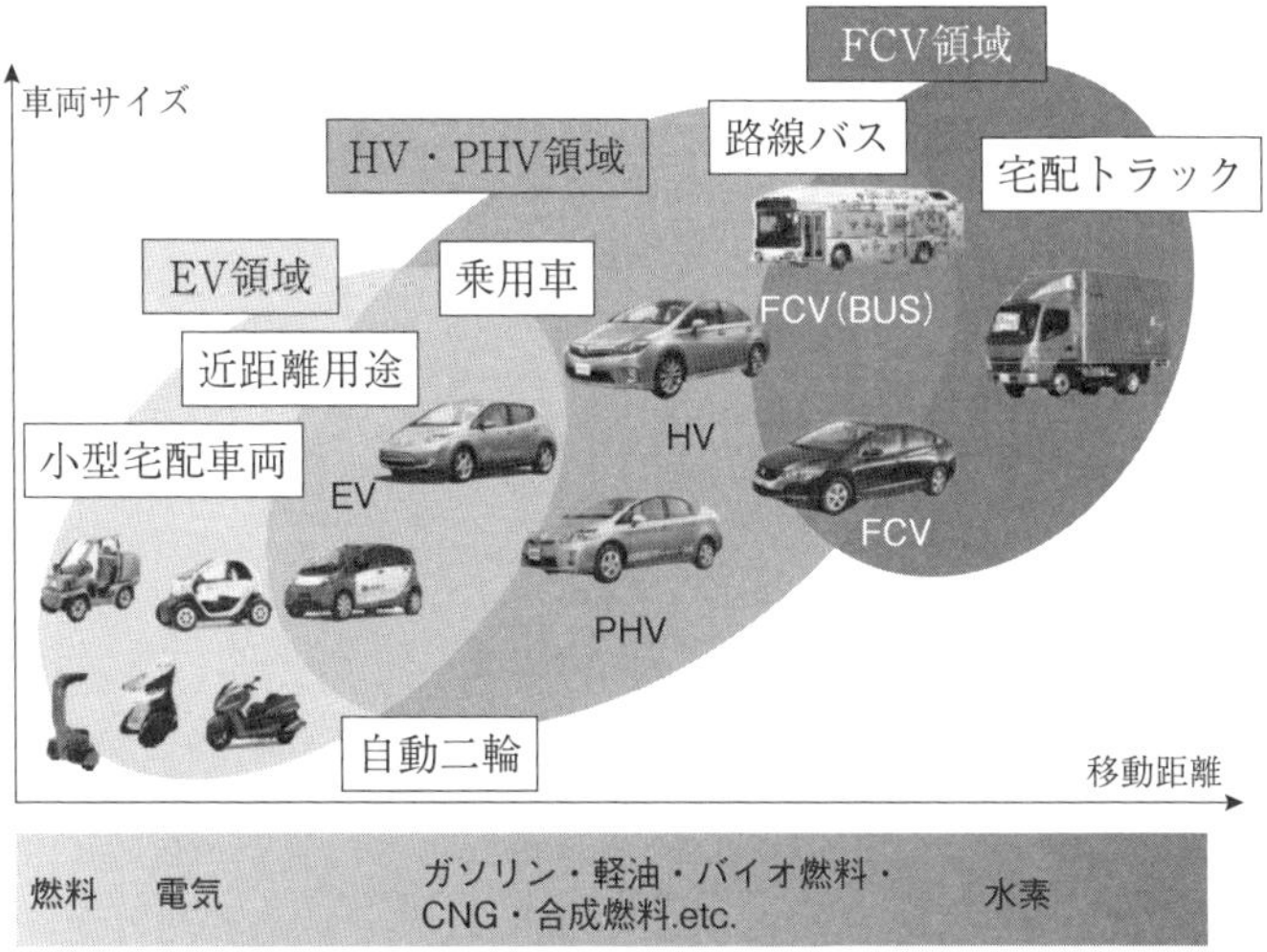

注：EV=電気自動車
HV=ハイブリッド車
PHV=プラグインハイブリッド車
FCV=燃料電池車
出所：総合資源エネルギー調査会基本問題委員会資料(2012年)、一般社団法人日本自動車工業会作成

応用力の高いハイブリッドを戦略的コアにおき、プラグイン、電気自動車、燃料電池車を世界トップクラスで幅広く技術開発することにトヨタは注力している。環境問題は政治的かつ経済変動の影響が著しく、企業が方向性を正確に予測し影響を及ぼせるものではない。環境技術の決め打ちは不可能であり、技術対応の幅を広く取ることが不可欠なのである。シナリオがどのように変化してもエネルギーの効率化という方向は絶対的必要要素であることには変わりがなく、ハイブリッド戦略で勝ち組にいることは素直に

図5-7　シリーズ・パラレル方式

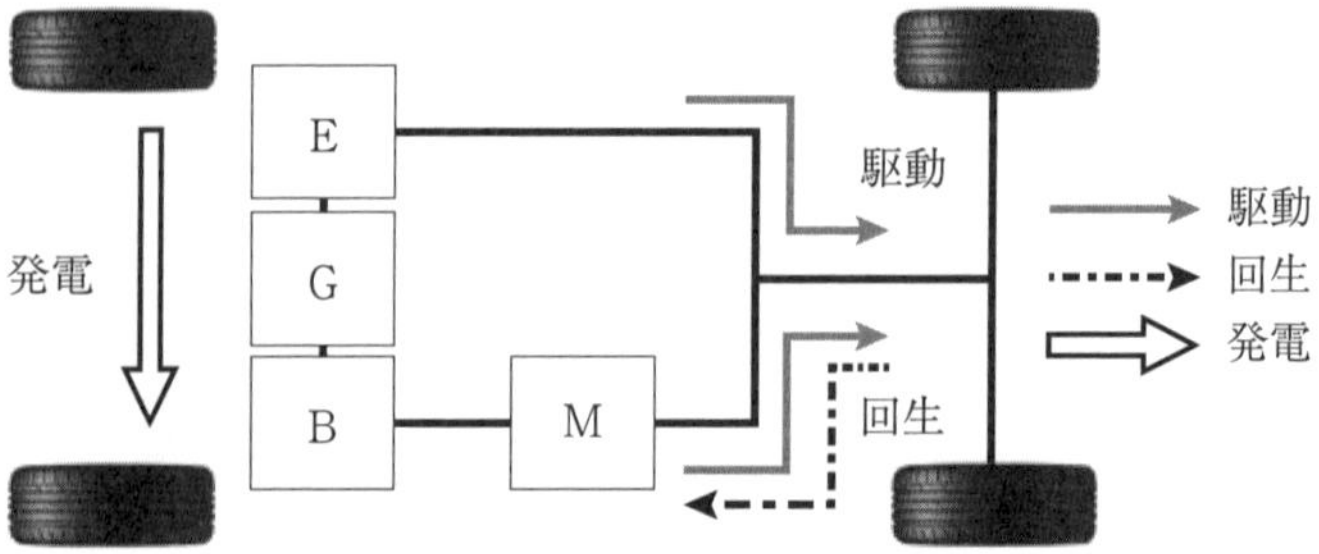

注：E=エンジン、G=発電機、B=電池、M=モーター
出所：トヨタ自動車資料に基づきナカニシ自動車産業リサーチ作成

アドバンテージと考えてよさそうだ。

ここでシリーズ・パラレル方式の動力構造について技術的な解説を簡単にしておこう。

エンジンが発電機を駆動し、発生した電力によってモーターが車輪を駆動する方式をシリーズ・ハイブリッドという。エンジンは車輪を直接駆動せず発電のみを行う。パラレル・ハイブリッドでは、エンジンの効率が悪い発進時や加速時にモーターが駆動をアシストするが、駆動は主にエンジンが行う。シリーズ・パラレル方式は、エンジンからの動力をプラネタリーギアを用いた動力分割機構により分割し、駆動力を自由にコントロールする方式である。電気走行、減速時のエネルギー回生や停止時のアイドリングストップも行う。2つのモーターを組み合わせる方式が主力で、高出力のモーターを組み込めば燃費改善だけでなくトルクアップによるパワフルな走行も可能となる。パラレル方式と同様にエンジンの効率が悪い発進や加速時にモーターが駆動し、また中速−高速走行時でもエンジンとモーターを複雑に組み合わせて、積極的に充電とモーター駆動を繰り返すのが特徴である。

内燃機関の挽回を急ぐ

従来考えていた以上に、ガソリン内燃機関の性能の向上が実現し、ハイブリッドの強力なライバルに浮上した。現在のトヨタの最大の課題は、競合他社に出遅れた直噴ガソリンや小排気量過給エンジンの競争力挽回である。これは技術力の差というよりは、優先順位のおき方と投資回収ポイントの考え方による経営判断の結果と位置づけられる。現実的にマーケットは小排気量過給エンジンを求めており、トヨタが今後どれだけ早く挽回できるかが注目ポイントだ。

ホンダは２０１４年までにほとんどのエンジンを直噴エンジンに変更し、１０００cc小排気量過給も導入を検討している。トヨタは直噴化と小排気量過給を同時に進めていかなければならないが、現段階では２０１４年に２０００ccの直噴ターボの投入が公表されているにすぎない。もっとも、ハイブリッド戦略と高効率エンジンは両立させることが理にかなった行動である。ハイブリッド性能引き上げには、モーター、インバーター、バッテリーというエレクトロニクス部品の性能引き上げと同じくらい、動力源である内燃機関向上を目指さなければならない。ハイブリッド戦略の基本に立ち返っても、エンジン性能の引き上げは急務といえよう。

トヨタは２０１４年以降、主力ガソリンエンジンの刷新を決定している。トヨタは２０１２年の環境技術開発説明会において、省エネルギーで従来型ガソリン、ディーゼルエンジンの性能引き上げ、燃料多様化では電気自動車、プラグインハイブリッド車、燃料電池車への取り組み強化を公表した。

出遅れ気味の従来型ガソリン、ディーゼルエンジンの性能引き上げが喫緊の課題として認識されている。ようやく巨像が動き出したという印象だ。パワートレインの性能改善で2015年までに10〜20パーセントの燃費性能の改善を目指す。

ハイブリッドで採用していたアトキンソンサイクル（圧縮比よりも膨張比を大きくして熱効率を改善した内燃機関の理論サイクル）を従来型ガソリンエンジンへ展開、欧州メーカーの得意な過給ダウンサイジングと燃料噴射の直噴化を進める方針だ。中型車の主力エンジンであるAR系エンジンをアトキンソンサイクル化、直噴エンジンとしてハイブリッド用エンジンに改良させ、2013年の「クラウンハイブリッド」に採用済みだ。このエンジンを2・0リットルにダウンサイジングさせ、ターボ過給した新型エンジンを2014年までに投入する方向である。トヨタのガソリンエンジンの切り替えは2014年以降数年間をかけて高効率へ切り替え、バリエーション数も大幅に削減する方向であるが、相当の時間を要する可能性が高い。オートマチックトランスミッションの世代交代にも注力し、小型をCVT、中型は8速を中心とする多段化ATの採用を進める可能性が高い。

2015年の次世代ハイブリッドの戦略的な意味

2015年初頭に次期型に切り替わることが濃厚な「プリウス」でTHSがどのような進化を実現できるかは最大の注目ポイントとなるだろう。「プリウス」はTNGAの設計概念に基づいた次期MCプラットフォームの頭出し車両としての注目度も高い。燃費性能は現行の32・6㎞／Lから最低でも10パーセント以上の改善が見込まれている。仮に40㎞／Lに近づくのであれば、エポックメーキングな技術的躍進を遂げることになる。

次世代ＴＨＳの飛躍はトヨタのハイブリッド戦略の成否を占ううえで非常に重要である。トヨタは次世代のＴＨＳに関して、38・５パーセントの熱効率を実現したＡＲ系エンジンを超える40パーセント以上の熱効率を実現したガソリンエンジンを次期型「プリウス」へ搭載する方向が示されている。ハイブリッドシステム自体は、従来通りのプラネタリーギアと２つのモーターを基本構成とするシリーズ・パラレルハイブリッドシステムを継続する公算だが、インバーター、モーター、バッテリーという基本コンポーネンツの大幅な性能向上に支えられ、小型化と高効率化を実現できる可能性が高い。インバーターは約４分の１へ小型化できる公算がある。ステーターが巻線からプレス形成に進化した小型化モーターの採用、小型化かつエネルギー密度を高めた新開発の電池が搭載されると予想される。大幅な進化が期待できそうだ。

軽く、小さく、高効率なシステムを確立できれば、電池容量やセッティングを変更するだけで「燃費と価格」「性能と燃費」など様々な用途、性能、商品特性に合わせた展開が可能となる。ハイブリッドの本格普及期に向けて、展開力を大きく高めることが可能となっていきそうである。

デンソーなどのサプライヤーの役割がさらに高まる可能性も認識すべきだろう。圧倒的優位性を維持できるなら、ハイブリッド構成部品の仕入れ先を外部顧客に展開するステージに差し掛かっていることは間違いないと考える。サプライヤーがトヨタ以外へのハイブリッド構成部品の拡販に手を伸ばせば、ハイブリッド市場の本格普及をグローバルにもたらすことを可能とし、数量増大はトヨタにとっても一段のコスト削減の力となりうるのだ。

多くの構成部品をトヨタは自前で開発、生産を続け、当初は大きな負担だったが内部にノウハウと技術を豊富に蓄積できた。多くのコストを既に償却、回収しているトヨタに対して、ライバルメーカーのエントリーコストは依然高いのが現実だ。ハイブリッド構成部品のコスト格差が大きすぎて、他社の参入障壁となり本格普及の足かせになっている。これはサプライヤーを巻き込んで廉価なシステムを広めていくことで大きなブレークスルーが可能であろう。

トヨタのハイブリッド戦略は、トヨタの母国、日本市場でのものづくりを支える力となっていくことも見逃せない。資源のない日本は加工貿易を失えば経済の衰退は避けられない。国際競争力を維持する自動車産業が高付加価値で骨太な環境技術開発を進めていく意義は大きい。ハイブリッド基幹技術のサプライチェーンが国際競争力を確立すれば、交易条件の悪化が少々続いたとしても加工輸出するビジネスの継続が可能となる。ハイブリッド技術を海外生産移管するタイミングには、燃料電池車の付加価値が加工輸出ビジネスを維持する構造を支えることも可能である。

トヨタがハイブリッドに戦略的コアをおくその背景には、自国の「研究と創造に心を致し、常に時流に先んずべし」「産業報国の実を挙ぐべし」とする創業者である豊田佐吉の遺訓「豊田綱領」の精神にも沿った意思である。自国を尊重する考えは非常にトヨタ的であるし、愛国的な行動はＶＷの経営にも強く通じるものがあるだろう。自信過剰に陥ることはいただけないが、世界のリーディング・カンパニーとなるには自国に対する自信と尊敬が必要だ。

5　VWの環境技術戦略

向かっている方向はトヨタと真逆

VWの1リッターカー「XL1」
出所：VW

欧州自動車メーカーが3リッターカー（燃料3リットルで100km走行できるエコカー）の開発にしのぎを削っていた2000年初頭、フェルディナント・ピエヒがVW開発陣に発動した指令が「ふだん乗りができて、1リッターの燃料で100km走行を実現するモデル」、いわゆる1リッターカーであった。この開発コンセプトで生まれた「XL1」は、2013年に生産モデルとしてベールを脱いでいる。

全長3888×全幅1665×全高1153mm、車重は795kg、カーボン（CFRP）モノコック構造をもつコンパクトなボディに乗員は2名、燃費は111km／L、CO_2排出量は21g／kmと非常に高いエネルギー効率を持つ。空力特性を表すCd値は0・189と、空力特性が極限まで追求された。パワートレインの特徴は、ディーゼル・プラグインハイブリッドにあり、800cc2気筒TDIエンジンと5・5kWhのリチウムイオン20kWの電気モーターからのハイブリッドパワーユニットと7速デュアルクラッチ・トランスミッション（DSG）が組み合わされる。

0～100km加速は12・7秒、最高速度は160kmと高い動力性能を持ち、フル充電なら50kmの電気走行距離を持つ。自宅で充電し、市内はゼロエミッション、郊外はエネルギー効率の高いダウンサイズ・ディーゼルエンジンを活用するプラグインハイブリッドだ。わずかに250台の限定生産となり本格的商業ベースに乗るのは遠い先の話の感はあるが、このクルマにVWの目指す技術ロードマップが積み込まれている。

その方向感は、ガソリンからディーゼル、ハイブリッドからプラグインハイブリッド、オートマチックトランスミッション（AT）からデュアルクラッチトランスミッション（DSG）であり、面白いくらいにトヨタが強化する方向性とは真逆を目指している。誤解をしてはいけないのは、あくまでも注力する方向性という意味に過ぎず、逆方向を否定している訳ではない。いかなる状況でも、既存パワートレインを一層強化しなければならない現実から逃避することはできないのである。

ディーゼル、DSG、プラグインハイブリッドの3点

2013年のウィーン国際自動車シンポジウムにおいて、ヴィンターコルンCEOは長期的なVWグループの環境技術戦略を示した。そのポイントは、⑴高出力ディーゼルを開発し、ダウンサイジングへの道を模索する、⑵DSGの進化を追求、⑶電化パワートレインの強化、特にプラグインハイブリッドへ注力する3点にあり、2012年で134g／kmの企業平均CO_2排出量（＝燃費）を

2020年までに95g／km以下へ低減し、欧州基準をクリアできる見通しを示した。

VWは内燃機関の強化を一段と極める考えであり、中でも次世代ディーゼルエンジンの開発を発表し、3000気圧の高圧インジェクションと電気ターボ技術を用いて、排気量1リッターあたり最高出力100kW（136馬力）の高出力ディーゼルを目指す。これでディーゼルエンジンのダウンサイジングのロードマップが見えてきた。DSGは10段への多段化を目指し、内燃機関の効率はさらに現在から2020年までに15パーセント改善できる見通しを示した。天然ガス車（TGI）への取り組みを注力する姿勢も改めて確認した。

クルマの電動化を推し進め、すべてのクラスで、ハイブリッド化、あるいは電気自動車化を予定する。中でも、50km程度の電気走行距離を持つプラグインハイブリッドを有望と示し、「ポルシェ パナメーラ」「アウディA3eトロン」「アウディA6」「ポルシェ カイエン」などのプレミアムに加え、「ゴルフ」「パサート」クラスへの搭載も展開する見通しだ。

ハイブリッドよりもプラグインが有望

「機は熟した」。電化に対して比較的慎重なスタンスに立ってきた、VWの戦略転換を示す強いメッセージをヴィンターコルンは発したのだ。単なる技術志向ではなく、ユーザーが望む経済性と性能を確立することが重要だと考え、内燃機関の効率化を優先してきた。その戦略の転換点が来たことを告げる。2013年フランクフルトモーターショーの前夜祭ともいうべきVWグループナイトでヴィンターコルンは電化パワートレイン（e-mobility）でVWグループが世界のナンバーワンを2018年までに奪取する意志を示した。

同ショーでは、「アップ!」と「ゴルフ」の電気自動車を発表し、「アウディA6」と「ポルシェパナメーラ」へプラグインハイブリッドを加えた。MQBモジュラーをベースにする、既存の量販モデルに電化パワートレインを付与し、既存の工場で生産することで早く、柔軟に、経済的に次世代パワートレイン搭載モデルを投入することが可能になるという。既存の内燃機関の燃費改善のリーダーシップを発揮し、幅広い技術レンジをカバーし、エネルギーリサイクルまで全体的かつ包括的に取り組み、ビジネス、環境、社会への責任を果たす考えだ。

姿勢で顕著なのはハイブリッドよりもプラグインハイブリッドの将来性が高いことを強調していることだ。ヴィンターコルンは「ハイブリッドよりもプラグインが有望」と主張する。トヨタが先行し圧倒的なコスト競争力を保有するハイブリッドよりもプラグインハイブリッドに移行する時期に照準を合せる。ただし、50㎞の電気走行距離は高密度のバッテリーを要するため、性能は高くともコストは著しく高くなる。ポルシェ、アウディなどのプレミアムで初期コストを吸収しながら、段階を追って大衆車セグメントに拡大させるとなれば、相応の時間が必要となってくるだろう。

TSI／TDIなどの内燃機関のリーダー

2005年以降、VWの内燃機関技術を進化させた、ダウンサイズ直噴エンジン、アイドリングストップ、ブレーキエネルギー回生システムなどを包括する「ブルーモーション テクノロジー」を全車種に展開してきた。直噴システムと過給機を組み合わせ、排気量を1・2Lや1・4Lにダウンサ

図5-8　TSIの構造

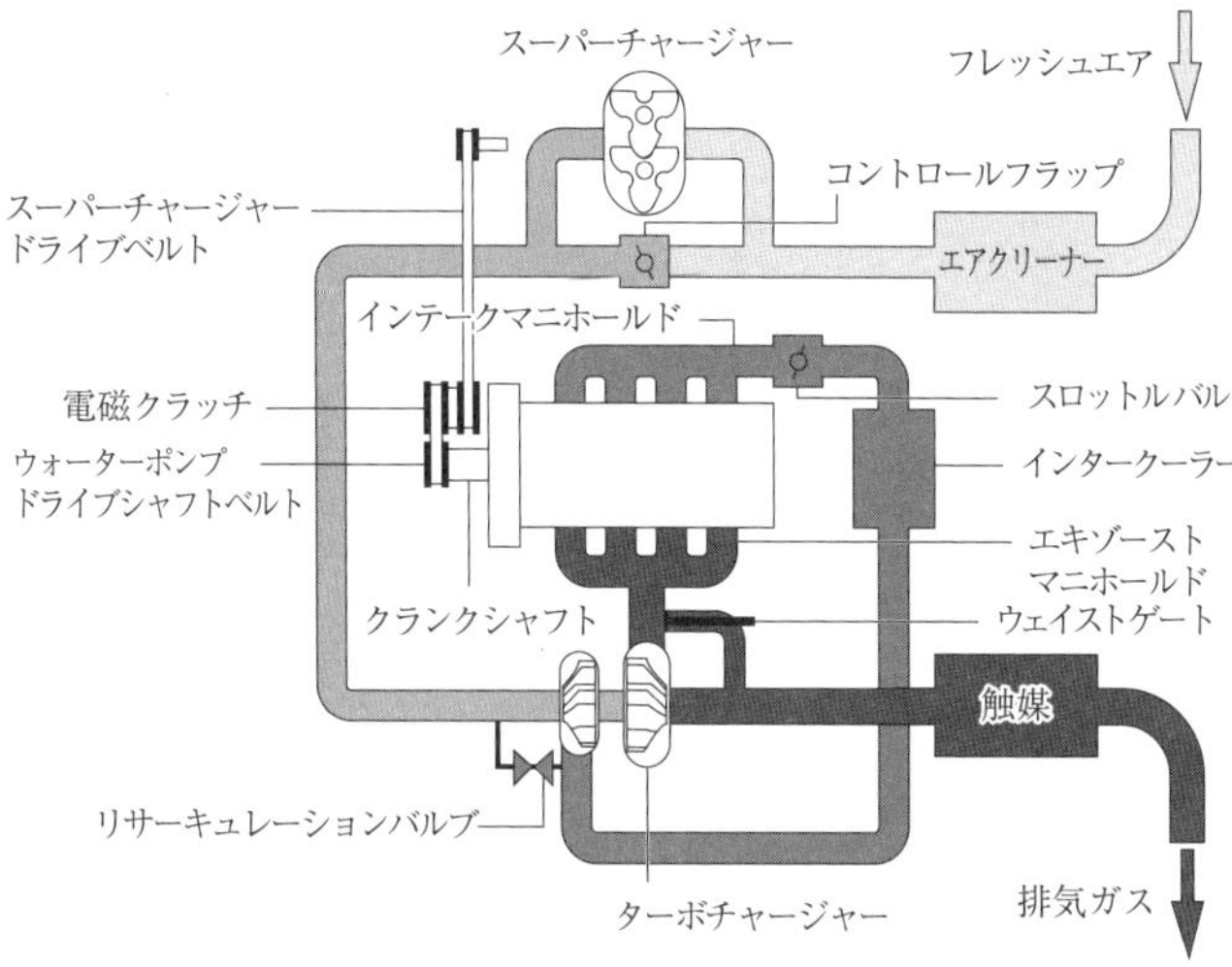

出所：日本自動車輸入組合ホームページ

イジングしたＴＳＩエンジン、トランスミッションでは７速または８速の「ＤＳＧ」を普及させてきた。目の前の世界で最も厳しい燃費基準をクリアしながら、走りを極めるという欧州の自動車文化が非常に競争力の高いエンジンを作り上げてきている。

過給器やＥＧＲ（排ガス再循環装置）で得られる高出力を利用し、小さな排気量で出力とトルクを達成することがＴＳＩの狙いだ。周知のごとくターボチャージャーにはターボラグ（減速後に再加速した際にコンプレッサーの遅延時間による出力ラグ）として知られる弱点もある。高性能モデルではその弱点をカバーするためにスーパーチャージャーと組み合せて過給機を２つに増やすなどの工夫も必要となる。複数の過給器、コストの高い部品装着、重量増などコスト的に不利な面が多々あり、数量をまとめないと競争力のあるコストに到達できない。

ここでもＶＷはプレミアムブランドのアウディ、量販のＶＷ、廉価のシュコダというブランドポートフォリオを活用し、高いコストをプレミアムブランドで吸収しながら、大衆ブランドや低価格ブランドで規模を獲得し、適切な収益性を管理してきた。

第6章

自動車産業の合従連衡

——ドラマよりもドラマチック

1 世界の自動車再編

自動車再編へ突き動く

自動車産業は1990年代までは地域特性が高く一定の貿易規制のある地域産業の側面が強かった。設計概念の変化や産業構造の変化も比較的穏やかで、民生電気産業のような革命的なアーキテクチャの変化や一国の産業基盤を覆してしまう無慈悲な産業基盤転換が起こるような産業ではなかった。先進国家の戦略的な産業・雇用基盤を担い、社会的、政治的な影響を色濃く映し、欧州、米国、日本ともに独特な特徴を持ちながらグローバル競争にさらされるという産業特性を持っていた。大幅に淘汰される懸念を感じた欧州自動車産業もいきなりその姿を変えた訳ではなかった。1990年代までは時間の経過は比較的ゆっくりと進む産業であった。

象徴的な転換点となった出来事が1998年のダイムラーとクライスラーの大合併であった。この大合併は世界の自動車産業の構造とグローバル競争の根底を覆す大変化の号砲となった。両社がいかなる動機を持って合従連衡に飛び込んでいったかは後述するとして、M&Aが単なるブームとして意味を持たなかったとか、規模を追求した安易な「数合わせ」ゲームだと切り捨ててしまうことは大局を見落としている。その後、両社が解消の結末を迎え、多くの買収事案が解消に向かったことは事実だが、戦略性に裏付けされた資本提携は強固な国際競争力の源泉となっている。

先進国、新興国を含めて、設計、調達、製品、ブランド、技術といった企業戦略をグローバルな視野で構築することは不可避となっている。自動車産業は、地域性を主体におく競争条件から、国家や地域をはるかに超えたグローバルな競争環境に2000年代から大きく進化しているのである。穏やかな資本提携を推進する形の合従連衡にスタイルを変えながらも、グローバル規模での技術・事業提携が激しく推し進められている。

自動車合従連衡の3つの時代的背景

1990年代以降の世界的な自動車合従連衡には3つの時代的背景があった。第一に、地域的に最も閉鎖的で市場分散度が高かった欧州自動車市場が、1990年以降規制緩和と市場自由化の流れに転じ、生き残りの戦略性にM&Aが不可欠であったことだ。第二には、同時に、大型エンジンやトラックシャシーに成り立つ古いビジネスモデルで勝ちすぎた米国メーカーの、旺盛なキャッシュフローに支えられたバブル的な経営姿勢とサービス業容転換を狙った戦略があった。第三に、1990年代に入り円高、国内バブル崩壊、貿易通商摩擦などで競争優位を失いかけた日本メーカーの生き残りに向けた戦略性があった。

折しも、時代は世界経済と金融のグローバル化とIT化が著しく進捗し、母国地域を超えた大規模なオペレーションが戦略性を持って構築できるようになり、グローバルな規模拡大が国際競争力の獲得に直結できることになった。成熟期を控えた先進国市場に次ぐ成長戦略として爆発的成長が近づく新興国での展開が鍵となり、地域、商品を多角化する必要性に迫られる。決定的な動機は、安全などの法規対応、燃費などの環境規制対応、自動車の電子化が及ぼす技術革新に向けた先行投資負担の著しい増大にある。これらの複合的課題の解決には、グローバルな視野で戦略的なアライアンス、事業補完構築を進め、調達、製品、ブランド等の戦略構築が不可欠となったのだ。

規模の追求と一括りにしてしまうことは自動車アライアンスの本質としては適切ではない。もちろん、産業の裾野の膨大さゆえに自動車産業にとって規模は重要な競争力の源泉である。しかし、規模が競争力を決定させるものではなさそうであり、事実、最も規模を誇ったGMの経営が大きく傾いてしまった。規模ゆえに構造変化への対応が緩慢となる。規制や設計概念が大きく変化するときに、規模は弱点に転じる。70年代のGM、2000年代後半のトヨタの停滞はその象徴的な例だ。逆に規模が不足した結果、経営が根本的に成立できないという決定的な根拠はない。

戦略的な欧州陣営

1980年代の欧州自動車市場は保護政策が色濃い産業に長期に留まり、域内市場シェアは寡占化が遅れ、欧州メーカーは技術的なイノベーターではあっても非効率的で官僚的な体質に窮してきた。日本車の脅威にさらされ先行して経営改革を実施した結果、いち早く世界競争力を挽回したGMを含めた米国自動車メーカーよりはるかに欧州メーカーは競争力引き上げで出遅れていた。1990年に入り欧州は、統合と市場競争の導入を進めるのを機に、その均衡は崩れ、大競争時代に突入する。生き残りをかけた改革と戦略的企業行動が活発化し、マルチブランド化、プラットフォーム推進、外部シナジーを早期に実現させるM&A戦略が加速度的に進行する。

図6-1 世界の自動車合従連衡の流れ

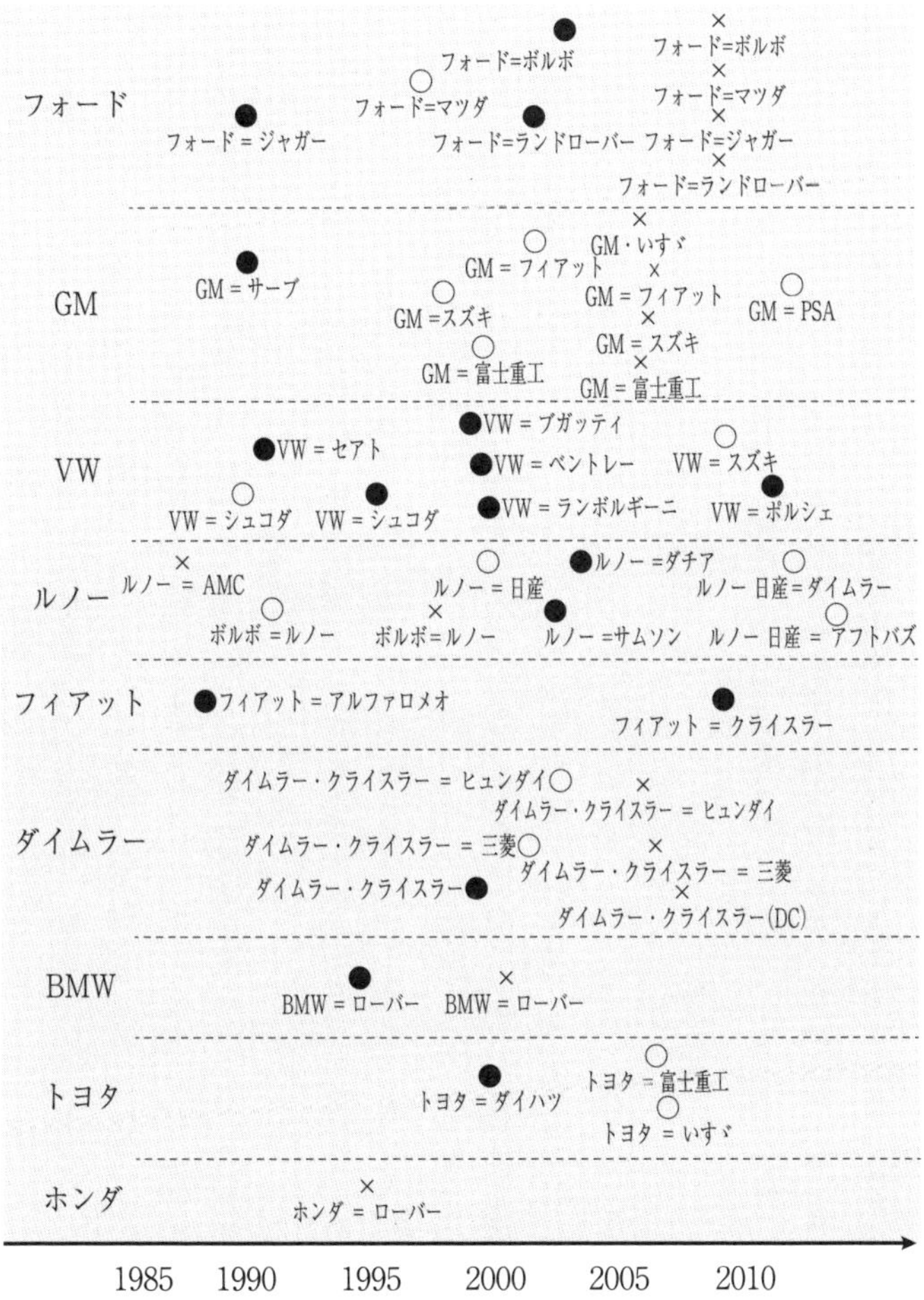

注：○過半数未満；●過半数以上；×解消、商用車を除く
出所：藤本・ヘラー（2007）、ナカニシ自動車産業リサーチ

この流れの中で、VWはシュコダ、セアト買収で先行し、いち早くグローバル化で抜け出す。1998年のダイムラー―クライスラー合併を契機に、ピエヒに先導されたVWはベントレー、ブガッティ、ランボルギーニといった高級ブランドを立て続けに買収、BMWはローバー（のちにミニのみを保有）を買収、ルノーによる日産自動車への出資、フォードのジャガー、アストンマーチン、ボルボ乗用車の買収、GMはサーブ買収とフィアットとの資本提携を進めるなど、国境を越えた大型M&Aが連続する。

「400万台クラブ」を根拠のない幻想に躍った規模拡大ゲームと切り捨てる解釈もあるが、欧州メーカーは欧州統合という歴史的経緯の中で戦略的なM&Aを実行してきたと考えるべきだ。確かに、経営危機からグループ解体に追い込まれた米国メーカーとユルゲン・シュレンプの経営が災いしたダイムラーの2つを基軸にした資本提携群はその多くが崩壊した。一方、戦略的基軸を持つVW、BMW、ルノー陣営は比較的安定したアライアンスを持続させ、着実に陣営の国際競争力引き上げに成功しているといえるだろう。

バブルに踊った米国陣営

米国メーカーの買収行動は、背景も動機もその帰結も大きく異なる。1990年代、好調な業績と業容転換を狙ったGMとフォードは著しく膨張主義を取るわけだが、そのほとんどが業績悪化と経営破綻の過程で解体へ向かった。1970年代以降、日本メーカーが起こしたリーン改革の挑戦を受け、2度のオイルショック、排気ガス規制強化に適応し、当時の世界の自動車産業の覇者であった米国メーカーは国際競争力を大幅に後退させた。しかし、１９８０年代に彼らは日本的リーン生産システムを徹底して学習し、生産システム、調達構造の改革に比較的早く着手して弱点の克服を急ぐ。同時に、政治的介入で圧力を加え日本メーカーの進撃を押さえ込む間に、伝統的なボディ・オン・フレームのビジネスモデルの再強化を実施する。大型ピックアップとＳＵＶの商品開発で先行し、独壇場の市場を作り上げていく。バブル経済崩壊、国際通商問題の圧力を受ける日本メーカーの国際競争力停滞を尻目に米国メーカーが逆転を演じるのであった。

この古い構造で勝ちすぎることが後に規模の弱点へ災いの原因をつくるわけであるが、当時、異様に収益は拡大し、多大なキャッシュフローが彼らの膨張主義を芽生えさせる。米国におけるインターネットバブルは製造業のオールドエコノミー化、情報・サービス事業の台頭を迎え、ＧＭ、フォードは自動車製造のアウトソーシングとサービス事業拡大へ経営戦略の舵を切ることで傷をさらに深める。この結果、過剰なほど、欧州、アジアメーカーとの資本提携が進められ、管理不能なほどにプレミアムブランドのポートフォリオ分散が行われる。

根拠に乏しい膨張主義、買収合戦に突入していくなかで進められた、ＧＭによるハマー、富士重工業、サーブ買収、フォードによるプレミア・オートグループ（ＰＡＧ）の形成はそのような一例であり、シナジー効果の乏しい買収劇となっていく。日本の自動車メーカーは欧米自動車メーカーのＭ＆Ａ戦略に呑み込まれ、ＧＭ傘下にスズキ、いすゞ、富士重工業、フォード傘下のマツダ、ダイムラー傘下の三菱自動車、ルノー傘下の日産という4つのグループに集約されていく。トヨタはダイハツ工業と日野自動車への出資比率を50パーセント以上に高め、系列サプライヤーの出資構造を改革し、グループ結束力を高めて抵抗する。中堅規模ながら独立を維持できたのはホンダだけであった。

1999年10月に公表されたカルロス・ゴーンの「日産リバイバルプラン」を固唾を呑んで見守っていたのが富士重工業であった。ゴーンの描いた日産自動車の復活シナリオには、当時日産グループ傘下であった同社の役割はまったく含まれておらず、4社を残してすべての保有株式を売却するゴーンの資産再構築計画の中で株式は売却されることが不可避であった。これに目を付けたのがGMとフォードの2社であった。富士重工業との資本提携はGMアジア・パシフィック地域担当役員が主導して交渉を実施した。買収用コードネーム「スター（星）」と名付けられた富士重工業とはシナジー効果が限定的であることを承知したうえで交渉を進めていた。ライバルに星を奪われて自分たちの出世に響くことを最も恐れていたのである。

両社を天秤にかけ、富士重工業はGMとの戦略的資本提携を選択し、2000年に21パーセントの出資（1403億円、転換社債希薄化後で出資比率は20パーセント）を受ける。これを原資に、プレミアムブランドを持ったグローバルプレイヤーへの進化を目指すという新戦略を選択する。日産や日本興業銀行（当時）の支配を抜け出し、自由、ブランドの理想、魅力的な商品作りの陶酔感の中で、経営は目立った成果を上げることができず大幅な方向修正を余儀なくされる結果を迎える。この時、商品と技術を米国市場へフォーカスし、バリュー（価値）重視のブランド戦略を取ったことが現在の業績飛躍の原動力となる。

ダイムラー・クライスラーの崩壊

世紀の合併と呼ばれたダイムラー・クライスラーの現実は厳しい展開を迎える。クライスラー事業は合併前の最高益から急転直下、赤字ユニットに転落し、構造改革努力も気泡となり２００７年に合併は解消される。クライスラーは２００９年に経営破綻し、米国投資ファンドの手中に収まった後に、イタリアのフィアット傘下で経営再建に何とか漕ぎ着ける。

国境を超える企業文化の融和の困難さを露呈することとなった。合併は対等の関係をうたったが「支配－被支配」の関係を求めがちなドイツ的経営感覚がクライスラーの崩壊を早め、資本の論理を優先した自動車産業でのM&Aの有効性に大きな疑問符をつける結果となった。合併当初から、対等とは名ばかりで実質的にダイムラーによるクライスラーの吸収という見方が強かった。日本的生産システムに学び、商品力を改善し、消費者と良好な関係再構築に成功してきたクライスラーの米国ビジネスをこれほど早期に混乱させたのは、支配を求め企業融和を急ぐドイツ的な経営感覚が災いしたといえよう。内部崩壊と外部環境悪化が負のスパイラルを生み出し崩壊を迎えた。

ＣＥＯのユルゲン・シュレンプは、ダイムラー・クライスラーの3年間で30億ドルといわれた事業統合とシナジーを最優先させるため、共同購買や工場の相互利用プロジェクトを立て続けに着手していた。しかし、人材の融合はほとんど進まずダイムラー主導色が鮮明となっていくなかで、合併翌年には旧クライスラーの有力人員の流出が驚くほどのスピードで始まる。１９９９年9月に投資家から最も経営手腕が評価されてきた社長のトーマス・ストールカンプの突然の辞任の報に、同社の米国オペレーションの混乱が際どいところまで追い込まれていることは確信に変わる。当時の米国メリルリンチの自動車アナリスト、ニック・ロバカルロは、「もはやボブ・イートン共同会長兼CEOは会社の何も掌握できていない。ストールカンプの退社は決定的な証左であり、クライスラーは深刻な経営混乱に見舞われるだろう」と投資家に警告を発した。2000年3月にイートンも予定を1年半も繰り上げた退任に追い込まれクライスラーは混迷を極めていく。

アジア戦略も大きくつまづく。現代自動車との資本提携は2004年に解消され、戦略の要と見られた三菱自動車はリコール隠し事件などの不祥事が相次いだ結果、経営再建支援を断念し資本提携も解消した。クライスラーと三菱のプラットフォーム共通化はほとんど実現できず、共同開発した「スマート」も期待の成果は上がらなかった。再建道半ばで裸同然で放り出された三菱の苦悩は計り知れず、長期にわたって三菱グループの庇護の下で再建を続ける羽目になった。ダイムラーのシュレンプが最初に白羽の矢を当てたのは日産自動車であった。支配を求めるダイムラーの姿勢に日産は条件をのめず、結局、日産はルノーと提携する。ゴーンの経営力もさることながら、フランス的な時間をかける融和策が日産の再建成功への基盤となったことは否定しがたいだろう。

GM帝国の崩壊

経営危機が深刻化する中で、GMはアジア、欧州の提携関係の見直しに着手する。欧州では、2005年に2100億円の違約金を支払ってフィアットとの資本提携を解消した。アジアでは2005年に富士重工業との資本提携を解消し、保有株式の一部をトヨタへ譲渡する。2006年に

図6-2　GMの資本提携関係の構図

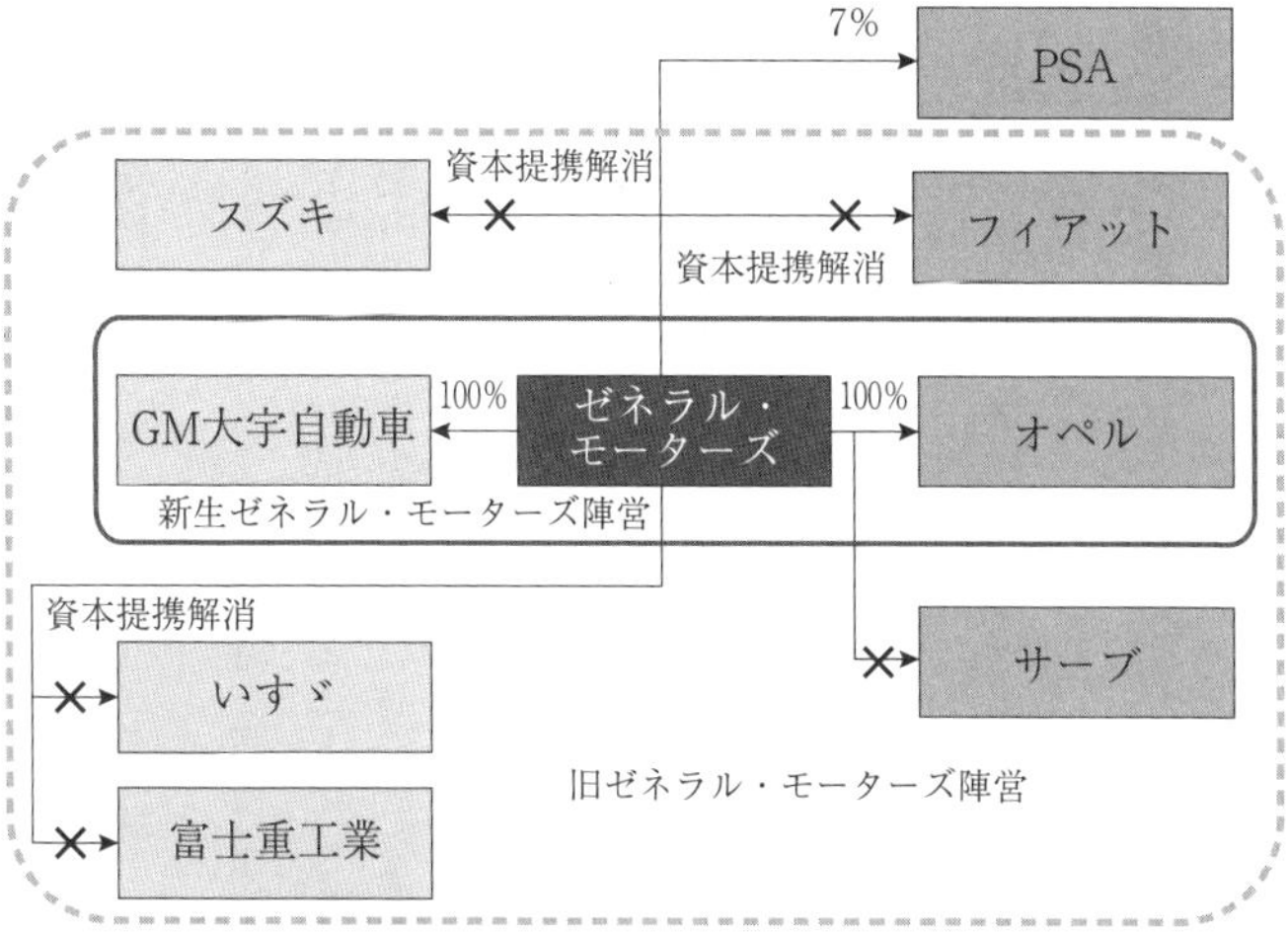

出所：ナカニシ自動車産業リサーチ

は、いすゞとの資本提携を解消し、スズキへの20パーセントの出資比率も3パーセントだけを残して全株をスズキに売却。2008年のGMの経営危機の中で残りのスズキ保有株式もすべて売却され1981年以来の長期的な提携関係は終わりを告げる。いすゞ－スズキ－富士重工業という日本メーカー3社との提携関係の清算に動き、韓国のGM大宇、中国の合弁会社である上海GMを基軸に本体と一元化したアジア戦略の選択を実施する。

2009年に経営破綻を機にスウェーデンのサーブ、高級オフロードのハマーも売却する。米国内のチャネルはポンティアック、サターンを閉鎖し、シボレーとキャディラックを中心とする4つのチャネルに経営資源を集中させる大規模なリストラが実施される。GMが築いていた資本提携関係は大幅に縮小し、かつて謳歌した世界的覇権構造は見る影もなくなったのだ。

穏やかな資本提携の時代、それでも合従連衡は続く

ダイムラー・クライスラーの崩壊を契機に過激な国境を越えた自動車産業の資本提携は収まり始める。企業文化の融和に時間を要することを考慮すれば、業務提携を優先させ提携のメリットを顕在化させる脱支配の提携関係が主流となってきた。ルノー・日産アライアンスのダイムラーとの業務・資本提携、GMとフィアットの業務・資本提携、フォード支配を脱したマツダの資本提携を伴わないアルファロメオとの業務提携などが好例となる。

この流れが決定的となったのは、グローバル化が進展しても、自動車産業と国家経済や雇用政策とは切れない関係であることが浮き彫りとなったためである。リーマンショック後の金融危機の中で各国の自動車産業が破綻の危機に直面し、自国経済と雇用を防衛するために各国政府の公的資金が導入された。しかし、国を超えた資本提携が進む中で、公的資金が他国の自動車産業を支えることは許されない。GMとオペル、日産とルノー、クライスラーとフィアットなど国家間の難しい舵とりがあった。支配欲に駆られた提携構築は下火となり、穏やかな資本提携を推進する形の合従連衡にスタイルを変えてきた。

そうはいっても、グローバル規模で戦略的なビジネスモデルを構築することは現在の自動車産業の競争力を決定する重要な要素となっており、この基調は今後さらに加速化するだろう。先進国、新興国を含めて、企業戦略をグローバルな視野で構築することは自動車メーカーの競争優位を構築するう

えで不可欠となってきた。すでに触れたように、環境技術にも、明らかに決め打ちできる確信のある技術は存在せず、ほぼすべての領域で技術蓄積が求められる。アライアンスを駆使して補完関係を持つことは極めて重要だ。新興国と先進国のアーキテクチャも将来融合が予想される。そうなればコスト構造も収斂する方向性があり、先進国でのコスト低下を乗り越える世界的なアーキテクチャの構築と回収できる強いブランド戦略も求められる。自動車産業は、地域主体の競争条件からグローバルな競争環境に大きく進化しそのダイナミズムも激しさをましている。

2　ルノー・日産の成功

再建には8000億円近い資金注入が必要

過去10年で飛躍的に競争地位を向上させ、トヨタとVWを脅かすトップグループに割り込む偉業を成し遂げたのがルノーと日産の国境を越えたM&Aであった。国境を越える自動車産業の資本提携ではいかに文化の融合に配慮を必要とし、経営のリーダーシップが必要であるかを示す最良のケースである。

日産は1980年代の無謀な海外展開、系列サプライヤーグループの高コスト体質、リターンを生まない過剰な固定資産、4兆円の借入金の中で、1999年3月期から4年連続の最終赤字に喘ぎもがいていた。1996年に塙義一が社長に昇格し構造改革に挑戦した結果、1997年3月期に小幅黒字に転換したものの再び赤字体質に転落、1997年の大手銀行、証券が破綻に追い込まれた金融危機の中で資金繰りに窮していた。メインバンクの金融支援が望めない中で自主再建の可能性は断たれたにも等しい。塙の最大の仕事は生き延びるための合従連衡の道しかなかった。再建には8000億円近い資金注入が必要だと見られ、それも時間との戦いであった。

塙と当時のダイムラー・ベンツCEOのユルゲン・シュレンプが初めて接触したのは1997年秋のフランクフルトモーターショーの場だったといわれている。世界最高の自動車会社を作る野望を心にするシュレンプは、クライスラーへは合併を視野に入れた資本提携の提案を投げかけながら、ほぼ同時期に日産へ触手を伸ばしていたわけだ。塙へは当時日産傘下であった日産ディーゼルへの資本参加を含めたトラック事業提携を匂わせる。資本提携を模索してきた塙にとってダイムラーは望める最良のパートナーに映り、日産本体との資本提携に発展できる渡りに舟の話であった。シュレンプは日産ディーゼルに留まらず、日産本体への出資へ意欲を持っていた。2人の気持ちは通じあっており、日産ディーゼル出資を固め、日産本体への出資案件に発展させる空気で満ちていた。

1998年に入って流れは大きく変わる。ダイムラー・クライスラーの電撃的な合併はトントン拍子に1998年5月に発表へ漕ぎ着け、概ね機関決定していた日産ディーゼルへの出資が合併作業を優先するため先送りとなった。そんな中、クライスラー経営陣はイートン会長、ストールカンプ社長ともに日産の経営、財務体質を著しく懐疑的に見ていたため、日産出資案件の抵抗勢力となってしまったのだ。

「そんな会社は錘をつけて太平洋に沈めたい」

投資銀行家の中で日産自動車を表す暗号を「パシフィック（太平洋）」と名付けていたため、取締役会でイートンはそう吐き捨てたという。

座して死を待つより打って出るべし

ちょうどその頃、フランスのルノーの経営陣の心中は穏やかではなく、焦りから実行への転換を迎える。ダイムラー・クライスラーの合併発表とシュレンプの世界的な合従連衡への意気込みの強さを強く警戒したルノーは、日産に申し入れてきた業務提携を抜本的な資本提携戦略へ転換させなければならないことを決意するのだ。１９９８年6月、ルイ・シュヴァイツァー取締役会長兼ＣＥＯは極秘に来日し、塙に直接的に資本提携の意思を伝えた。

この段階では、日産にすれば抑え案件程度に過ぎなかったが、ルノーは座して死を待つより打って出るべしという必死の心境にあったのだ。日産への資本出資は巨額の資金を要し、共倒れにもなりかねない賭だったのだ。劣勢の挽回には早期に好条件を提示するほかない。33・４パーセント以上の出資比率を条件に一株あたり４００円という買い値をかなり早い段階で提示していたルノーの不退転の決意が後々の交渉妥結に奏功するのである。

同時期に、ジャック・ナッサー率いるフォードが日産への出資に興味を示し、ダイムラー・クライスラー、ルノー、フォードという独・仏・米の世界メーカーが出揃った出資交渉が始まった。一見、引く手あまたに映る三国一の花嫁である。しかし、交渉は容易ではなかった。ダイムラー・クライスラーとフォードは社内意見が一致しないだけに留まらず、意思決定が非常に複雑であった。塙は交渉の複雑さに翻弄され時間だけを失っていく。時間との勝負の中で、1999年に入り資金繰りも限界に近づきつつあり、ルノーとの資本提携にしか道がないことを塙はこの段階では覚悟し始めていたようである。ルノーとの提携交渉の詰めを急いだ。ダイムラー・クライスラーの取締役会の説得に失敗したシュレンプは同年3月10日に突如来日し、日産自動車、日産ディーゼルへの出資交渉を打ち切る電撃会見を実施した。新聞は交渉打ち切りが日産を窮地に追い込み、ルノーとの提携への転換が厳しい交渉となる見通しを報じたが、実際には、ルノーと日産の両社は契約の詰めの段階にいたわけだ。

シュレンプの交渉打ち切り発表からわずか17日後にはルノーと日産の資本提携は正式発表に到達する。日産自動車に5907億円、日産ディーゼルに93億円、日産欧州販売金融に380億円、日産南アフリカに50億円、合計6430億円もの巨額資金がルノーから投下された。シュヴァイツァーは当時ルノーの最高執行責任者（COO）を務めていたカルロス・ゴーンに日産再建を託し副社長兼COOとして送り込む。塙社長、安楽CFOなど当時の日産経営陣の立場を残しはしたが、経営の主導権はルノーから送り込まれた経営チームが完全に掌握する二枚看板の融和策を取る。「弱者連合」「乗り越えられない企業文化の差」などと、アナリストはこの資本提携に非常に懐疑的な見方を投げつけた。この、日・仏連携が最も成功する国際的なM&A事例になるとは想像だにしなかった。日産のCEOとなるカルロス・ゴーンの経営力、時代が求めるグローバル化への対応力が新たな競争力を左右する点を見落としていたためである。

日本を変えるゴーンに乾杯

ゴーンは提携発表直後から日産の世界の販売、製造拠点の視察を実施し、従業員、経営者との意見交換に励み病巣を探り始めていた。提携発表から3カ月が過ぎた1999年6月、米国日産の主力工場を構えるテネシー州ナッシュビルの近郊にあるスマーナ工場をゴーンが訪れる機会に、日産の広報IRへの異動が決定していた、ルノーのIR担当のドミニク・トローマン、日産自動車の米国駐在IR担当者のジェリー・スパーンらはゴーンと米国有力ファンドマネジャーや証券アナリスト、投資家との会談をセットアップした。ロサンゼルスを拠点とする米国大手投信会社の剛腕女性ファンドマネジャーや、日本文化を深く理解し驚くほど流暢な日本語を操るアナリストなど、彼らが支配する資金量は軽く数千億円はある面々だ。

コストカッターの異名とは違う大人しい印象でゴーンは会場に現れ、これまでの各地域でのミーティングからの学習内容と認識課題、病巣のポイントを淡々と説明した。日産の問題点を短期間で正確に認識していることに皆驚かされた。企業経営ガバナンスが分散しており、業績重視に欠けている、競合他社動向に目が向きすぎて本質的な顧客主義が欠けている、危機意識、危機管理能力が欠落している、「真のグローバル経営」体制に成長できていない、属人的関係が重要視されており、組織力が弱体化しているなど。

「これらの病巣を日産のアイデンティティーを失わずに治療することが自分の役割だ」

これらの問題点は日本的経営モデルの弱点にも等しく、改革実施にあたって伝統的な経営モデルの変革に踏み込もうとするゴーンの意気込みとダイナミズムに興奮した。ゴーンは日産のクルマづくりとエンジニアリングの根本的な力が確固として存在する会社であることを強く確信しており、マネジメントの仕組みを変えることでその実力を発揮できることを強く主張し、日本的商習慣のタブーに切り込む覚悟も示した。

「ゴーンは日産を変えるだけではない。日本を変えるゴーンに乾杯」リーダー格の剛腕女性ファンドマネジャーが立ち上がり、白ワインが注がれたグラスを差し出し乾杯の音頭をとった。会議に出席した投資家たちが集まった少し早いディナーの席は、日産の変貌とその影響が及ぼす日本の進化への期待と興奮に包まれていた。

NRPとその後のルノー・日産の成長

1999年10月にゴーンは「日産リバイバル計画」を発表し、日本的経営では踏み込めない激しい処方を実施したことが、その後の競争力と収益力の劇的な改善を実現させる原動力となった。投下資本利益率を用いる評価軸の徹底、コミットメント経営、人材調達のグローバル化、ストックオプションを用いた報酬制度など、日本的経営でもいまや当たり前となった手法はゴーン改革がもたらした変化である。人員削減、設備能力削減に留まらず、資産・事業・持ち株を含めた抜本的な資産再構築と日本的な系列経営の軌道修正を含めた抜本改革を断行した。日産ディーゼルはボルボ、富士重工業はGMへ売却、数多くの日産系部品メーカーは世界的なサプライヤーに呑み込まれ、池田物産はJCIと企業統合、市光工業はバレオのグループに入ることになる。

図6-3 アライアンスの資本関係と統治構造

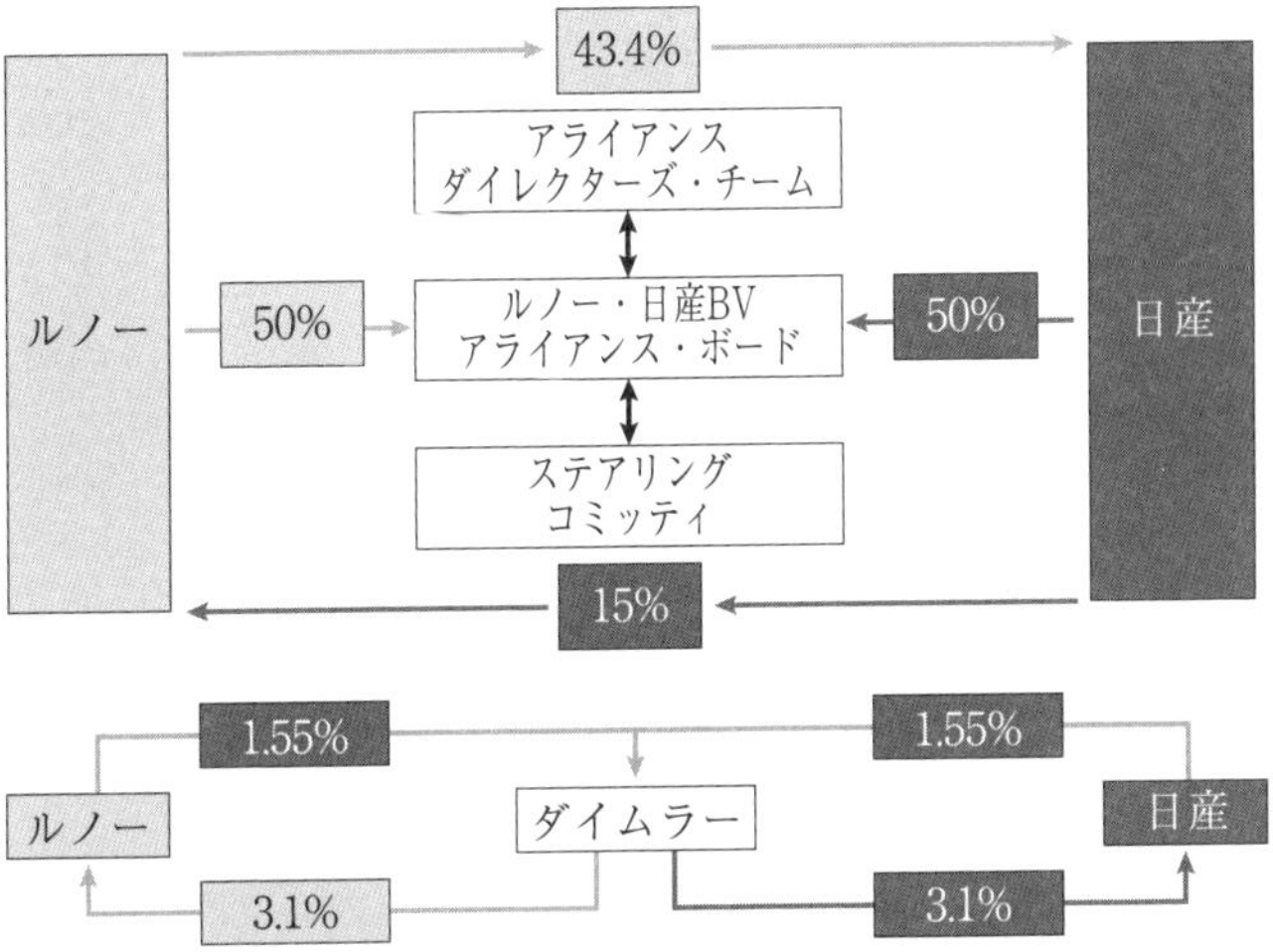

出所：日産自動車ホームページ

ルノー・日産アライアンスには、他の合併や提携にない2つのユニークなポイントを挙げることができるだろう。第一に、ルノーは日産の株式の43・4パーセントを保有、日産はルノーの株式の15パーセントを相互保有する独立尊重の持ち合い構造を維持していることだ。日産が保有する自社株を調整すればルノーの出資比率は実質47パーセントへ上昇していることや、日産は議決権がないルノー株式を保有しているに過ぎないことから、実体としての親子関係は明白だが、経営の独立性を維持、尊重する役割を果たす。ルノーから変な落下傘役員が降りてきて日産経営を混乱させることはまず皆無である。

第二に、ルノー・日産アライアンスの共通戦略の構築、アライアンスシナジーの管理、購買、IT、資金管理などの共通本社

図6-4　日産自動車の営業利益、世界販売台数の推移

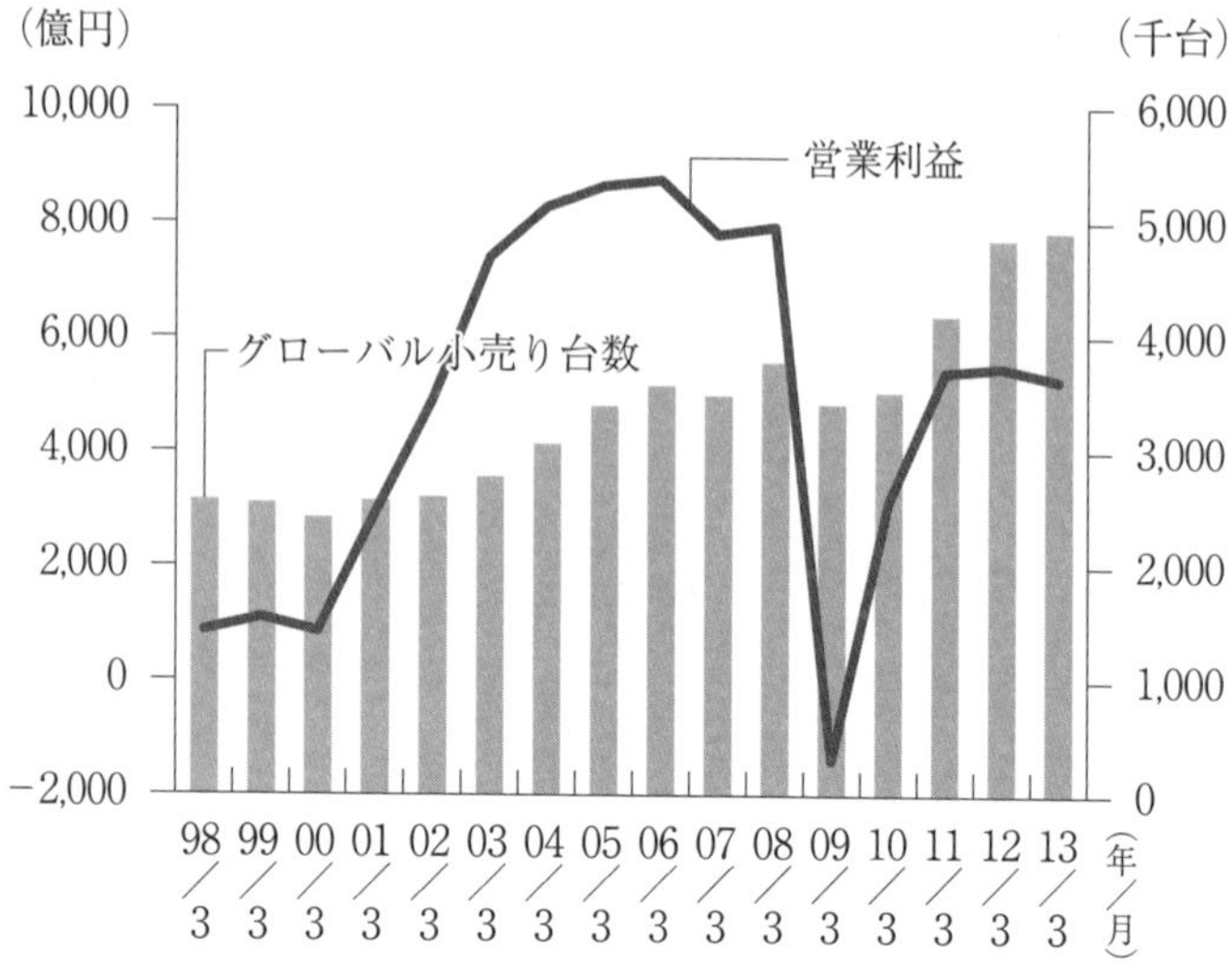

出所：日産自動車

機能を持つルノー・日産ＢＶを対等出資で両社の傘下におくことだ。ルノーと日産が対等の立場でルノー・日産ＢＶを運営し、アライアンス戦略を構築する。重要なアライアンス管理と本社機能がこの子会社に隠されており、ルノー・日産ＢＶのＣＥＯこそがルノー・日産アライアンスの実質的な支配者といっても過言ではない。ゴーンはルノー、日産、ルノー・日産ＢＶのすべてを掌握する絶対権力を有するのである。

　日産の業績の輝かしい回復とグローバル企業への躍進には今さら多くの説明を要しないだろう。営業利益はＶ字型でターンアラウンドし、ピークには11パーセントの営業利益率にも達した。１９９９年の日産の世界シェアは４・９パーセントで規模は第7位、ルノーは４・２パーセントで同9位に過ぎなかった2番手グループの資本提携は、世界シェア9・1パーセントの世界第4位の自動車グループに躍進できた。その後もルノー・日産アライアンスは安定的に成長を続け、2012年のグローバル販売台数は過去最高の809万台（日産494万台、ルノー255万台、アフトワズ60万台）に達する。トヨタ、GM、VWとのギャップを縮小させ、世界のトップ集団の一角を担う存在に成長している。

成功の陰に課題も多い

ゴーンの経営力とルノー・日産アライアンスの統治機能は素晴らしい効果を発揮できた。一方、課題も認識しなければならない。第一に、日産の業績は乱高下を続け、行き過ぎたコミットメント経営の弊害や、台数と収益の成長両立を欲張りすぎる成長戦略の不安定さが認識される。また、高い投資収益率の制約は、条件が好転する市場のピーク時に投資が集中する問題を生じる。米国でのピックアップトラック事業の参入の失敗、電気自動車戦略、中国に大きな比重をおくエリア戦略、2014年からの新興国における「ダットサン」拡大戦略などがその例である。リバイバルプランやリーマンショックからの回復などのコストカット主導の収益成長は得意だが、成長志向の経営施策でつまずく傾向は否定しがたい。

ルノーと日産の企業価値が完全に反映されない、いわゆるコングロマリット・ディスカウント（複合企業化が原因で別個事業価値の総和が低価し、市場に低く評価される現象）が長期に続くことも株式市場からの警告と受け取るべきだろう。ゴーンの絶対的権力が長期化し、日産の統治構造に不透明性が漂う。非常に長期にわたって日産経営陣が硬直化するなど経営の持続性の懸念もあるだろう。２０１４年にルノーＣＥＯの任期を迎えるゴーンの去就は最大の注目の的であるが、これらの問題を解消してこそ、最大の成功例といわれるルノー・日産アライアンスの真価が問われるのである。

ルノー・日産とダイムラーは世界的事業提携

２０１０年に、ルノー・日産アライアンスとダイムラーは世界的事業提携に踏み込み、ルノー・日産アライアンスはダイムラー株式の３・１パーセントを取得、ダイムラーはルノーと日産それぞれに３・１パーセントを出資する穏やかな資本提携を実施する。２０１２年にはロシアン・テクノロジー社との合弁会社であるアライアンス・ロステック・オートＢＶの株式の過半数を取得し、２０１４年までにロシア最大の自動車会社であるアフトワズの74・５パーセントの株式を支配することが決定している。ゴーンは日産の世界シェアを２０１６年までに８パーセントへ引き上げ、ルノー・日産アライアンス合計で１０００万台以上の自動車販売を実現することを示唆している。

ルノー・日産とダイムラーのアライアンスの最大の狙いは、ダイムラーの小型車「スマート」とルノーの「トゥインゴ」の共同開発と生産で協業を構築する3つのプロジェクトを柱として発進した。現在、北米、日本含めてプラットフォーム、パワートレインの共用、車両の共同開発といった広範囲な10のプロジェクトに拡大している。日産が大きく関わるのは、メルセデス・ベンツと日産のプレミアム・ブランドであるインフィニティでの協業とエンジン開発、生産である。メルセデス製エンジンのＯＥＭ調達、日産の米テネシー州デカード工場においてメルセデス・ベンツの４気筒ガソリンエンジンの生産、新型エンジンの共同開発、商用車領域での完成車相互供給などをすでに公表、実施を迎えている。さらに、日産メキシコ工場でメルセデス・ベンツの小型車「CLA」を共同生産するプロジェクトも検討中であり、2018年頃の生産開始を目指しているようだ。

デカード工場でのエンジン生産は2014年から年産25万台規模で生産が開始され、米アラバマ州タスカルーサのダイムラーの工場で生産されるメルセデス・ベンツCクラスおよび新型インフィニティモデルに搭載される。燃費性能に優れるターボチャージャー付直噴3気筒・4気筒ガソリンエンジンの共同開発も進められている。新型のインフィニティ「Q50」はダイムラー製ディーゼルエンジンを搭載され、新開発の2015年に発売予定の「Q30」はダイムラーのコンパクトモデルのアーキテクチャに基づく。「スマート」と「トゥインゴ」のプロジェクトは、2人乗りの新型「スマート」がフランスのダイムラーのハンバッハ工場、4人乗りの「スマート」とルノー「トゥインゴ」の後継モデルはスロベニアにあるルノーのノボメスト工場で2013年秋から生産を開始した。

3 終わりなきホンダ・スピリット

競争力の鍵は「柔軟性」

規模の拡大と戦略的シナジーを追い求める世界的な合従連衡の流れに対して、一貫してシニカルなスタンスを持ち続けたのがホンダだ。トヨタと同様に人づくりを中心とする標準化された内部成長を重視するホンダは、悩みを持ちながらも世界的な資本提携のうねりを乗り切り、国際競争力を維持した。ホンダの経営理念は、自由闊達な独自性があって初めてホンダのブランド価値が形成され、合従連衡はその持ち味を弱めると考える。さらに、自動車事業の競争優位は「規模」ではなく「効率」や「柔軟性」で挽回が可能だという信念がある。最後発に近い自動車メーカーながら、独自の技術と企業文化を支えに、競争力を維持し持続的な成長を遂げてきた。特に、米国におけるブランド力、収益力は特出して高く、米国を中心とした商品と地域戦略の中で、ホンダは安定した孤高路線を貫きながら競争力を維持してきたのだ。

「自動車業界では合従連衡が繰り広げられているが、ホンダは単独で生きていく道を選ぶ」

当時の社長である吉野浩行は折に触れ単独路線になんら揺らぎがないことを繰り返してきたが、ダイムラー・クライスラーの合併に端を発した世界的な自動車業界の再編を目の当たりにして、心中は穏やかではなかった。本当に単独で生き残れるのか、自問自答する日々を送っていた。日の目を見なかったが、資本提携の牙を隠しながら業務提携を申し込んできたGMと交渉を実際に進め、エンジン外販を検討した事実がある。規模で後塵を拝する弱点を克服するためにブランド強化に着目し、2000年にブランド推進室を設立し、「ホンダ」のブランド戦略を世界的に進める。日本販売の80万台体制構築を含め世界販売340万台を目指す中期経営計画を策定するなど、生き残り目指した積極策を次々に打ち出していった。企業行動として規模の脅威に対する対抗策を数多く模索し、規模も最終的に必要としていたことは否定しがたい。

独自路線堅持への自信回復の切り札は、2000年10月に吉野が打ち出した生産体質改革（「グリーン・ファクトリー」コンセプトの中に求められる生産体質）であった。「規模」のメリットが比較優位の基本にあることは自動車業界の動かしがたい事実であるが、一定のクリティカル・マスを超えれば、その後の勝負は「ブランド力」「商品力」「コスト管理力」に大きく左右される。新しい生産体質改革が目指したものは「柔軟性」であり、規模を追わずにホンダの経営戦略の幅を広げることを可能とする新戦略であった。

新生産体質は、強みである効率を犠牲にすることなく、欧州市場へは小型車、米国市場へは小型トラック、日本市場へはRVという複合的な車種展開を可能にした。さらに、小規模での少量多種生産をコストペナルティなしで対応することを可能にする。規模を追わないコスト競争力の引き上げ、柔軟性、それを武器に偏った地域事業ミックスの早急な立て直しという、当時のホンダの弱点を克服する狙いがあった。新生産体質のポイントは、専用機投資を最少化させ多機種対応の汎用生産能力を持つ、短いコンパクトな生産ライン構造を持つ、工程の中で品質保証できるシステムを持つ、現場の作業問題を改善するという4つのポイントにあり、シンプルに追加投資負担の小さい多機種対応型の汎用生産設備への転換を促したものだ。

リーマンショックを契機とした戦略転換

「柔軟性」を武器として、世界的な資本提携に翻弄され競争力を喪失する米国メーカーを尻目に、ホンダは2000年代に米国中心に著しい成功を手中にしていくのである。しかしここに大きな落とし穴があった。商品開発と経営資源が著しく米国市場に偏り、高コストかつ大型化してしまい、新興国向けのビジネス基盤で決定的な出遅れを招いたのだ。自動車は米国を中心とする先進国で稼ぎ、新興国は二輪車にフォーカスするホンダの戦略はリーマンショックに伴う世界的な経済変動で覆された。二輪車がカバーすると考えた市場が想像以上に早く四輪車移行を始めたことは明らかに戦略的な読み誤りであった。新興国ビジネスといかに向き合うのか、ホンダは悩んだが、戦略転換を決断するのに長い時間は要さなかった。低コストで市場の価格競争の中核に入れる商品開発の遅れの挽回を急がねばならない。すぐにF－1撤退を決定、「アキュラ」世界戦略の縮小、寄居工場新設凍結、大型エンジン開発の中止、新興国向け小型車両や新型エンジン開発への構造改革策をまとめ実施に挑む。先進国ビジネスの構造改革を早期に実現し、新興国で競争の土俵に上がるコスト構造の確立とクリティカル・マスの早期獲得を目指す。

ホンダは四輪車事業でグローバル・オペレーション改革を実施し、(1)6地域同時開発、(2)現地最適図面、(3)生産効率向上の3つの体質を強化する。短期間で各地域に同一モデルを投入することで部品を最も競争力のある地域に集約し、調達・生産のスケールメリットを確立する。同時に、現地最適図面を採用し、現地調達率の引き上げと多角化した地域顧客ニーズを満たすモデル開発を実施する。商品の一括企画を進め、現地調達化を推進しながらも、複雑化をコントロールするものだ。この新体質を最初に具現化するのが新型「フィット」シリーズとなる。新興国中心に100万台の能力増強を実施し、新興国専用モデル「ブリオ」とその派生車を中心に、インド、インドネシア、タイの各国販売台数をそれぞれ30万台規模へ増大を目論む。

さらにホンダは2013年から2014年にかけて、「Earth Dream Technologies」を銘打った新

図6-5　燃料電池車をめぐるアライアンス関係の構築

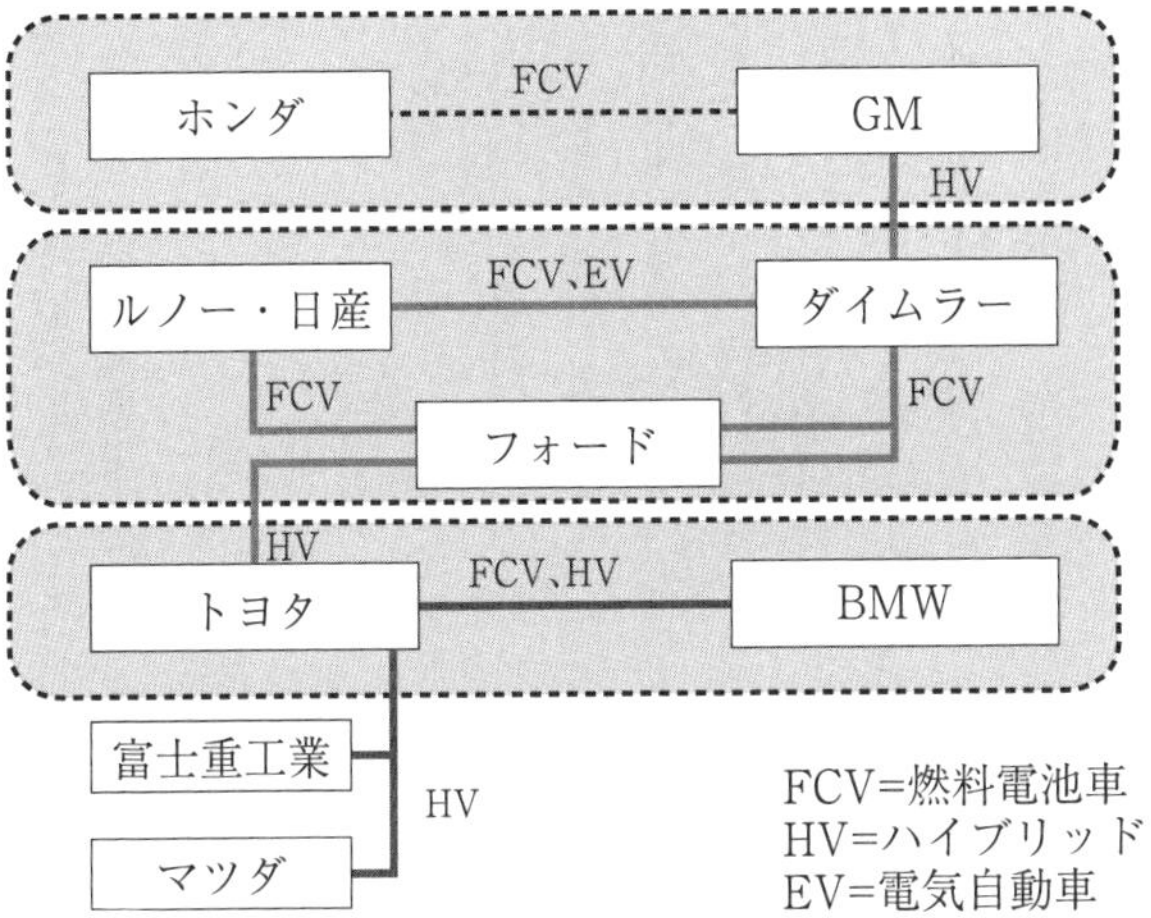

出所：各社資料を基にナカニシ自動車産業リサーチ作成

型パワートレインへ刷新し商品競争力の底上げを狙う。基礎的なところから抜本的に取り組むところがホンダらしい。直噴ガソリンエンジンを搭載した米国「アコード」は好調であり、新型i-DCDハイブリッドを搭載した日本の「フィット」、ディーゼルエンジンを搭載した「ブリオ・アメーズ」などがインドで躍進するなど、クルマの性能の根幹から骨太な競争力強化に取り組むホンダの姿勢に対し市場はまずまず良好な評価を見せている。

孤高ホンダも遂にＧＭとアライアンス形成

そんなホンダの孤高路線も次世代パワーユニットでは遂にグローバルアライアンスを組むことが決断された。２０１３年７月、ＧＭと次世代型燃料電池システムと水素貯蔵システムの共同開発を行う長期提携契約を締結した。両社の燃料電池技術知見を共有し、高性能かつ低コストな燃料電池システムと水素貯蔵システムの開発をめざし、燃料電池電気自動車の普及を目指す。ホンダは日本最後発で自動車事業に参入して50年目に初めて自動車分野で共同開発に取り組むこととなる。これは大いなる転換点である。独自性と自立を重視するホンダが基本戦略を変更させた訳ではないだろうが、こういった現実的な選択を迫られるほど、将来技術の開発負担は重く、デファクトゲームに乗り遅れるリスクは大きいという証明である。

先にも触れたように、2015年にホンダは「FCXクラリティ」の後継となる燃料電池車を発売する予定だ。トヨタも同じく2015年に燃料電池車「FCV－R」を発売する計画であり、2020年頃から普及に弾みがつくとみられる燃料電池車は2015年が本格的は燃料電池車時代に向けての電池車元年となりそうだ。2000年初頭の販売価格は1台1億円といわれたが、2015年の車両は1000万円以下が目指される可能性がある。

ホンダのGMとの技術提携は他社陣営の勢力図形成に突き動かされた側面が強い。2013年1月トヨタはBMWと燃料電池車技術の共同開発を行うと発表、日産もルノー・日産アライアンス、ダイムラー、フォードの4メーカー間で燃料電池車での戦略的コラボレーション形成が発表された。本格的な燃料電池車時代に向けての覇権争いが本格化しているのだ。また、世界の大手自動車会社が連携しコストを引き下げ、不可欠な水素社会のインフラ作りへ日・米・欧政府へ働きがけを強める考えも背景にある。

4　トヨタ自動車のアライアンス戦略

グループ会社との結束強化

ダイムラー・クライスラーの合併を受けて当時の奥田社長はすぐさまダイハツ工業と日野自動車への出資比率を50パーセント以上へ引き上げて子会社化を果たす。世界的な自動車メーカーの買収へはあまり興味を示さず、敵対買収リスクにさらされるダイハツ工業と日野自動車を子会社化することでグループの結束力を固める動きに出た。トヨタはどちらかといえばどんぶり勘定で、リスク・リターンの計算は苦手な領域である。ユーザーに喜んでもらい、ほどほどの儲けで満足する企業文化が伝統的にあった。リターンを最大化するために、効率軸を徹底しグローバルアライアンスにその解を求めるようなところからは非常に遠いところに立っている。

トヨタにとって、グループ力を結集することで十分に国際競争力を維持することは可能と考え、内部成長のみで１０００万台の世界トップを目指す戦略に集中していた。むしろ、トヨタの設計、技術の源泉であり、安定して高品質な部品を提供するトヨタグループの全体的なマネジメントを確立することが重要な議論であった。豊田自動織機、愛知製鋼、ジェイテクト、トヨタ車体、豊田通商、アイシン精機、デンソー、トヨタ紡織、東和不動産、豊田中央研究所、トヨタ自動車東日本、豊田合成、日野自動車、ダイハツ工業のトヨタグループ14社である。さらに当時は、金融、保険、カード、携帯電話、インターネットなどの周辺ビジネスや多角化事業の拡大により強い興味を抱いていたのである。

幻に終わった持ち株会社構想

2000年初頭、当時の奥田社長が先導し、トヨタはトヨタグループの持ち株会社構想を進めようとした。最大の目的は膨張を続けるグループを一元化し、効率のよいグループ経営を実現することにあった。技術開発の実力に優れトヨタ離れが進むデンソーがこのターゲットであったことは言うまでもない。加えて、時代と共に変化が予想される豊田家のグループ経営への影響力を永続化させるためにもこの持ち株会社構想は有効だと考えられていた。

新聞のスクープ記事に対しホンダ社長の吉野は反発を示し、デンソーとの取引は継続困難になるだろうと述べた。グループの一元化を優先すべきか、拡販顧客を持続すべきかの議論が進められた。トヨタの場合、主力の一次サプライヤーを穏やかな資本関係で垂直統合しているところが特徴的であり、少なくともトヨタの競争力の源泉として力を発揮してきた。グループ規模が膨張する中で強みを維持し影響力を維持するためには、持ち株会社構想は有効な手法だと考えられた。

サプライヤーのコントロールには、ビジネスの関係、人的関係、資本の関係といった3つの方法論がある。人的関係には限界があり、ある程度の人材は送りこめるが、過ぎればトヨタ外への拡販を害するどころかモチベーションを悪化させビジネスそのものの競争力を悪化させかねない。グループ経営にはある程度、資本の論理を強化せざるを得ないという考えがその背景にはあった。しかし、多くのグループ会社の反発を招き、最後は豊田家からも反対を受けたため、この持ち株会社構想は実現に

図6-6 トヨタグループの出資関係

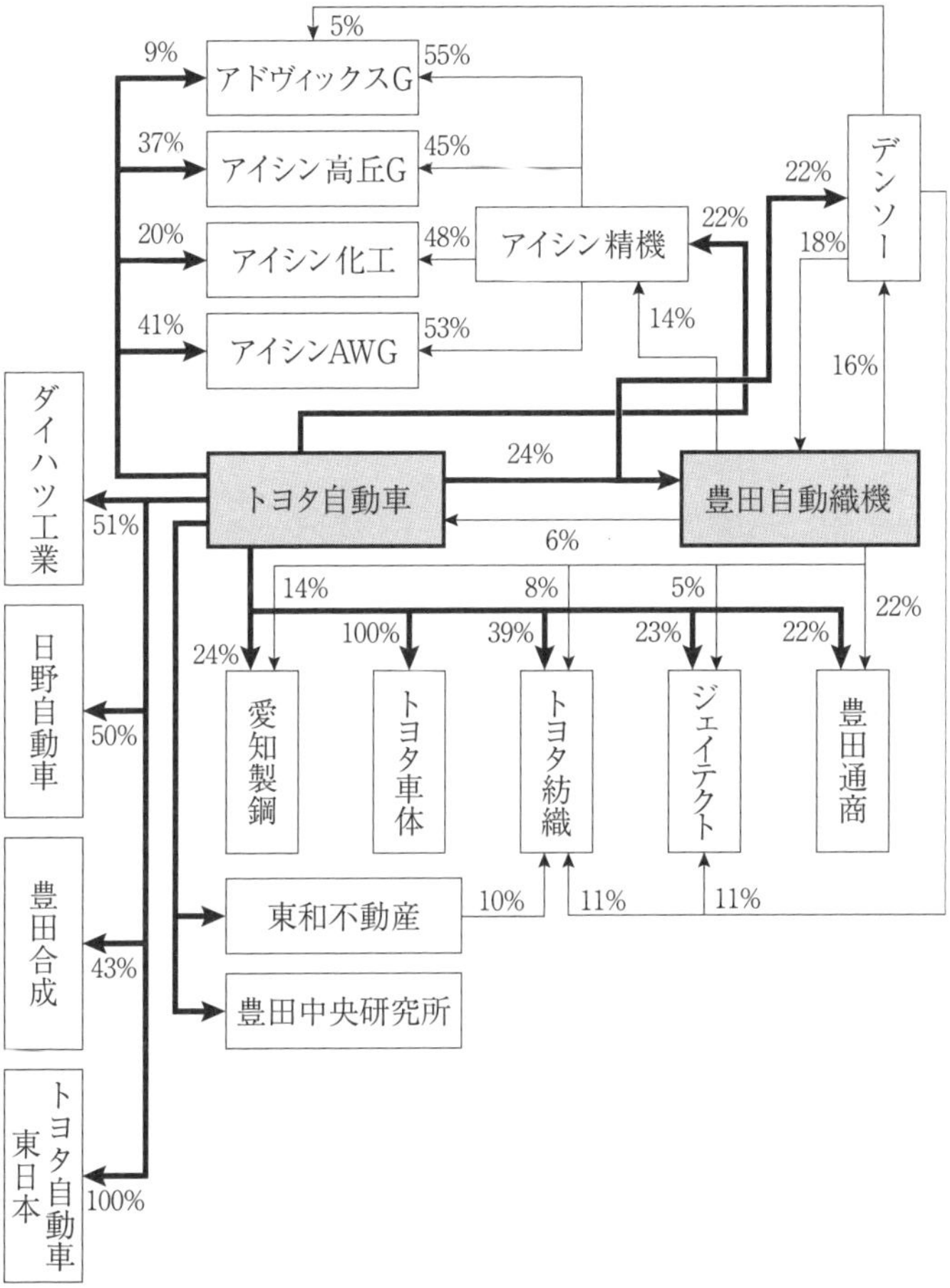

出所：各社有価証券報告書、アニュアルレポートを基にナカニシ自動車産業リサーチ作成

は至らなかった。

トヨタのアーキテクチャが世界の中で孤立気味となり、部品のグローバル調達を進めてコスト改革を実現しなければならない現在のトヨタの事情に立てば、穏やかな垂直統合を維持させたことは賢明な選択であったかもしれない。しかし、グループ内に技術を守るという意義に立てば、この穏やかな資本による垂直統合がどの程度が適切であるかという議論に終わりはないだろう。２０００年代半ばにもデンソーへの出資比率を33パーセントへ引き上げるべきか否かという議論が起こった。技術の集積度から判断して、デンソーは敵対買収から守らなければならない会社である。しかし、デンソーが保有するトヨタへの議決権2パーセントを失うことに異議があがり、出資比率を25パーセント未満に抑えるという結論に終わっている。

いすゞ、富士重工業との提携

ＧＭ帝国の崩壊を受けてＧＭは保有してきたいすゞ、富士重工業の売却株式をトヨタが一部を譲り受け、穏やかな資本提携と業務アライアンスを構築している。ただし、支配－被支配という関係とはほど遠く、事業提携を優先した関係に現時点では留まり、長い時間を掛けながら融和が可能か否か見極めるような微妙な関係にある。

ＧＭが保有する富士重工業の保有株式（20・09パーセント）は、２００５年に放出され、その内８・7パーセントをトヨタが購入し、穏やかな資本関係を構築した。富士重工業の米国生産子会社ＳＩＡ（Subaru of Indiana Automotive, Inc.）が持つ余剰能力、開発人員の活用、トヨタのハイブリッド陣営の拡大の3点に着目した形で提携効果を狙ったものだ。早期の販売台数1000万台到達を狙うトヨタにとって、米国での生産能力は喉から手が出るほど欲しいものであった。国内生産設備の活用、「86」スポーツモデルの効率的開発および生産へ業務提携は拡大していく。

2006年にはGMはいすゞの保有株式も手放す。これを受けてトヨタは積極的にいすゞへの資本・業務提携を働きかけ、5・9パーセントの出資と小型ディーゼルの開発および生産、ディーゼルエンジンの排出ガス制御装置の共同開発の業務提携を結ぶ。この提携への強い動機は、いすゞとの共同開発効果から早期に欧州事業に向けた高性能小型ディーゼルエンジン開発、生産とディーゼル排出ガス制御装置の将来技術でホンダに追いつくための時間を買うというものがあった。

この背景には、ホンダがディーゼルエンジンをガソリンに匹敵するレベルまでクリーン化する画期的なNOx触媒を新開発したという発表に触発されたものだと考えられた。実際には、この触媒もディーゼルエンジンもそれを搭載した車両も日の目を見ることはなく、トヨタはやや躍らされた感が強い。さらに、近年のトヨタは欧州地域への事業戦略を転換し集中と選択を図るなかで、小型ディーゼルをBMWとの協業に変更した。いすゞとの資本提携の意義は当初とは大きく変化していると考えるべきだろう。

深まるBMWとの事業提携

2009年に社長に昇格した豊田章男は選択と集中を経営課題に掲げ、その一環として2014年よりBMWからの1・6リットルディーゼルエンジン調達を決定した。翌年には、より深く掘り下げ

図6-7　トヨタの資本・業務提携関係

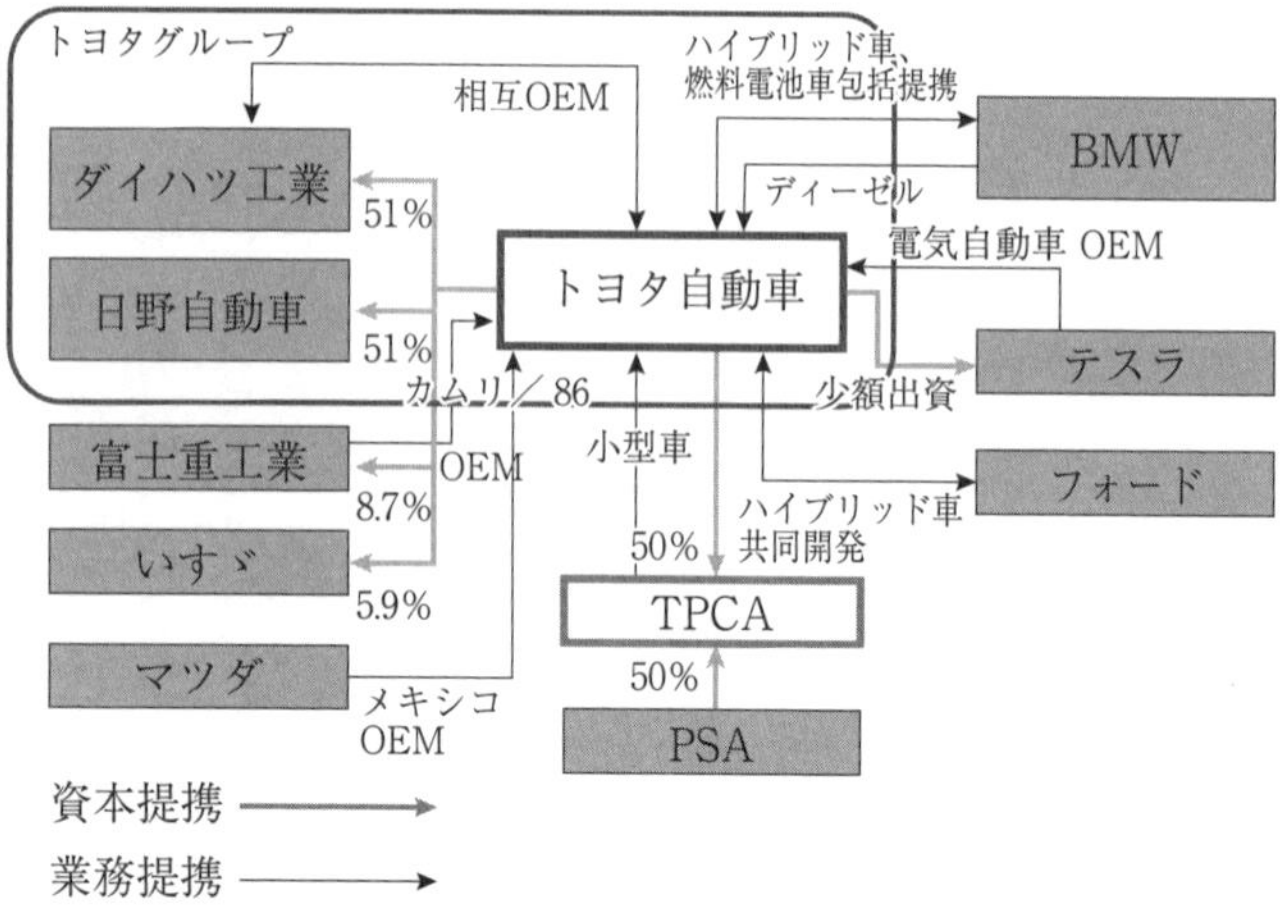

出所：各種資料を基にナカニシ自動車産業リサーチ作成

た長期的・戦略的協業関係の構築を目指すことで合意し、燃料電池技術の共同開発、スポーツカーの共同開発、開発中の次世代ハイブリッド技術のＢＭＷへの供与などを目指すとされる。トヨタはＢＭＷが持つ炭素繊維技術をベースにする車体軽量化の技術供与を受ける。次世代のリチウム空気電池の共同開発へも着手している。

ＢＭＷにとって、欲しい技術はずばり次世代ハイブリッド技術であろう。第５章で触れた米カリフォルニア州でのＺＥＶ規制の結果、次世代パワートレインへの取り組みを強化せざるを得なくなった背景がある。ＢＭＷは電気自動車「ｉ３」、プラグインハイブリッドスポーツ車「ｉ８」の量産を推進しており、電動パワートレインへの取り組みを戦略的に進めるメーカーのひとつとなっている。

5　VWのアライアンス戦略

M&Aは経営戦略の根幹

　VWは保護主義的な市場環境に閉じ込められてきた欧州メーカーの中では早期にグローバル展開を打ち出し、M&A戦略を駆使したブランドとグローバル化を推進を実現してきた。

　2000年に入ると、商用車事業の拡充を進め、ドイツ大手の商用車メーカーであるマンへの出資比率を75パーセントへ引き上げ、2008年にはスウェーデンの商用車メーカーであるスカニアへの出資比率を38パーセントから68・6パーセント（後に71・8パーセント）へ引き上げ、グループ戦略に完全に取り入れることに成功する。この結果、VWの商用車での世界的な存在感はダイムラー、ボルボに匹敵するまでになり、グローバルな大手商用車グループを構築することになる。2010年にイタリアのイタルデザイン・ジウジアーロを買収し、念願のイタリアン・デザインの力を手に入れた。さらに2012年にイタリアの高級二輪車メーカーであるドゥカティを買収し、二輪車事業とブランドバリューの多角化に踏み出す。富裕層を囲い込む手段として活用し、小型高出力エンジン開発や軽量車体化技術などでシナジーを狙う考えがあるだろう。

　この結果、ラグジュアリーブランドにベントレー、ブガッティ、ランボルギーニ、プレミアムブランドにポルシェ、アウディ、大衆ブランドのVW、低価格ブランドのセアト、シュコダ、商用車ブラ

図6-8　VWグループの出資構造

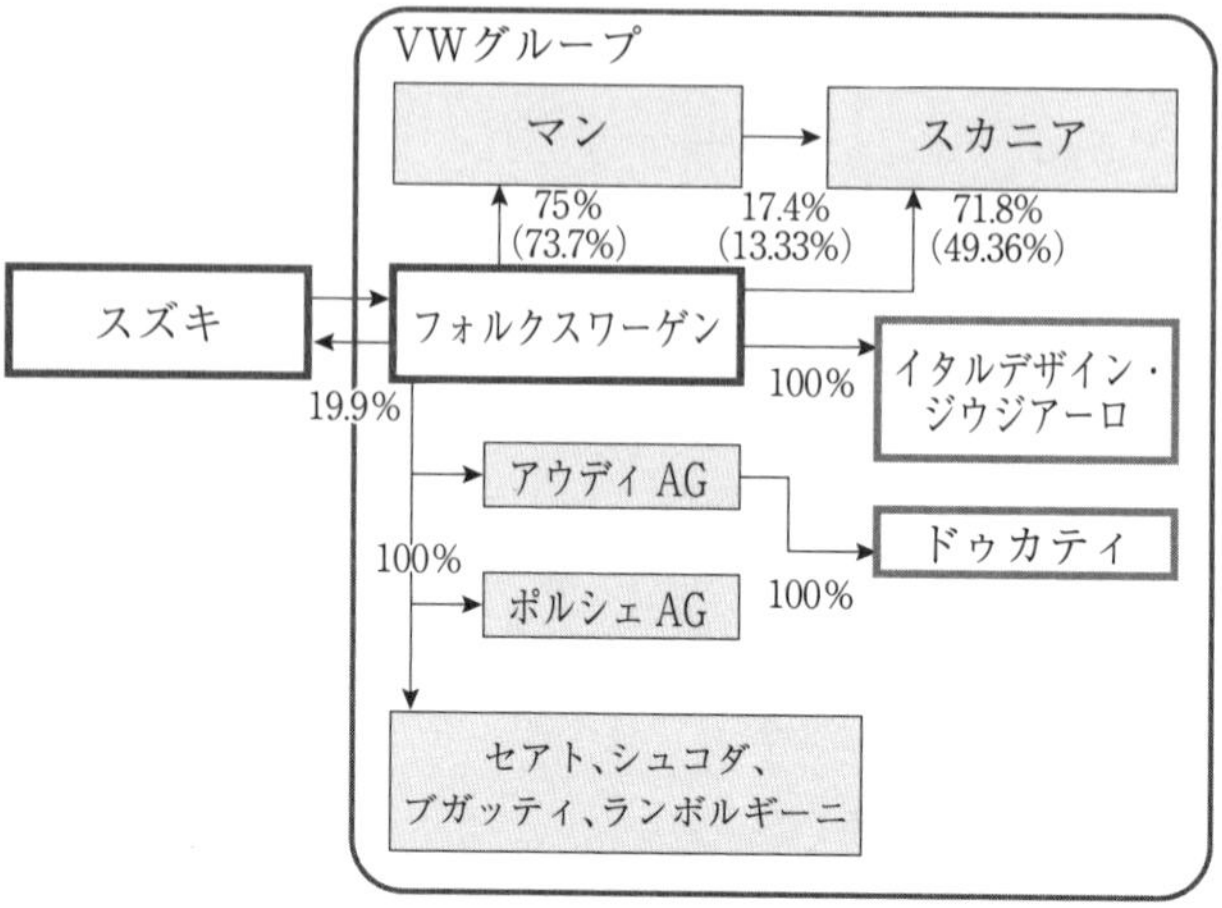

注：比率は議決権ベース、括弧内の数値は資本出資比率
出所：各種資料を基にナカニシ自動車産業リサーチ作成

ンドにVW商用車、マン、スカニア、二輪車にドゥカティの実に12ものブランドのマネジメントを実現するグループとして台頭する。主力メーカーのブランドマッピングを見て明らかなとおり、世界で唯一、すべてのセグメントで有力なブランドを張り巡らす。それらのブランドのすべてがM&Aを通して取得され別会社として運営されるが、完全支配におき戦略を一元化したうえで、細やかなブランド・マーケティングを実施し、ブランドアイデンティティを確立する。一方、生産面ではプラットフォーム戦略とモジュラーユニットで共有を進めコストマネジメントを実施する。

販売台数世界一のトヨタは、プレミアムにレクサス、大衆ブランドにトヨタとサイオン、低価格ブランドにダイハツ、商用車に日野と、わずかに5ブランドに集中させブランド分散は小さいうえ、ダイハツと日野を除けば内部成長したブランドとなる。トヨタの経営思想はじっくりと同じ価値観を共有できる文化や仕組みを育てるという信念にある。一方、ＶＷは戦略的に企業買収を進め、科学的なマネジメントの仕組みを作り上げることにある。

スズキとの提携のつまずき

２００９年12月、スズキがＶＷと包括提携を結び19・９パーセントの出資を受けるという電撃的なニュースが飛び込んだ。スズキの鈴木修会長兼社長とＶＷのピエヒ監査役会会長、ヴィンターコルン取締役会会長の３人はがっちりと握手を交わし、最良のパートナーシップを形成できた喜びに溢れていた。実際、ＶＷのアジア戦略は中国を除けばすっぽりと穴が開いた状態であり、そこにインド、日本、インドネシアで高いシェアを持つスズキが収まれば最適な地域と商品補完が完成できるはずであった。ディーゼルエンジンや次世代環境技術を欲するスズキにとって、ＧＭとのアライアンスを失った後の最良のパートナーであった。

しかし、この提携は始まりの段階から認識がずれ、ボタンのかけ違いがあり、極めて短命に終わりそうである。そして、両社にとっての醜聞となった。自主独立路線を守りたいスズキに対し、支配を最終目的とするＶＷの狙いは相いれない。両社の考え方やアプローチの違いが浮き彫りとなり、提携が進展していないという噂が絶えなかった。19・９パーセントに出資比率を抑えたのはスズキの自主独立路線を尊重し、対等な関係を構築する精神の表れであったはず。19・９パーセントで包括提携を勝ち取った鈴木修の長けた交渉力は高く評価されていたが、それほどうまい話が転がっている訳ではない。提携交渉を進展させる中で、簡単に技術が提供されることはなく、スズキの苛立ちがつのり始める。

スズキの命綱であるインド市場は、ディーゼル燃料への政府補助金のお陰でディーゼル比率が高騰し始めていた。VWのディーゼルエンジンの技術導入が進まない状況にスズキの焦りは頂点に達していた。後方排気機構を持ち大型のVWのディーゼルエンジンがスズキ車両にフィットできないことを判断材料に採用を断念、エンジン導入と技術提携をフィアットと結ぶ。同時に、VWがスズキを「財務的、経営方針上、重大な影響を与えることができる会社」と公表したことが独立したイコールパートナーとしての提携精神に反するとして、業務提携および相互資本関係を解消することを一方的に決定する。

VWはフィアットからのディーゼルエンジン供給に合意したことは他社との提携を禁ずる契約違反に相当し、一方的に契約解消をすることも包括契約を守っていないとして全面的に対抗する泥仕合となった。業務提携、包括提携が解消された以上、VWが保有するスズキ株式を処分するようVWに要請、VWは「株式を手放すことを義務づける法的根拠はない」と真っ向から反論する。現在はロンドンの国際仲裁裁判所で仲裁中である。仲裁結果は予測が困難だが、これほど関係がこじれてしまってはアライアンスを継続させることは困難であろう。注目はVWが所有するスズキ株の処遇である。すんなりスズキへの売却で和解できれば問題はないが、VWが継続保有できる結果ともなれば、泥仕合の延長も危惧されお互いの時間とお金の浪費を続けることに成りかねない。

仮にＶＷの最終目的が支配にあるのであれば、手中にする前に牙をむくセンスのなさに驚かされる。スズキにも甘えの構造があったことは否定できない。長期にわたり自主独立を維持させながらＧＭアライアンスのもとで技術的支援を受けてきた。これと同じことをＶＷへも期待した姿勢には問題があろう。具体的な詰めに欠ける包括提携を認めたスズキの法務の責任も重大に感じる。しかし、この提携関係のつまずきを契機にスズキの技術開発に、従来の大手メーカーへの依存心を捨て、果敢な独立心が芽生えた変化は特筆に値する。技術を求めるスズキの次の提携パートナー探しが話題に上るが、ＶＷとの提携時のような安易な選択を繰り返すような気配はない。スズキは独立志向を強め、場合によっては台頭する新興国自動車メーカーとの連携や統合を進める新興国の巨人に育つ可能性も秘めている。

「フォルクスワーゲン法」の違法性から始まる歴史的買収合戦

ＶＷは戦後の焼け野原から出発した。誰からも価値を見出されなかったことで敗戦の接収から逃れ、ヒトラーが夢見た近代的な工業都市になるはずであったニーダーザクセン州のウォルフスブルク市の荒廃したガラクタだけの町からＶＷは再出発を切った。戦後の公的企業からの再出発から民営化の道へ踏み出した１９６０年に、ＶＷは有限会社から株式会社へ組織変更を実施した。本社を構え、工場を有するウォルフスブルク市が位置するニーダーザクセン州の雇用を守り、ＶＷの買収防衛の目的で、「フォルクスワーゲン法（ＶＷ法）」と呼ばれる法律を施行した。実際の株式保有比率に関わらず、議決権保有が20パーセントに制限されるという特殊な法律である。議決権を持たない二重階級の株主構造という独特な（欧州では比較的通例）ガバナンス構造が生まれていく。「ＶＷ法」は、自由化を進めるＥＵ委員会から資本移動と開業の自由のＥＵ条約に違反すると批判され、２００５年に欧州司法裁判所に提訴された。

これが契機となり、ＶＷへの支配を増加させたいポルシェ家及びピエヒ家と、影響力と雇用を守りたいドイツ連邦政府とニーダーザクセン州の意欲が高まる。ポルシェＳＥによるＶＷへの出資比率引き上げへの大義名分を得たポルシェＡＧのウェンデリン・ヴィーデキングＣＥＯは、すかさず２００５年９月にＶＷへ20パーセント出資する方針を表明、２００６年６月までに35億ユーロを投下してＶＷへの出資比率を25・１パーセントへ、２００７年に同比率は31パーセントへ引き上げた。

ヴィーデキングＣＥＯは「ポルシェによるＶＷの完全買収が目的ではなく、ＶＷを敵対買収から守ることが目的である」と発言をしていたが、ＶＷの支配を強固にし、ドイツに根付いた世界的な自動車帝国を築きたいポルシェ家（当主：ヴォルフガング・ポルシェ）とピエヒ家（当主：フェルディナント・ピエヒ）の意向はこの動きを支援していた。特に、ポルシェ家のＶＷ支配を願うヴォルフガング・ポルシェの意向は強かったと考えられる。２００５年９月に50ユーロに過ぎなかったＶＷの株価は２００７年には２００ユーロを超える水準まで高騰した。資本参加を評価されたポルシェの株価も順調に上昇を続け、各者の利害が満たされる形で比較的穏やかに事態は進捗していた。

ヴォルフガング・ポルシェとヴィーデキングの野望

２００７年10月、大きな転機が訪れた。欧州司法裁判所は、「ＶＷ法は違法」との判決を下したのである。労働者の保護を理由にVW法を正当化するドイツ政府の主張を退けたわけだ。従来の影響力を行使できる保証がなくなったニーダーザクセン州はそれでも保有を維持することを決定、VW労働者が加盟する金属労働組合（IGメタル）のペータース委員長（当時）も強く反発し、「労働者の利益よりも、投資家の利益により高い価値が与えられている」ことを強く批判した。

所有比率に応じた議決権を行使できる見通しとなったポルシェ側にとっては思惑通りの展開であり、ヴィーデキングは「判決を歓迎する」とほくそ笑んだ。ポルシェ家が当時61パーセント保有するポルシェSEがVWを完全支配する道筋が見え始め、家長のヴォルフガング・ポルシェの鼻息も荒くなる。この時、ヴィーデキングはポルシェによるVW支配の意向を固め、50パーセント以上の出資比率に高める方針を公表し、密かにVW普通株と当時公的な開示義務がなかったCash Settled Call Option（株で決済せず、現金で決済する形のコール・オプション）を猛烈に買い進め始める。VW従業員の権利を優先する形で、ピエヒはヴィーデキングへの対立姿勢を示し、ピエヒとウルフガング・ポルシェの衝突も起こり、ファミリーの権力闘争、お家騒動的な側面がちらつき始める。

スロットマシーンのようなマネーゲーム

世界中の投資家を驚かせる事態へと発展した。ヴィーデキングはVW株式とコール・オプションを市場の想定以上に早急に買い進め、2008年10月26日の段階で42・6パーセントのVWの普通株式とさらに31・5パーセントを買い増せるオプションを保有するに至ったと公表した。この出来事は、その後極めてドラマチックな急展開を見せていく。

市場には流通する浮動株がほとんど存在しないことが判明したわけであり、資金を投入するヘッジ・ファンドはポジションを閉じなければならない。空売りのポジションを占めるときに発生する買注文を受けて、VW株はわずか2日間で348パーセントも上昇し、1000ユーロを超えるナンセンスな水準にまで達したのちに急落する。デイリー・テレグラフ紙によれば、ショートポジションを積み上げていたヘッジ・ファンドの損失は300億ユーロにも達したといわれている。2008年10月からの経済危機の煽りも加わり、ポルシェの自動車販売は激減、プットオプションの損失も加わり巨額な赤字に転落する。遂には資金繰りに行き詰まり、倒産の危機に直面することになるのである。

本質的な調査力で高い評価を受けるサンフォード・C・バーンスタインに所属し、欧州とアジア自動車セクターのアナリストを務めるトップアナリストのマックス・ウォーバートンは、この買収スキームは「ストッロマシーン」だったと指摘する。ウォーバートンの分析によれば、ヴィーデキングと財務最高責任者のヘルターは、買収スキームを巧みに金のなる木に変えていたようだ。ステップ1は、ポルシェSEは保有するVW株式を貸株として市場に提供、これを用いてヘッジ・ファンドが異常な高値に張り付いているVW株のショートセール（売り）のポジションが積みあがる。ステップ2に、ポルシェSEは市場でのVW株式の購入を進め、上昇の続くVW株を保有するヘッジ・ファンドは買戻しを迫られ、株価はさらに上昇する。ステップ3は、ポルシェSEはVW株のプットオプション（VW株が上昇すれば利益、下がれば損失）を大量に売り、このポジションでさらに利益を増大させる。2007年のアニュアルレポートに基づけば、ポルシェSEは35億ユーロもの利益をオプション取引から生じたと報告している。規模が13分の1の会社が巨大なVWを呑み込もうとする無理のなかで、ヴィーデキングはスロットマシーンのようなマネーゲームに手を染め巨額の利益を買収資金につぎ込んでいたわけだ。

ピエヒの支配力は頂点へ

権力闘争の勝敗の明暗は際どくついた。2009年5月、VWの監査役会は、ピエヒの主導でポルシェの金融危機を収めるための最終的な結論に到達する。VWがポルシェを救済する形で2011年までにVW主導で経営統合することを決定する。この段階でVWはポルシェAGの株式19・9パーセントを39億ユーロで買い取り、ポルシェの資金繰りを援助。ヴィーデキングとヘルターは解雇された。このヘッジ・ファンドからドイツで77億ユーロ、米国で39億ドルの巨額な訴訟にも巻き込まれた。この結果、持ち株会社のポルシェSEは存続し訴訟を継続する必要に迫られたため、両社の統合は先送りされ、ポルシェAGをVWが100パーセント子会社化する方向で統合を進める形に方向転換した。2012年8月にVWはポルシェSEが保有する49・9パーセントの株式を取得して同社を完全子会社とし、VWの10番目のブランドとしてVWグループ傘下に組み込んだところでこの買収劇は一応のフィナーレを迎えた。

この展開で、ピエヒは対立するヴィーデキングを追放した。VWを50・7パーセント支配するポルシェSEへの出資比率を買収事件前の38・65パーセントから、2009年のポルシェ経営危機時に46・5パーセント、カタール政府が10パーセントの保有株式を売却した後はさらに上昇していると考えられる。VW－ポルシェの大帝国を築き、VWの生みの親であるフェルディナント・ポルシェ博士を起点とするポルシェ一族によるダイナスティ支配構造をより強固なものとした。

それでもヴィーデキングにはスタンディング・オベーション

強気な買収戦略を推進し、その結果ポルシェを倒産寸前にまで追い込んだ責任を取る形で同社を去ったヴィーデキングは、その後、株価操縦の嫌疑をかけられドイツの法廷で係争中の身である。ポルシェの経営を劇的に再建し、世界で最も尊敬される高級スポーツカーメーカーを確立したヴィーデキングの一般的な評価は地に落ちたといえようが、彼の功績はポルシェの従業員からは高く評価されている。会社を破産寸前に追い込んだ人物に対して、従業員はスタンディング・オベーションをもって見送ったのである。

ポルシェは、米国市場の悪化、高コスト体質を受け瀕死の状態にあった。これを立て直したのは1992年にわずか37歳の若年で同社CEOとなったウェンデリン・ヴィーデキングである。生産エンジニア出身の彼は日本に通い、トヨタ生産システムを真摯に学んだ。ポルシェほど日本の生産システムを体系的にドイツ企業に導入したケースはないのではないだろうか。

2006年の自著の中で彼はこう記している。

日本の企業は快く何でも見せてくれ、何でも教えてくれた――そのことが私たちにはショックだった。どう見ても日本の自動車メーカーは、私たちをまともな競争相手とは見なしていない。さもなければ、あんなにオープンに助言をくれるはずがない。惨めな気分だった。視察が終わる頃には、チーム全員が完全に意気消沈していた。(相原俊樹訳『逆転の経営戦略』二玄社)

ヴィーデキングはポルシェの生産性、製品品質を飛躍的に向上させ、新しい魅力的な商品を立て続けに投入、VWとのアライアンスを進めコスト競争力を飛躍的に向上させた。ポルシェは2007年の営業利益率が19・8パーセントにも達し、世界で最も尊敬される自動車メーカーとなり、ヴィーデキングはドイツで最も優秀な経営者といわれるようになった。年棒が1億ユーロを超える高給取りとしても名を馳せた。ピエヒとの闘いに敗北したとはいえ、ヴィーデキングは5000万ユーロの退職金とともにポルシェの故郷であるシュトゥットガルトに自分の名前を入れた福祉基金を設立し、第2の人生を歩んでいる。

第７章

プレミアム戦略と中国市場での戦い

1　レクサスの再構築へ

どん尻の4位を固める屈辱

「レクサスにはストーリーがない。それを私が書く」

2012年に独立したバーチャル社内カンパニーとなったレクサス・インターナショナルに対して、自ら陣頭指揮を執る社長の豊田章男はその思いを発した。力が入るのは無理もない。トヨタの最大の成功体験であったレクサスは今や世界の上位グループのプレミアムブランド4社（BMW、メルセデス・ベンツ、アウディ、レクサス）の中で確実にどん尻の4位を固めているのだ。最も成功している米国ですら、2010年の品質問題の発端を作った後は、ブランド力が落ち込み、思うほど改善してこない。

レクサスはトヨタが期待できる数少ない成長領域で高いポテンシャルがある。レクサスの再生があって、初めてトヨタの本質的な再生が完了するといっても過言ではない。世界のプレミアムセグメントは、米国から中国へ販売の中心が移行すると予想されており、プレミアムでの成長戦略は同時に中国市場での競争力の再生と深く結びついている。

米国に偏重した保守的なクルマづくりと一貫性を欠くブランド戦略が、レクサスの競争力をじわりと弱体化させてきていると認識することは重要だ。しかし、その肝心の米国市場ですら、品質問題を引き金に、2010年まで11年連続で獲得してきたプレミアムブランドのナンバーワンから脱落し、

図7-1 上位グループのプレミアムブランドの販売台数の推移

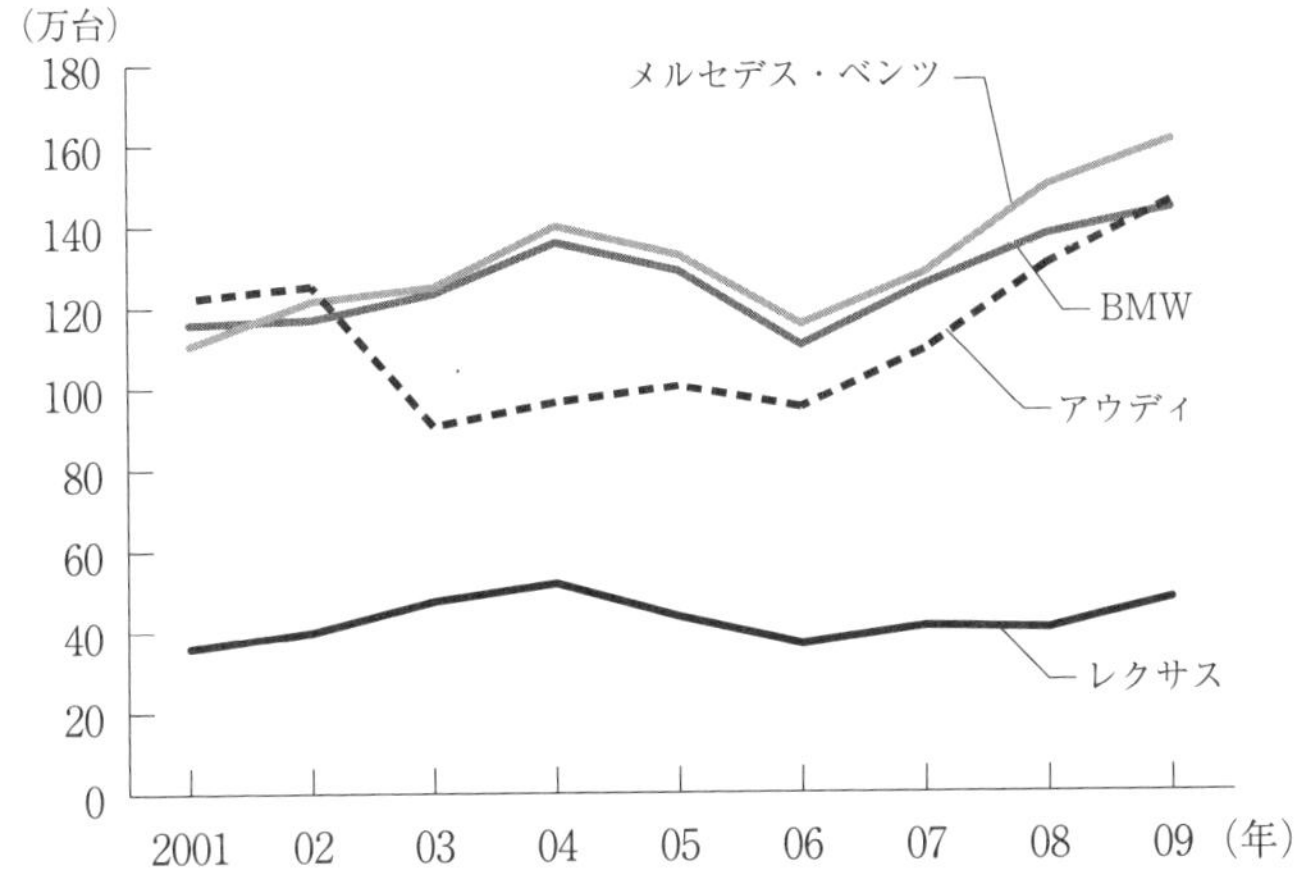

出所：マークラインズ、アウディ、トヨタ自動車

11年、12年はメルセデス・ベンツとＢＭＷの後塵を拝している。２０１２年のレクサス販売台数は47万台と依然リーマンショック前の２００７年のピーク時の51万台に及ばず、成長市場である中国で出遅れが響き、上位の欧州３社との格差は広がるばかりである。

かつて、レクサスの世界販売台数はは欧州ブランドの半分程度の規模であったが、欧州市場での販売台数を除けば概ねその他の地域では互角の戦いという時代もあった。２００７年の販売台数を見ればレクサス51万台に対し、ＢＭＷは１２０万台と2倍の格差がある。とはいえ、ＢＭＷが60万台を欧州市場に販売するなら、欧州外は60万台であり、それほどレクサスが遅れているとの印象はなかったのだ。

しかし、２０１２年にはレクサス47万台に対し、ＢＭＷは１５４万台で、欧州以外の地域でも規模の格差が2倍近くに拡大してきている。

図7-2　レクサス対アウディ主要国市場シェア

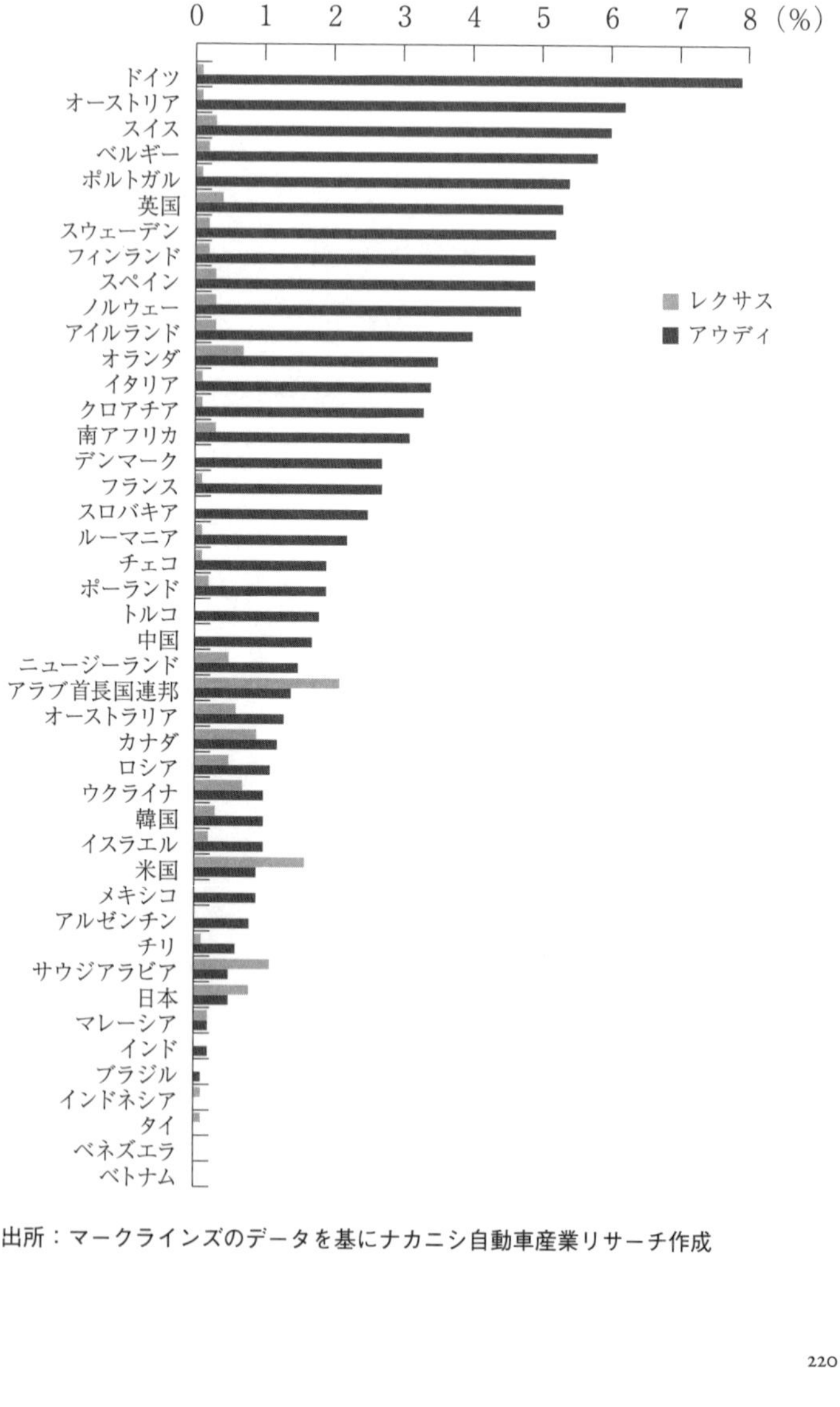

出所：マークラインズのデータを基にナカニシ自動車産業リサーチ作成

アウディも同じく世界販売台数は１４６万台に達している。この差異を生んでいるのは中国における販売成長力の差異によるところが大きい。２０１２年の中国におけるＢＭＷ販売台数は33万台となり、レクサスの６万台を大きく凌駕している。

レクサスの地域的分散を見ても、日米市場への偏重が顕著である。メルセデス・ベンツが北米20パーセント、欧州43パーセント、中国15パーセント、その他22パーセントと欧州地域がやや高くとも健全な地域分散を実現しているのに対し、レクサスは北米56パーセント、欧州６パーセント、中国13パーセント、日本10パーセント、その他15パーセントと米国一本槍に近いことが否定できない。

アジアの買いたい自動車ブランド上位10位からも脱落

新車ユーザーの老齢化も深刻な悩みの種であり、新車購入平均年齢は約57歳とＢＭＷから10歳前後も年を取っている。プレミアムブランドは規模の勝負とは無縁のように勘違いされがちだが、実際にはドイツの高い規模を誇るプレミアムブランドとの競争にさらされ、見合った規模を確保しなければ収益性を確保することは容易ではない。ブランドに裏付けされた盤石な商品ヒエラルキーに様々なバリエーションの枝葉を広げていくことがこのビジネスの基本である。幹となる基本商品の規模が細れば、生い茂る枝葉も育たないのだ。プレミアムブランドも規模は重要なのである。

アジア地域のブランド力も際どく後塵を拝している。日本経済新聞によるアジア主要６カ国の「買いたいブランド」調査（調査時期は２０１３年７月下旬から８月下旬）によれば、レクサスは中国で第10位、タイで９位に留まり、６カ国合計ではトップ10にすら入らなかった。アウディはインド、中国で

図7-3　アウディとトヨタ単独の営業利益率の比較

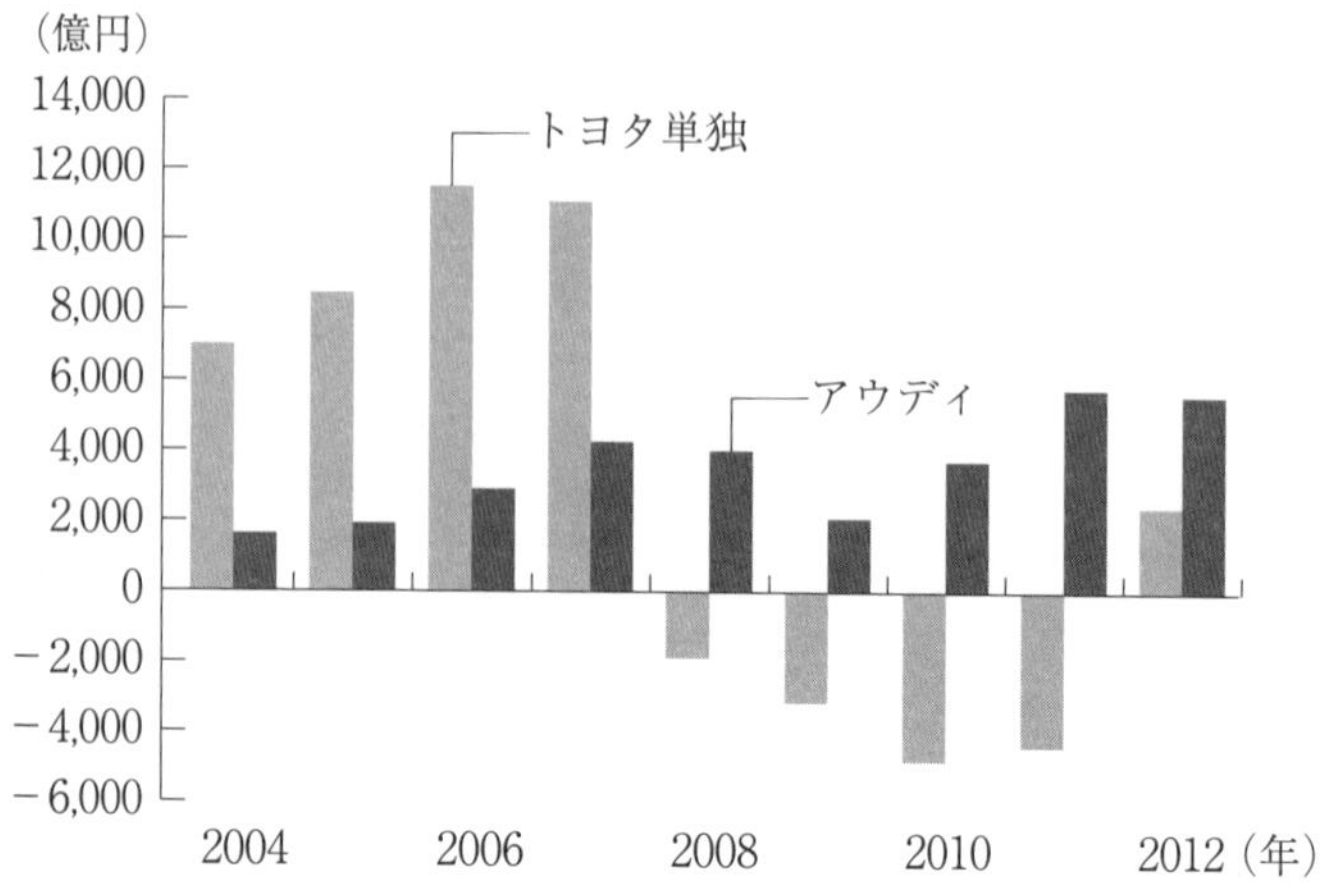

出所：トヨタ自動車、VW

首位にあり、ＢＭＷは6カ国合計で首位、メルセデス・ベンツも第2位にランクされる。

２００５年に日本で華々しくスタートを切った同事業も国内プレミアム市場で強い存在には至っていないのが現状である。２０１２年の販売台数は４・３万台と立ち上げ当初に目論んだ5万台を下回る。それも販売の22パーセントは小型プレミアムの「ＣＴ」が占めている。ただし、レクサスディーラーの収益性は非常に良好であり、国内収益基盤を強化したい販売会社にとってレクサス収益は大いに貢献している。

レクサスの問題点は、為替水準に振られるその収益体質にも表れる。レクサスの世界販売台数の約80パーセントは日本で生産される。この結果、為替変動で収益は大きく振られ、２００8年度から2０１１年度にかけてレクサス事業は稼働率低下と輸出採算悪化で巨額の営業赤字に転落していたと考えられる。例えば、

2010年度のトヨタの単独業績が4809億円の営業赤字であったが、その半分近くがレクサス事業の赤字から生じていたと分析される。円高修正が奏功し2013年度では収益事業へ回帰したが、為替次第で高い変動を余儀なくされる。

レクサスはアメリカの成功体験

レクサスとは、当時の豊田英二会長の「ベンツやBMWを超える世界最高車を作れ」の号令で開発に着手し、1989年に米国でスタートしたトヨタのプレミアムブランドだ。その第1弾の「LS（セルシオ）」は圧倒的な静寂性と信頼性を非常に高いコストパフォーマンスで実現し、同時に、従来の概念を覆すディーラー・サービスの飛躍的向上とともに、非常に短い期間で大成功を収めた。「ライバルがひしめく業界で、これほどの成功をこれほど早く成し遂げたブランドはめったにない。レクサスの名前が辞書に載るのも時間の問題。人類が作り出した最も完全に近い自動車という定義で」と米国ビジネスウィークのチェスター・ドーソンは自著『レクサス』（鬼澤忍訳、東洋経済新報社）のなかで絶賛した。

レクサスは当初より、グローバルな視野を持ったプレミアムというよりは、米国におけるトヨタのプレミアムチャネルの特性を強く持っていた。新たなライフスタイルを追求するベビーブーマーの富裕層への台頭に照準を合わせ、機能的で高品質な新しいプレミアムの概念を提供したのがレクサスのブランド価値の源泉となる。メルセデス・ベンツやBMWといったドイツ車を凌駕する静寂性、組み上げ精度、品質を経済的な価格で提供し既存の価値観を破壊し、非常に短い時間の中で消費者のブランドスイッチを実現させた。
しかし、成功はやがて硬直化を生み、静寂さに比重がおかれ平坦なハイウェイを長時間運転する米国市場の特性と老齢化するベビーブーマーの好みにややクルマづくりが傾き過ぎていく。車両サイズとエンジンは大型化し、直線的で静的なイメージが強くなり過ぎた結果、米国での成長とは裏腹にそれ以外の市場では日本を除き存在感を作りだすことができなかった。特に、欧州地域における苦戦は著しく、わずかに年間3万台程度を販売する限界的存在から抜け出せない。

中国消費者の好みは米国人と比較的近く、本来であればトヨタの強みを発揮できる市場のはずだったが、生産の現地化に躊躇しているうちに現地の成長速度に追随できず、2010年の品質問題、2012年の尖閣諸島問題のなかで販売が伸び悩む。6万台の販売台数は欧州メーカーの5分の1の存在に過ぎない。マッキンゼー・アンド・カンパニーによれば、現在125万台の中国プレミアム自動車市場は、2016年に225万台、2020年に300万台に達すると予想し、年率平均12パーセントの成長を維持する可能性がある。米国市場150万台を大きく上回る巨大市場へ成長する見通しであるだけに、トヨタがこの成長市場を取りこぼすことはできないのだ。

レクサス改革――ブランド戦略の転換

2011年に豊田章男が公表したグローバルビジョンのなかで「日本発『真のグローバルプレミアムブランド』の確立」を目指すと、ブランド再構築に向けた新たな決意を表明した。社長の豊田が示すブランドづくりとは「商品」と「物語」にあると定めた。「商品」とは豊田が推し進める「もっといいクルマづくり」の具現化であり、「物語」とはマーケティングやＰＲの高度化を意味する。商品群は、アメリカの富裕層をターゲットにした直線的で静的なイメージから動的でエモーショナルなデザインを採用し、２０１２年の新型「ＧＳ」を皮切りに採用されたスピンドル・グリルを非常に短期間に全車へ展開し変化の波に勢いをつけた。２０１３年新型「ＩＳ」では確かにかなりアグレッシブなデザイン基調に変化していると感じられる。

レクサスの商品力とブランド力の減衰はマネジメントの稚拙さにあったと考えられ、米国で育った優良なブランドを発展させグローバル市場に展開することにつまずいた。例えば、トヨタブランドとレクサスブランドは一体で経営、管理され、バリュー志向のトヨタ的な経営志向にレクサスの持ち味が奪われてしまった。モデルのラインオフ計画もトヨタブランドと混合管理されては、台数の少ないレクサスは十分なリソースを受けられない。開発現場でも、権限が強いチーフエンジニア（ＣＥ）制度の中で、ブランドが持つべき商品の一元性を失い、レクサスは上位プレミアムメーカーの中で最も一貫性の弱いメーカーとなってしまう。L-Finess（エルフィネス）と銘打ったレクサスのデザイン標準は「社内の念仏」に転じ、ユーザーが認識することが困難で、統一感のある意匠を打ち出すことには結びつかなかった。デザイン選考プロセスに関しては大企業病に陥り、大胆さを牽引する仕組みに明らかに欠けていたといえよう。

今後のレクサスの商品展開では、明確なヒエラルキーと動的なデザイン性が強調される方向だ。前方エンジン後輪駆動（ＦＲ）ベースの「ＬＳ」「ＧＳ」「ＩＳ」の中核セダンのヒエラルキーを明確に形成し、スポーツユーティリティとブランドバリューを牽引するスポーツやクーペの幅を広げていく。

動的でエモーショナルなブランドイメージを引き出すため、トヨタは大胆なデザインへの踏み込み、量産する生産技術革新を進め、ブランドの牽引役となる商品の拡大を計画する。「レーザー・スクリュー・ウェルディング」と呼ぶ新しいレーザ溶接法を「IS」で採用し、従来は生産技術部門の抵抗で表現しきれなかった意匠を大胆に表現できるよう挑戦を始めている。モーターショーのコンセプトカーとして発表された「LF－CC」や「LC－CC」のスポーツとクーペの新モデル発売に向け準備中ともいわれている。

コンセプトカー「LF-CC」
出所：トヨタ自動車

レクサス改革はレクサス組織の改革

トヨタはレクサク・インターナショナルをバーチャル社内カンパニーとして2012年6月に独立した組織に組み直した。もともと、1000万台を目指すトヨタの大組織でレクサスを一元管理してきたことが組織的な膠着化と意思決定の麻痺を引き起こしてきたわけであり、この組織化は遅すぎた決断に映る。トヨタは技術、生産技術、調達、経理、人事などのいわゆる全社的な機能軸の強い会社である。その組織構造の中で、従来のレクサス組織は、技術を束ねるレクサスセンターと営業を束ねるレクサス営業企画部がそれぞれ別のレポーティング・ラインの機能を持つ姿となっており戦略一元化が難しい組織体系となっていた。

２００９年に豊田が社長に昇格すると同時に打ち出したのが地域重視のクルマづくりであり、２０１１年に発表されたトヨタグローバルビジョンでは、地域軸主導を実現するための組織改革に着手した。この流れに沿って同年にレクサス本部を社長直轄組織として独立させ、その中にレクサス製品企画部（以前のレクサスセンター）とレクサス営業企画部を取り込んだ。２０１２年にレクサス・インターナショナルとしてバーチャルだが社内カンパニー化し、内部組織を開発、デザイン、営業、ブランドマネジメントの組織に整理し、トヨタ本体の経営判断から独立し意思決定を早くできる組織に変更した。ブランド、商品、マーケティング、組織など、レクサス再生に向けた改革はトヨタより格段に早く進展しているといえよう。人材のグローバル化においても、トヨタ本体よりもレクサスは格段に早く進んでいる。

レクサス改革――エリア、技術、現地化の戦略

豊田が牽引するレクサス改革は確かにスピード感を持って進捗しており、再生への期待は高い。しかし、先行し、強力な経営力とリソースを持って拡大基調を続けるアウディやＢＭＷとのギャップを大幅に埋めるにはかなりの時間を要するだろう。レクサスがグローバルな競争力を誇るブランドとなりアジア発の真のプレミアムブランドへ進化するには、まだまだ課題が多いといわざるを得ない。比較的有利な立場に立つ米国と中国の戦略的コアでの競争優位を早期に再構築し、ロシアや東南アジアの有望市場を攻めることが基本エリア戦略となるだろう。このエリア戦略を支援できる小排気量過給

ガソリンエンジンや性能面で飛躍したハイブリッドなどのパワートレインの開発も急がねばならない。

トヨタは米国のケンタッキー工場で2015年からレクサス「ES350」の現地生産を開始する。3億6000万ドル（約357億円）を投じ、ケンタッキー工場生産能力を5万台拡大し、年間55万台以上にする方向だ。カナダで生産される「RX」の順調な品質向上を確認し、ようやくながらレクサスの主力セダンの米国現地生産に踏み込む。この段階的な現地生産の進め方はいかにもトヨタらしい生産と品質へのこだわりである。じっくりと人を育て、トヨタ的な標準化と高い品質を確保できることを慎重に見極めてから現地化を進めていく。その意味で、張が育てたケンタッキー工場は満を持してレクサスを量産できるレベルまでに成長したということだ。

一方、喫緊の課題として認識されているのが中国における現地生産工場の決断だ。積極的に現地工場投資を進めるドイツメーカーに反して、レクサスの中国現地生産への動きは非常に慎重である。周知のとおり、中国では合弁パートナーは2つまでしか認められない。広東省の広州汽車と吉林省の第一汽車の2つの合併会社が既に存在し、どちらをパートナーに選ぶかという厄介な問題はある。レクサスの現地生産に二の足を踏む最大の理由は、トヨタが求める品質を完全に担保できないということが大きいと考えられる。トヨタ的な人づくり、ものづくりと現地の融合には、中国では相当時間を要するようだ。しかし、あまりにも慎重になりすぎては成長の基盤を失いかねない。

2　12ブランド、280車種を動かすVW

VWのブランドポートフォリオ

1990年代に大競争時代に突入した欧州市場での生き残りをかけ、欧州自動車メーカーは世界に類を見ない戦略的な積極経営に舵を切った。M&Aを駆使した外部シナジーを追求し、マルチブランド戦略を推進する中での量販と高級ブランドの一体経営を確立し、プラットフォームからモジュールへの設計概念を革新的な変化に挑戦してきたのだ。ピエヒという戦略的で野心家である卓越したリーダーシップのもとで、VWは最も果敢に革新的チャレンジを続けている。いまやVWは12のブランド、280もの膨大な車種ポートフォリオを動かす巨大な複合組織を形成している。

ブランドポートフォリオをセグメント別に整理すればその戦略的方向性は明白だ。ラグジュアリーブランドにベントレー、ブガッティ、ランボルギーニ、プレミアムにポルシェ、アウディ、大衆ブランドのVW、低価格ブランドのセアト、シュコダ、商用車ブランドにVW商用車、マン、スカニア、二輪車にドゥカティと、すべてのセグメントに存在を張り巡らせている。世界の自動車メーカーにこれだけ完全な形でブランドの多角化を実現したケースはない。特筆すべきは、チェコ、スペイン、英国、フランス、イタリア、スウェーデン国籍を持つ会社を買収し、究極の多国籍企業を運営していることだ。

ルノー／日産	ダイムラー	GM	フィアット
	マイバッハ		フェラーリ マセラッティ
インフィニティ	メルセデス・ベンツ	キャデラック	アルファロメオ ランチア
日産 ルノー	スマート	シボレー ビュイック ヴォクソール オペル	フィアット クライスラー
ダチア ダットサン			
	ダイムラー フレイトライナー	GMC	

図7-4　主要メーカーのブランドポートフォリオ

	VW	トヨタ	BMW
高級	ベントレー		ロールスロイス
	ブガッティ		
	ランボルギーニ		
プレミアム	ポルシェ		
	アウディ	レクサス	BMW
大衆車	VW	トヨタ	ミニ
		サイオン	
低価格車	セアト	ダイハツ	
	シュコダ		
商用車	VW商用車		
	マン	日野	
	スカニア		
二輪車	ドゥカティ		BMW

注：除く中国専用ブランド
出所：ナカニシ自動車産業リサーチ

このような外部成長を主軸とし、トップダウンのマネジメント力で巨大組織を管理する成長戦略は、トヨタ的な経営手法とは180度異なる。トヨタの成長戦略に重要なことは、均一な文化と価値観を共有できる（あるいは共有するように努力する）人づくりを優先し、じっくりと内部成長を促すことが基本戦略である。米国におけるケンタッキー工場での人づくりのように、根気よくじっくりと現地スタッフと共有化できる仕組みを育てることに注力する。VWは外部成長を積極的に取り入れるが、買収ブランドを統治はしても経営体は自主性を尊重する。自主性の高いブランドを、「科学的」にマネージする仕組みを作り上げていることが特徴的だろう。宗教にも近いトヨタイズムはこのようなVWの科学的アプローチはもっとも苦手とする領域であろう。

マーケティング、デザイン、ブランドを含むソフト面の競争力

ドイツという特殊な労働条件やガバナンス構造を持ち、制約だらけの国で自動車製造を続け、国際競争力を維持することは容易ではない。世界的なプレミアムバリューを築いているBMWや商業車で揺るぎない競争力を築いたダイムラーとは違い、歴史的にVWは最も厳しい苦難を受け、いち早く危機意識をもって自己改革に取り組んできた。この結果、非常に経営スタイルが革新的で、ドイツ的なクラフトマンシップとは距離をとる戦略的ビジネスモデルがドイツ車の中でも際立っている。

自動車ビジネスを戦略的に再構築し閉塞を打開しつつあることが欧州自動車メーカーの一般論としての特徴である。M&A戦略、マルチブランド戦略、プラットフォーム戦略を推進し、コストと品質のブレークスルーを生み出し収益性を確保してきたのだ。中でもVWは特出して外部成長戦略に傾倒

し勢力を拡大させた。プラットフォーム戦略やその設計、調達領域においても、メガサプライヤーとの水平分業体制に大きな抵抗を示さない。設計概念でもシステムのオープン化、標準化を戦略的に推進し、互換性の高いアーキテクチャ、部品のモジュラー化にかなり積極的に取り組んでいる。

日本のものづくり、人づくりとは対極的にあるオープンなビジネスモデルを迷いなく果敢に成長戦略に取り込んでいくその自信の背景には、製品の平準化や同一化のリスクを適切に管理し、差別化を健全に維持することを可能とするマーケティング、デザイン、ブランドを含むソフト面のマネジメント能力に卓越した信頼と自信を持っているからに他ならないだろう。その成果は量販のＶＷとプレミアムのポルシェ、アウディがプラットフォームを大幅に共通化していても、技術の先進性への定評を維持し、ブランドイメージが非常に高い。このような市場認知は、アウディの卓越したデザインとマーケティング力が強く奏功していると考えられる。

ＶＷは世界最高峰と評価が高いジョルジェット・ジウジアーロが運営するデザイン会社、イタルデザイン・ジウジアーロの買収を２０１０年に実現した。同じくイタリア出身のＶＷのデザイン責任者デ・シルヴァとともに、ＶＷのデザインでの持続的な競争力向上に非常に大きな効果のある買収となりえる。ＶＷのデザイン責任者であるデ・シルヴァはもともとイタリアのアルファロメオで「１４７」「１５６」を手掛けて名を馳せたデザイナーである。１９９８年にピエヒの引きでセアトに移籍し、そこでの実績を基に当時ヴィンターコルンがＣＥＯを務めていたアウディのチーフデザイナーに抜擢される。ヴィンターコルンがＶＷへ移籍するとともにＶＷに移り、グループのデザインディレクターの地位につく。デ・シルヴァのデザイン能力の高さには定評があり、今や欧州デザイン界の超大物で

図7-5　VWグループの収益構造

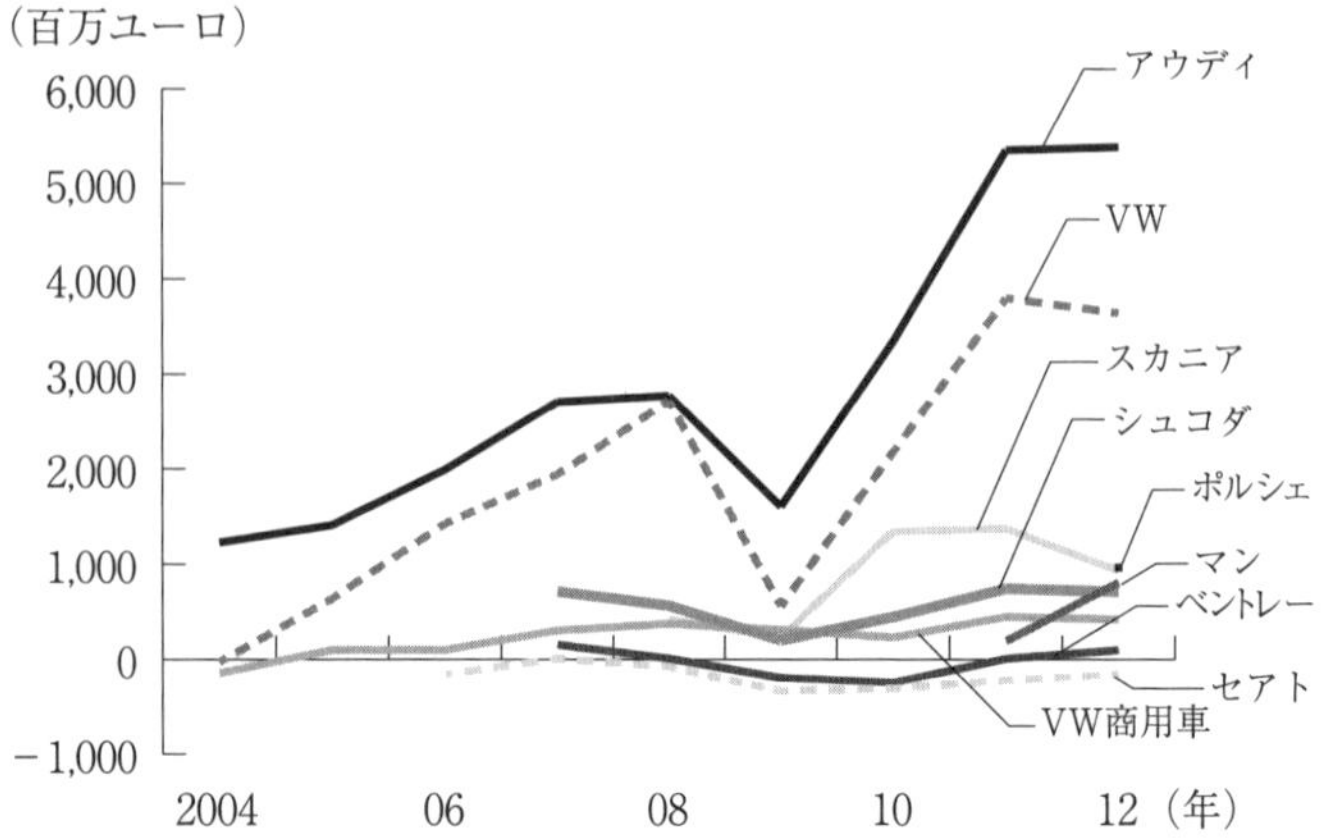

出所：VW

である。

圧倒的なプレミアムの存在感を構築

欧州メーカーのブランド戦略でひとつ特徴的なことは、フェラーリやランボルギーニのようなスーパーラグジュアリーを保有することだ。数量は非常に限定的でも、高度なクルマ文化を敬愛する欧州市場において欧州メーカーが欧州ブランドたりえる大切なブランドアイコンであることは間違いないだろう。自動車のコモディティ化が確実に進展するなかで、ブランド価値の世界的な下方シフトが続くとすれば、現在のプレミアムブランドの価値下落も長期的な懸念である。ラグジュアリーとプレミアムブランドの間に市場を発展させることが可能であれば、ブランドバリューの下方移行への対策が打ち出しやすいとも考えられる。ポルシェの自動車事業であるポルシェAGも2012年にVWが100パーセント支配下に収め、ＶＷグループのブランドとして戦略の一元化が図られる。

　アウディの販売台数は２０１２年には１４５万台となり、過去5年間の平均成長率は９パーセントに達する。売上高は４８７億ユーロ（日本円換算６兆３３１０億円）、営業利益は53億８０００万ユーロ（同６９９４億円）の収益を上げ、営業利益率は11パーセント、ＶＷグループの収益の半分以上を稼ぐ重要な収益源に成長した。この中には中国合弁会社のＶＷ持ち分利益は含まれていない。出資比率に応じたＶＷの持ち分相当の営業利益は36億７８００万ユーロ（同４７８１億円）の規模に達している。仮にこの３分の１がアウディの寄与とすれば、同ブランドは72億２０００万ユーロ（同９３７９億円）の規模の利益寄与を実現できていることになる。欧州通貨安という追い風があることは事実であるが、立派な収益性を生み出すことに成功している。

　アウディは２０２０年に全世界の総販売台数を２００万台へ拡大する強気な計画を掲げている。北米で初めての自社工場となるメキシコのサンホセチアパ工場へ９億ドルを投資し、次期「Ｑ５」を２０１６年から生産能力は年間15万台で生産開始の予定である。中国でも生産能力が増強され、現地生産規模を30万台から50万台規模へ引き上げる計画にある。

3　激戦の中国市場を制する欧州ブランド

日本メーカーは中国リスクとどう向き合うか

２０１２年９月、前年の東日本大震災とタイ洪水のサプライチェーン寸断や、福島原発事故による構造的なエネルギー問題など、日本車の国際競争力を揺さぶる難題からなんとか息を吹き返し、反撃に出ようと思ったその瞬間を襲ったのは尖閣諸島の帰属問題を巡る激しい反日暴動であった。日系企業の工場、自動車販売店は破壊され、暴徒化した民衆によって路上の日本車は焼き払われる。抗日感情の高まりに加え、高価な車両を焼き討ちされるリスクも加わり、この出来事は日本ブランドを深く傷つけることになった。今回の暴動を契機に、日本ブランドから欧米へのブランドスイッチが着実に進展している。

過去にも反日行動はあり、それなりの影響を受けたが、不買影響が深刻に長期化することはなかったし、ブランドスイッチの発端になることもなかった。最近では２０１０年の尖閣諸島での漁船衝突が引き金となった日本での反中運動に対する抗議に端を発し、10月半ばから各都市で数万人規模の反日デモが起こり、一部は暴徒化している。２００５年３月にも、竹島問題（韓国では独島問題）を契機に中国で反日運動が起こり、４月にかけて一部が暴動に発展した。いずれのケースにおいても抗日デモの影響は１～２カ月程度で正常化した。しかし、今回の抗日デモの深刻さは過去を遥かに超える大

図7-6　抗日デモ前後の日本ブランド市場シェアの動き

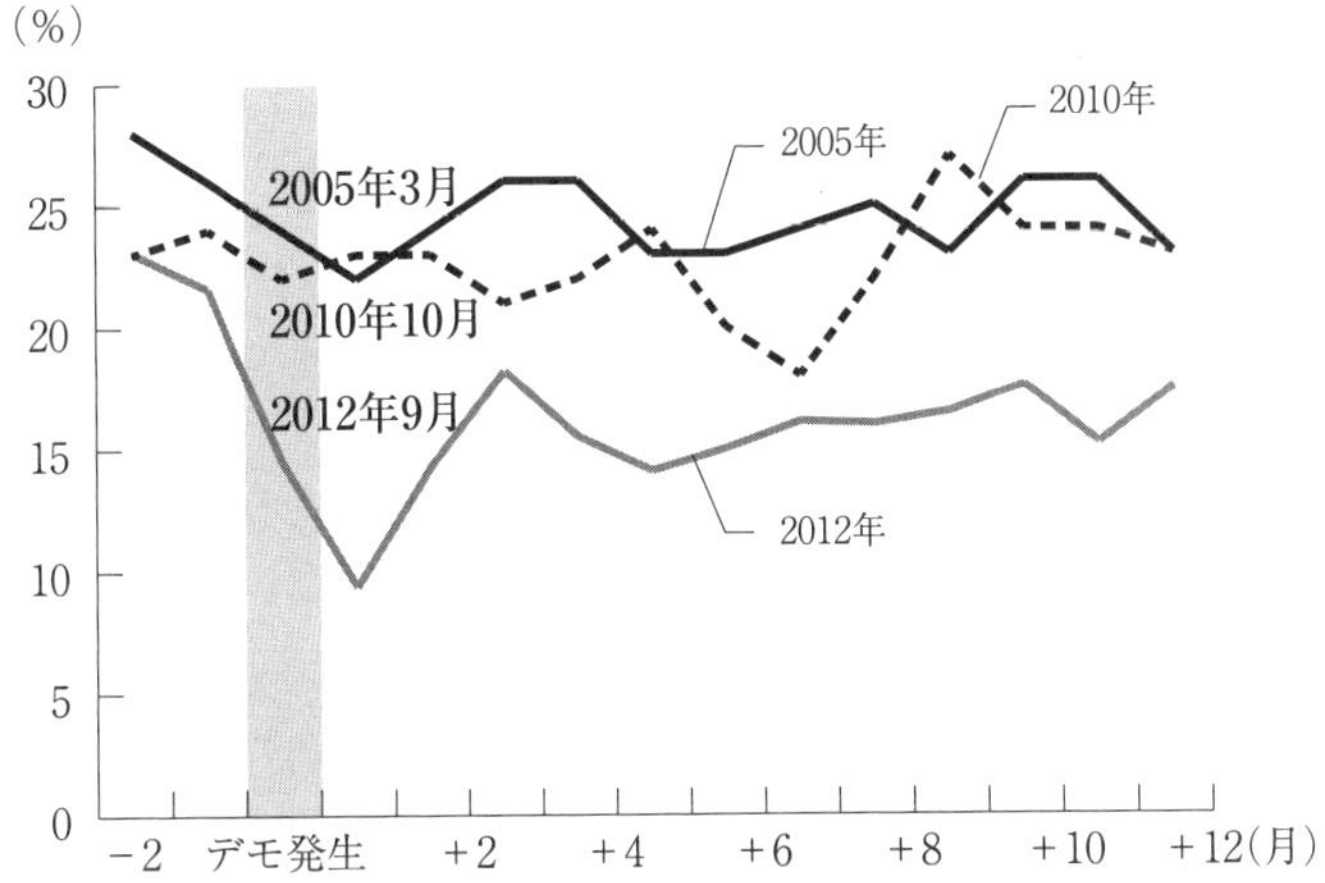

出所：中国汽車工業協会のデータを基にナカニシ自動車産業リサーチ作成

きさと激しさがあり、結局、1年が経った現在でも日本車の市場シェアは暴動前の水準へ戻ることはない。

かつてのドル箱であった米国市場が成熟期を迎え、日本の自動車メーカーにとって中国事業は数量成長と収益性の両方を備えた重要市場となる。しかし、度重なる反日デモの発生と国家間の政治問題は想定以上の地政学リスクを生み出した。そのリスクは企業努力でコントロールできるものではない。いつ、どのような規模で襲ってくるか予知不能のリスクであった。

中国リスクを目の当たりにして、中国市場でどれだけのリスクを取るか、日本メーカーは苦悩する。ホンダとトヨタは純潔な日本企業として、フランス資本が入っている日産よりも警戒を強めざるを得ない。日産は迷うことなく従来の拡大基調の継続を決定した。ホンダも穏やかにアクセルを平時レベルへ戻し、様子をうかがいながらも挽回する体制を整えている。しかし、トヨタの中国市場への投資マインドの回復へは最後まで時間を要した。

世界最大市場に躍り出た中国市場への取り組みを弱めることはできるものではなく、重要な議論はリスクのコントロールである。中国地政学的リスクは、日本の自動車メーカーにとって避けられない現実であるかぎり、中国という虎穴に入るなら、そのリスクを分散し管理可能な姿へ早期に確立することが求められる。いかに中国市場の魅力が多大であっても、無防備に投資拡大し同市場への依存度を高めていくことはリスクコントロールの観点から望ましいこととはいえない。日本メーカーは、中国以外の新興国への優先度を高め、管理可能な中国ビジネスとの接点を見出していくことが必要となったのである。トヨタは東南アジアへの投資拡大を加速しながら、中国事業を穏やかな成長路線に回帰させる戦略をとっている。

ＶＷは中国４００万台体制に突き進む

日本車の市場シェアが伸び悩むなか、ドイツ、米国ブランドが非常に好調にシェア拡大を遂げている。２０１３年上半期は欧州ブランド、米国ブランド、韓国ブランド、中国ブランドが2桁の高成長を維持するなか、日本ブランドは9パーセントも減少し、市場シェアを4ポイントも落としている。欧州ブランドに2パーセント、米国と韓国ブランドがそれぞれ1パーセントずつシェアを奪った形となる。

中国経済の構造的な問題を受けて、自動車販売の成長率は減速が不可避な状勢ではあるが、人口動態、道路延長、所得増加、自動車保有率から判断して、中国の自動車市場が２０１２年の１９３０万台から２０２０年までに２５００万台以上の巨大市場に達する公算は高い。沿岸部の自動車市場は確かに成熟市場化を示すが、内陸部の３級、４級都市のマーケットは2桁の新興国的なモータリゼーションが進行中である。このような二重構造が現在の中国市場の特性だ。成熟化にひるむか、内陸部に果敢に攻め込むか、各社の対応はさまざまだ。

日本ブランドの停滞を好機と見たＶＷは、従来手薄であった中国南部へ侵攻を強めている。２０１３年9月、生産能力30万台を持つ広東省佛山工場が「ゴルフ」生産で操業を開始し、２０１４年にはアウディ「Ａ３」の生産を立ち上げることが決定済みだ。生産能力は２０１５年までに倍増の60万台へ引き上げられことが合弁先パートナーと合意済みであり、ＶＷグループの南部侵攻の重要生産拠点に発展していく公算である。尖閣諸島問題以降、ＶＷの中国南部での市場シェアは急速に上昇している。

ＶＷグループは中国における自動車生産能力の積極的な引き上げを計画しており、２０１１年の２２０万台を２０１４年に３００万台、２０１８年に４００万台へ引き上げることを発表済みだ。２０１２年12月に発表された計画によれば、２０１３年から２０１５年までの3年間で中国合弁会社は合計99億ユーロ（日本円換算1兆２８７０億円、年間あたり４２９０億円）もの巨額な設備投資を実施する方向である。中国国内のディーラー網整備も急速に進める。２０１１年にＶＷ、アウディ、シュコダ合計で１５９０店の販売網を中期的に３０００店へほぼ倍増させる。アウディは２４０店から５００店以上へ大幅に増加させる計画である。中国では既に50パーセント以上のプレミアムモデルの

図7-7　VWの中国合弁会社の営業利益の推移

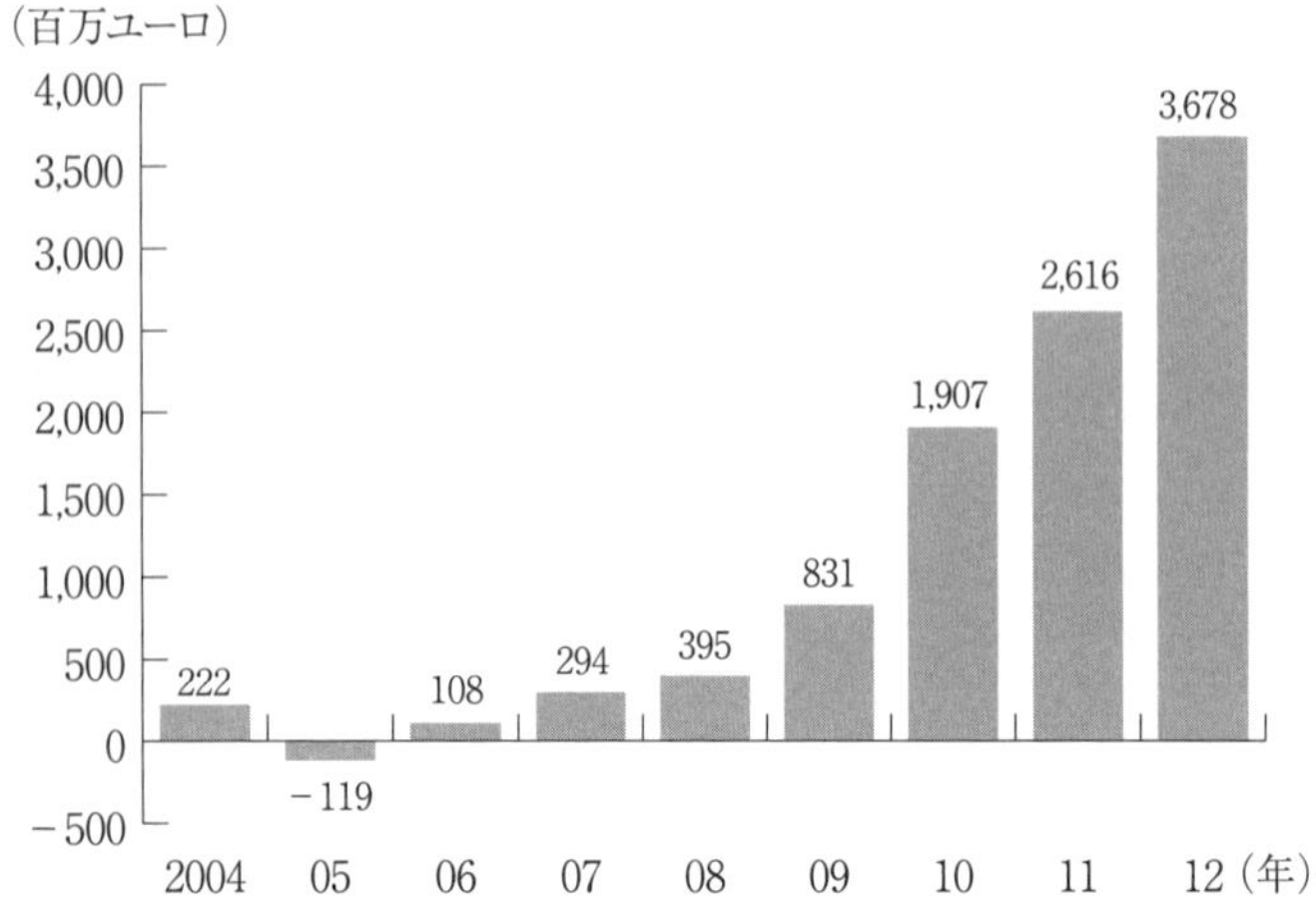

注：現地合弁会社営業利益のVW出資比率に応じた利益のみで、ロイヤリティや本社の輸出利益を含まない。
出所：VWアニュアルレポート

販売は1級都市以外の郊外や内陸部に移行し始めており、今後はプレミアムブランドも内陸部の販売網整備が勝負の分かれ道となってくる。

VWグループの中国収益は現地の合弁会社の収益のみが開示されている。同社のアニュアルレポートに基づけば、2012年の中国合弁会社合計の営業利益は84億2400万ユーロ（日本円換算1兆951億円）に達し、VWの出資比率に応じた比例営業利益は36億7800万ユーロ（同4781億円）に達する。中国合弁会社は持分法適用会社であるためVWのグループ営業利益には含まれず、この収益は持分法利益として純利益に含まれる。推定される中国合弁会社の純利益への寄与は27億5900万ユーロ（同3586億円）となる。一過性の利益を除いた平準的な同社グループ純利益の25パーセント以上が中国合弁会社の利益となる計算だ。しかし、ここには営業利益に含まれるロイヤリティや完成車輸出利益が含まれていないため、実際の中国依存度はさらに高いと考えていいだろう。

トヨタは周回遅れ

トヨタチャイナビジョンに基づけば、トヨタの中国戦略は必ずしも現在の出遅れを一気に挽回しようとする果敢な計画ではない。2015年目線の中国販売台数は当初計画の180万台近くを大幅に下回る135万台レベルに照準を合わせているようだ。もっとも、2013年の販売計画は90万台から判断して楽観できる水準でもないのである。

「3年間のゼロ新工場」の豊田社長の方針を受けて、中国における新工場計画は長春のCVT新工場に留まっており、完成車の新工場建設計画はいまだに正式に発表されていない。しかし、長期的には現在の92万台の生産能力を2015年頃に115万台前後、2018年までには150万台規模を目指すものと予想される。それでもVWの規模の3分の1に留まる見通しだ。

技術戦略の中核はハイブリッドにおかれる公算だ。江蘇省常熟市の開発子会社を稼動させ、次世代自動車の現地化体制を強化する。正式に2015年には現地開発・生産のハイブリッドシステムを搭載したモデルの生産を開始することが決定されている。ハイブリッド技術を足掛かりに中国市場シェアの回復を狙う考えである。省エネ（ハイブリッド）・新エネルギー車（電気、プラグイン）を主とした事業戦略を成長戦略のコアにおき、省エネ・新エネルギー車両の市場シェアの20パーセント程度を狙

図7-8　トヨタの中国仕向地営業利益の推移

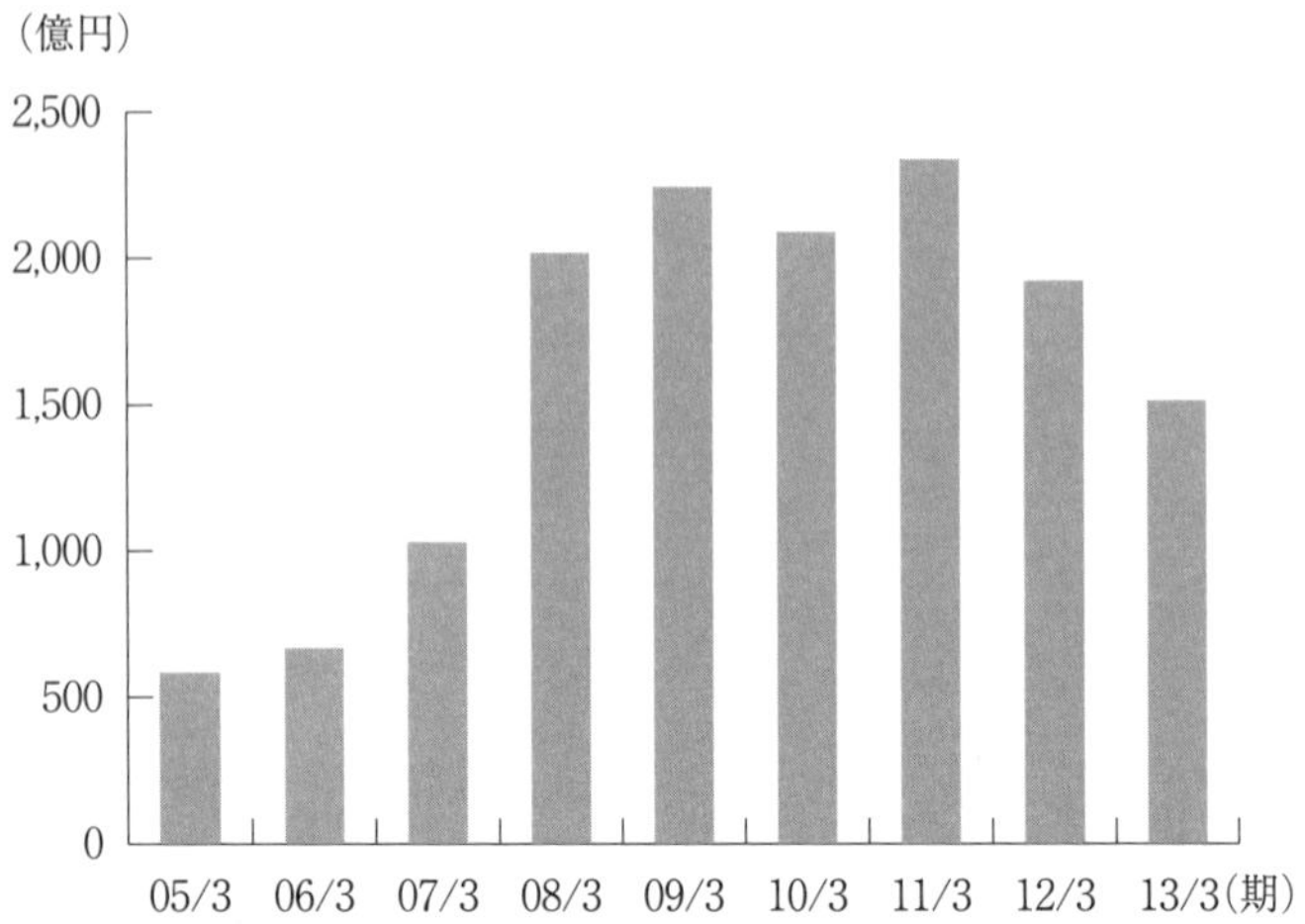

注：中国仕向地営業利益は単独、子会社の中国向け営業利益に現地合弁会社の営業利益の出資比率を加算した実質的な中国仕向地営業利益
出所：ナカニシ自動車産業リサーチ推定

う。専務の大西弘致はレクサスの中国生産について検討中ではあるが、生産開始には時間を要する見通しを示した。計画から遅れ気味のレクサスの販売台数や、高品質な部品の供給体制の確立などの課題はまだ多いとされる。

トヨタの中国事業収益は停滞していると考えられる。会社側の正式開示はないが、２０１２年度純利益でロイヤルティ、輸出、中国子会社、現地合弁会社の合計で約１５１１億円の中国事業の純利益を生み出していると推定される。連結純利益に占める比率は16パーセントとなるが、同年度は利益水準が未だ低かった時期である。過去最高益をうかがう勢いの２０１３年度では同比率は13パーセントまで低下するだろう。トヨタの中国利益依存度は非常に低く、ＶＷを含めた欧州メーカーとは著しく構造が違う。

トヨタは東南アジアの防衛ラインを固める

控えめな中国とは対照的に、トヨタは自社の牙城である東南アジアへ戦略的な拡大投資を加速化させている。トヨタの２０１２年度の中国販売台数は82万台、アジアは１４７万台と、はるかにアジアの事業規模が上回るのである。営業利益への収益寄与度でみても、２０１２年度実績のアジアセグメントは３７６０億円にも達し、先述の中国事業利益をはるかに凌駕する。優先順位は明らかにアジアの防衛ラインの強化にあり、東南アジアに難攻不落の砦を築くことにある。

トヨタが市場シェア38パーセントを握るタイでは、生産能力を65万台から２０１４年までに76万台に引き上げ、将来的に１００万台体制を早期に確立する方針である。新設のゲートウェイ第二工場でタイ仕様のエコカーを導入、２０１５年に新型のＩＭＶ（「ハイラックス、フォーチュナー」）を投入する方針である。ディーゼルエンジン工場へ４００億円投資し、現地生産能力を32万基から61万基に大幅に引き上げ現地調達率を高める。

もっとも注力するのがインドネシアだ。グループ全体で5年間合計13兆ルピア（１４３０億円）を投資し、グループで50パーセントを有する市場シェアを固める考えだ。ダイハツ工業を含める生産能力は44万台から２０１４年までに69万台へ引き上げる。インドネシアのグリーンカー低価格プログラム（ＬＣＧＣ）による競合に先駆けて「アギア」を投入し、新中間層の新規購入者の取り込みを急ぐ。

第８章

2020年の激突

1　棲み分けから激突へ

トヨタとVWの棲み分けの構造

トヨタとVWはまったく性質の違う会社で、企業文化、経営手法、強みとする技術、製品特性、得意とする地域など、ことごとく違う領域で棲み分けを成立させてきた。ただし、違う領域であっても、それぞれナンバーワンを目指し、両社とも非常に愛国的で社員や家族を大切にし、地域との関係を重んじるところはよく似ている。そして、創業ファミリーが経営に関与しているところも同じである。

VWは欧州と中国に強く、技術はディーゼルエンジン、直噴小排気量過給ガソリンエンジンに比重が高く、設計思想や製造は組合せ型とモジュール、サプライヤーの水平分業モデル、外部成長を得意とする。トヨタは米国と東南アジア、技術はハイブリッド、設計思想や製造は擦り合わせ、サプライヤーの垂直統合モデル、内部成長を強みとする。VWはブランドやデザインなどのソフト面に非常に強く、巨大かつ多様な組織を科学的にマネージする仕組みを作り上げる。トヨタはものづくりと人づくりの会社であり、標準化された内部成長を重んじる。

世界市場での両社の棲み分けの構造は歴然としている。図表8－1に、43の市場で両社の市場シェアを対比させた。上からトヨタが市場シェアの高い国順に並べていけば、面白いようにVWの市場シェアが優勢な国は下から並ぶ傾向が見て取れる。しかし、このような平和な時代は永くは続かないと

図8-1　主要国の市場シェアの比較：トヨタ対VW

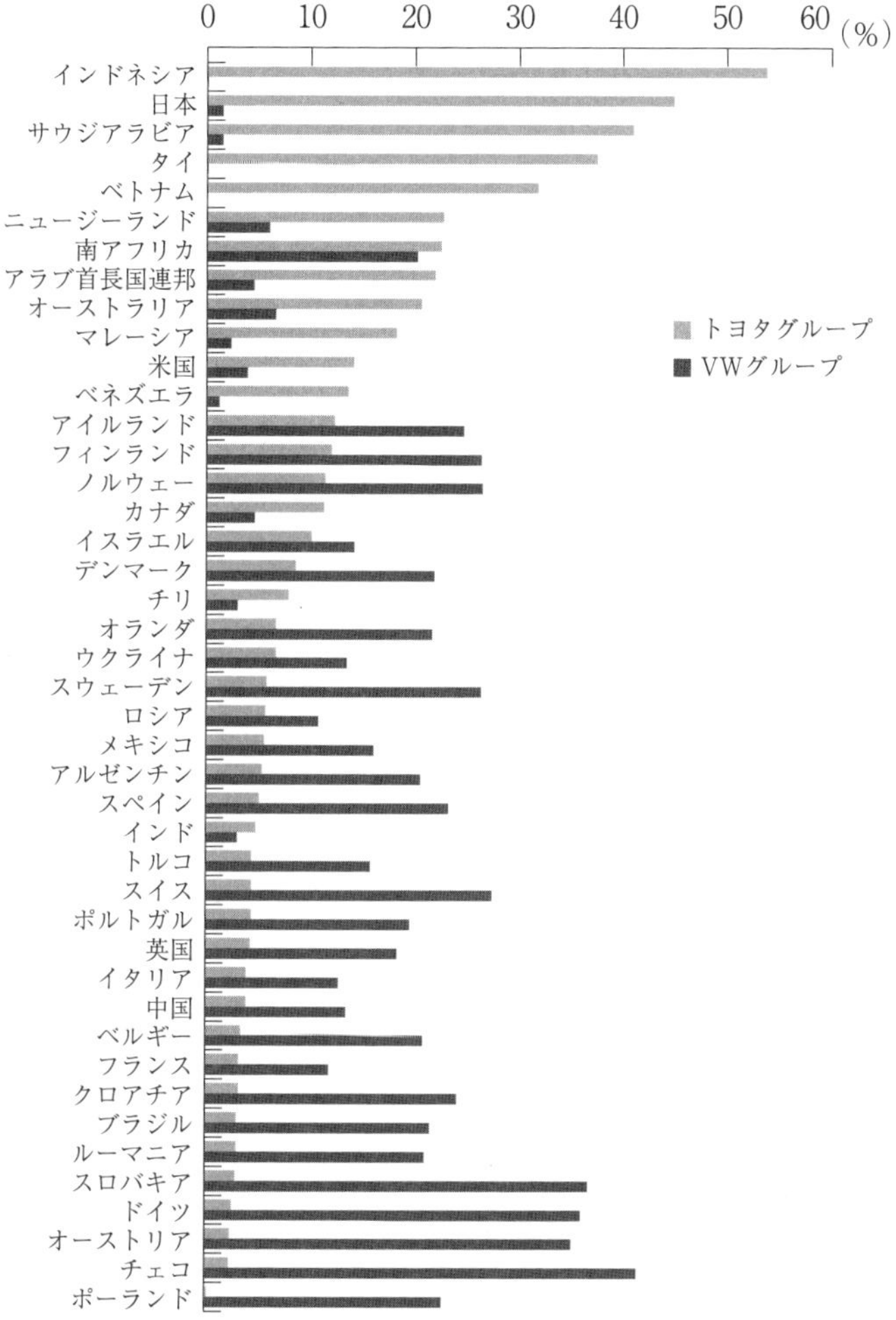

出所：マークラインズのデータを基にナカニシ自動車産業リサーチ作成

見るべきだ。両社の地域戦略、中期の事業計画、技術開発の方向性を考慮すれば、２０２０年の時間軸で両社が様々な市場、製品、技術で衝突する未来が見えているのだ。

トヨタが持続的な成長を遂げるためには、中国、インド、ブラジルなどの新興国で市場シェアを奪うことが求められ、これはＶＷの有力市場に切り込まなければならないことを意味する。一方、ＶＷは中国市場に著しく依存するアンバランスを解消するためにも、米国、東南アジア、インドにおける基盤確立が必要である。双方ともに相手の強い領域に切り込まなければ健全な成長と地域バランスが保てない構造にある。

技術面でも衝突が予想される。トヨタはＶＷが先行する小排気量過給ガソリンエンジンを早期にラインアップ化していく方向である。ＶＷが口ではハイブリッドよりプラグインハイブリッドが有望といっても、数量を求めるにはハイブリッド領域の強化を避けては通れないだろう。世界の各国の燃費規制のクリアには、ハイブリッド技術に加えて小排気量過給ガソリンエンジンの混合政策が不可欠の情勢になっているためだ。

ＶＷは米国の強化が念願

米国での競争地位を再構築することは、ＶＷにとって最重要な経営課題といえる。ＶＷは２０１８年までに１００万台の米国販売台数を目指し、米国市場を見据えた商品投入、ディーラー強化、生産体制の拡充を果敢に進めると公表してきた。ＶＷブランドを２０１２年の43・８万台から80万台、アウディブランドを同13・９万台から20万台に引き上げる計画だ。このためテネシー州チャタヌーガ工場、メキシコのプエブラ工場の増産計画に加え、サンノゼチアパにアウディの新工場を建設する計画だ。新工場建設と既存工場の増産体制確立に二の足を踏むトヨタとは対照的な姿を見せている。しかし、米国での事業基盤構築はそれほど容易なことではなく、計画は現段階では目論み通りに進展していない。「パサート」の販売台数が計画に届かず、２０１３年４月にはチャタヌーガ工場で５００名のレイオフを実施している。ただ、これにひるむことはないだろう。

世界販売台数ナンバーワンを実現し、世界的な自動車会社として確固たる地位の確立を目指すには、米国市場で着実な地位と収益性を確保して、経営の安定をはかることが不可欠と考えるべきだ。現在のＶＷの市場別の販売構成比率は、欧州が40パーセント、中国が30パーセント、南米が10パーセントとなっており、欧州経済との相関関係の強い中国、南米を合わせて80パーセントもの高い構成を占める。トヨタは日本が20パーセント、北米27パーセント、アジア27パーセント、その他26パーセントと分散がいい。今後５年間、ＶＷは中国市場での強烈な成長戦略を実施するわけであり、このままでは中国市場に偏りすぎた歪んだ収益構造を持ってしまう。そのような状態では永続的な企業の繁栄を担保することはできない。欧州と中国の経済循環と距離があり、市場としての懐の深い米国市場に基盤を構築することは必須なのである。

第２トヨタは新興国を攻める

トヨタは「新興国市場の成長なくしてトヨタの成長なし」という状況が続くだろう。新興国といえば、トヨタはアジア市場で絶大な強みを持っているが、その主力販売は富裕層向けの商品であり、低

図8-2　中国生産能力台数の見通し

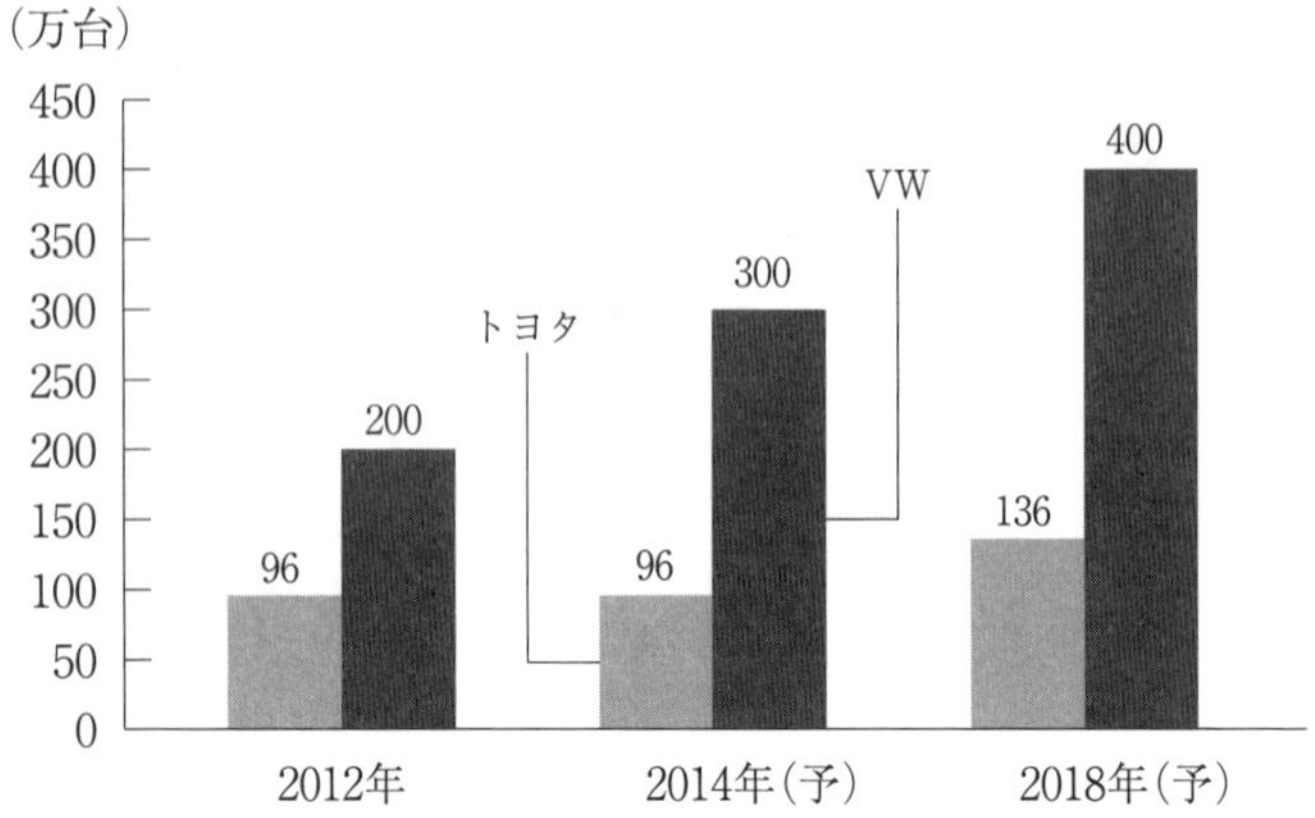

出所：各社資料を基にナカニシ自動車産業リサーチ作成

価格の新興国市場は苦手だ。したがって、インドでの存在感は小さい。過去10年間で新興国市場への販売比率を21パーセントから44パーセントへ倍増させたとするが、その成長の背後には、ＩＭＶシリーズの「ハイラックス」ピックアップの販売で富裕層向けに大幅に伸びたという事実がある。

　トヨタは２０１３年の組織改革で先進国を担当する第１トヨタ、新興国を担当する第２トヨタの２つの大きな組織に分け、ニーズにマッチした商品を迅速に投入し成長を確実に取り込む考えだ。トヨタ／サイオンブランドの世界販売台数が１０００万台を達成する時には、新興国で半分の５００万台を目指す考えである。ただし、この５００万台の目線は必ずしも非常に高い目標を掲げたという印象ではない。ダイハツ、日野も含めたグループ販売台数は２０１４年、トヨタ／サイオンブランドが１０００万台に到達するのは２０１５年から２０１６年頃と予想され、その時点では新興国販売台数は４５０～４６０万台、新興国比率は約46～47パーセントに上昇する可能性が高く、２０２０年までには余裕で到達できるだろう。２０１２年のＶＷの新興国比率は約50パーセント、東欧を新興国に加えれば58パーセントとなる。新興国に対する比率ではまだまだＶＷが優勢であろう。

トヨタにとって新興国ビジネスが苦しい舵とりとなるのは、尖閣諸島問題後の中国市場との距離感をいかに適正化するかに依然苦慮しているためだ。世界最大市場である中国市場への根本的なコミットメントが変わるわけではないが、適切な地政学的リスクの管理を実現しなければならない。事実、トヨタは尖閣諸島問題以前に議論されていた２つの能力増強計画を未だに正式決定させていない。販売回復が鈍いといってしまえばそれまでだが、２０１５年頃には稼働開始に漕ぎ着けて成長力を確立する攻めの計画を早期に決定することが必要であろう。

２０２０年には大幅にＶＷが販売台数で上回る

現在のトヨタとＶＷの戦略に立てば、成長モメンタムを持ったＶＷに対してトヨタの成長力が劣る展開が起こることは容易に想像される。競争力の本質を立て直そうとする現在のトヨタ経営陣には、販売数量の競争は重要な意味をもたない。２００８年の反省に立ってむやみに新工場投資を行わず、最後の最後まで労使が協力し知恵を出して必要な台数を捻出しようという姿勢を維持している。そのためトヨタが増強している生産能力は既存工場を中心に限定的である。明らかに生産能力が必要だと思われる米国でもこの姿勢は揺るがない。この方針の結果、トヨタの販売数量の成長率は徐々に鈍化

図8-3　トヨタ 対 VW　2020年の世界販売台数予測

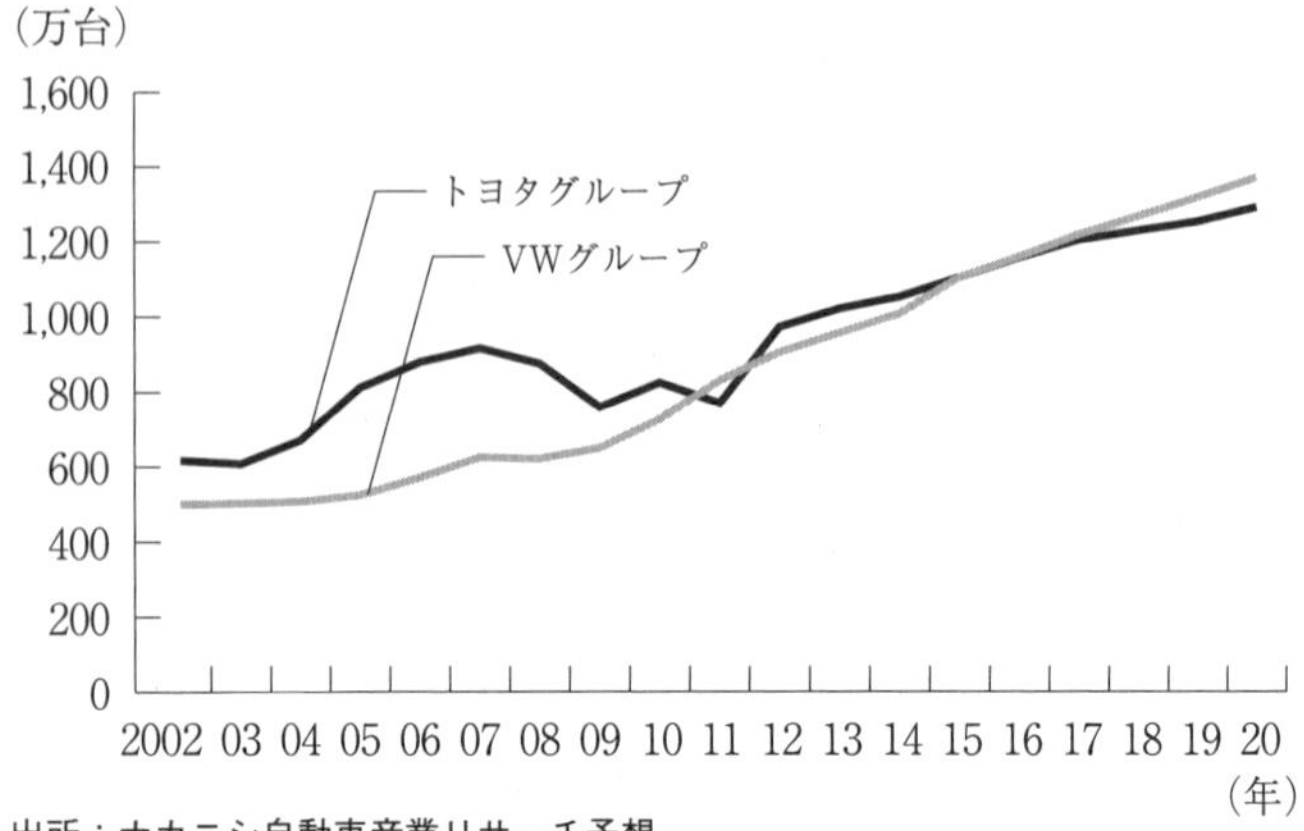

出所：ナカニシ自動車産業リサーチ予想

する公算である。

拡大投資を積極化するＶＷに対し、慎重な能力増強に留めるトヨタの成長格差が開くことは避けられないだろう。中国市場の拡大基調に際立った変化がないかぎり、２０１５年頃にＶＷがトヨタに並び、２０１６年以降は世界トップに躍り出る可能性が現段階は高そうだ。２０２０年に向けて規模格差は拡大する公算である。ＶＷは極端に中国依存の高い状態になることが非常に大きなリスクである。地域分散は是が非でも実現しなければならない重要な課題となってくる。ＶＷは米国とアジアへの地域分散を進めるために、内部リソースをこれらの地域により多く投下し、トヨタの牙城を攻め続けることになるだろう。同時に、Ｍ＆Ａを活用し、これら地域への分散を加速することも想定すべきだろう。

２０１４年にトヨタの保守的な体質固めの方針が転換するか否かは、トヨタがいかに自信を回復し、次の10年の成長戦略をどのように描くかを占ううえで大切なポイントとなるだろう。トヨタが心中で抱いている「3年間新工場ゼロ方針」は２０１４年末までの目線の議論であると考えられ、２０１５年からの稼働開始を目指した能力拡張の議論は遅かれ早かれ始まると考えるべきだ。メキシコを含む北米、中国、タイなどの能力増強は、需要増大に合わせて、適切なタイミングで実施していかなければならない。すでに、地域主導で成長計画に沿った新工場案件の声が数多くあがり始めていると聞こえており、トヨタが成長のアクセルを踏み始める日が遠いとは思われない。

トヨタは、経済状況を見極めつつ、２０１５年から再加速する公算が高い。２０１６～17年にかけて、インド、中国を中心とする新興国戦略を抜本的に見直し、再び攻撃的な姿勢に転じる可能性が高い。その時は、グループ力を結集し、ダイハツ工業のエンジニアリング力だけに留まらず、第2ブランドを構築する展開もありえるだろう。その段階までは、現在圧倒的な競争力を有する東南アジアへ重点投資を実施し、同地域での成長加速とＶＷやヒュンダイへの参入障壁を決定的に高める考えなのだろう。

忘れてならないのが米国市場におけるトヨタのポジションの再定義である。この市場でのトヨタの姿勢はまだ自粛ムードが漂うが、いつまでもそのような低姿勢に留まるとは思われない。ＧＭの再建が完了すれば、トヨタは再び米国市場での地位向上へ動くシナリオがある。市場シェア引き上げを目指した反撃を開始するとなれば、トヨタとＶＷの世界ナンバーワンの戦いの構図は一層激しさを増していくことになる。

2　環境技術のデファクトを制するのは誰か

2020年の環境技術の姿

環境技術はとにかく先読みが難しい。各国の規制や税制の変化があるうえに、大きな技術的なブレークスルーも予測できない要素が多い。その点を踏まえたうえで、以下の4点はある程度の確度をもって見通せるのではないだろうか。

第一に、クルマの環境と安全への法規対応コストは著しく上昇しても、ユーザーがその対価を支払う領域は縮小を続ける公算が高い。自動車会社は膨張する費用をコントロールするためにはアーキテクチャからクルマの設計を見直す必要に迫られる。

第二に、世界先進国＋中国の燃費規制は2020年頃までに地域格差が大幅に収斂し、CO_2排出量100g／㎞レベルにまとまっていく。この規制対応を実現することが最も厳しいハードルになる。厳しい燃費規制をクリアできる決定的な技術に依存することは誰もできない。内燃機関からハイブリッド、プラグイン、電気、天然ガスなどのパワートレインミックスを適切に配分する必要に迫られる。

第三に、複合的な技術を一社ですべて持ち、競争力を確立することは困難であり、技術アライアンスで補完する企業行動は今後も過熱するだろう。

第四に、量的に小排気量過給ガソリンエンジンが最も普及するが、ハイブリッドの世界的な普及も順次進展すると考えられ、特に中国・米国・日本ではハイブリッドのポテンシャルが高まる。

電化パワートレインのポテンシャル

小排気量過給とハイブリッドはともに社会的な要求を満たすうえで必要な技術であり、双方が普及を高め、厳しい燃費規制をクリアする原動力になるのが基本シナリオとなるだろう。地域の要求特性に応じていずれかの人気が勝ることはあっても、勝敗が決するよう性質の議論はない。ＶＷがハイブリッドに否定的な発言を繰り返すことが、ハイブリッドの競争優位を疑う原因になっているようだが、そのような発言にはあまり根拠が感じられない。ＶＷが本気でプラグインハイブリッドに取り組んでいることがその証左であり、数量普及を実現するためにはハイブリッド領域へも真剣に取り組む可能性が高いと見るべきだ。プラグインハイブリッドは有望な技術ではあるが、いきなり量販領域がプラグインハイブリッドに飛躍することは、そのコストの高さからなかなか考えにくい。

大気汚染やCO_2の環境対策と安全保障上の観点（石油の輸入量増加を抑制する）から、中国はエネルギー車への産業政策が大きく変化する可能性がある。これまで省エネルギー車として目立った優遇がなかったハイブリッドへも普及を促進する産業政策を従来以上に積極化させる可能性がある。燃費規制をクリアするために一定の電化比率を実現しなければならない背景から、小排気量過給とハイブリッドの双方が普及するポテンシャルが高い。中国、米国での成長を考慮すれば、２０２０年にハイブリッドは世界市場の13パーセントまで拡大する可能性がある。

プラグインハイブリッドはプレミアムブランドでの普及が先行し、電池コストの下落を待って大衆車へも普及が進む公算だ。2020年の段階で電池コストが想定通り2〜3万円／kWhに近づくなら、充電ステーションの設置箇所拡大とも合わせ、普及期に差し掛かる可能性がある。電気自動車は一気に需要がシフトするような飛躍はなさそうだが、電気インフラは非常に便利かつ全世帯に普及しているることから、ニーズの高い地域へ着実に浸透していくだろう。走行距離の問題が抜本的に解決されるまでは、都市部のシティユースやパーソナルモビリティをコアに成長が続く公算である。2020年の段階でこういったプラグインの次世代エネルギー車両は世界市場の3〜4パーセントを構成するのではないかと考えられる。燃料電池車は2015年に価格が1000万円を切るトヨタ、ホンダの市販車が発売されることで第一段階の盛り上りが起こりそうだ。しかし、水素インフラ整備に多くの時間を要するだけでなく、現実的なコストダウンの工程を考慮すれば2020年目線では非常に限定的な存在に過ぎない。

小排気量過給ディーゼルやディーゼルハイブリッドの可能性は認識するが、大きく普及するにはコストのブレークスルーが必要であり、短・中期に目立った普及が進むとは考えていない。ただし、ディーゼルエンジンの競争力を持続的に維持することは欧州メーカーにとっては生命線であり、小排気量過給ディーゼルの技術進化には着目をしていくべきだろう。

ハイブリッドのガラパゴス化を避けるために

ハイブリッドがガラパゴス化せず日本以外の市場で普及を加速化するには、コストと燃費性能のバランスをもう一段高いレベルに引き上げる必要がある。2015年の次世代トヨタハイブリッドシステム（ＴＨＳ）は現行モデルから10パーセント以上燃費改善が可能という評価が聞こえる。もし、15〜20パーセント改善というハードルを越えられるなら、強い競争力を持ったパワートレインとなるだろう。トヨタの過去20年間のハイブリッドビジネスの中でも、次世代ＴＨＳはその真価が問われる重要なステップである。

第５章でも触れたが、ハイブリッドの普及を加速化させるために、サプライヤーを巻き込んでハイブリッド構成部品をグループ外へ拡販し、量産効果によるさらなるコストダウンを得るという新しいビジネスモデルへも挑戦すべき時期に来ているだろう。多くのコストを償却、回収しているトヨタに対して、ライバルメーカーのエントリーコストは依然高い。ハイブリッド構成部品のコスト格差が大きすぎては、他社の参入障壁となり本格普及の足かせになる。サプライヤーを巻き込んで廉価なシステムを広めていくことで参入障壁が下がり、より広範な地域でハイブリッドを普及させることを可能とするだろう。また、日本のものづくりの裾野を広げ、加工型産業発展への起爆材となりうるだけに、この成り行きは重要である。

3　クルマのアーキテクチャの変化と深層競争力への影響

ＭＱＢは魔法ではない

自動車の設計概念は疑うことなく従来のプラットフォームがモジュラー構造に進化を遂げている。

理由は大きく2つあると考えられ、第一に、複雑化をいかにコントロールするか、第二に、コスト削減の追求である。新興国での著しい数量増大を受け、クルマの仕様変数は放置すれば従来のプラットフォームでは管理不能に陥りかねない情勢であり、全体最適できるモジュラー構造のアーキテクチャが必要となっている。クルマはコモディティ領域が拡大するが、環境と安全対応の機能は拡大し、そのコストを価格転嫁できない厳しい制約が続く。部品コストを固定費領域から変動費領域まで削減可能なモジュラー構造に変更することで、より大幅なコスト削減効果を刈り取ることが必要だ。モジュラーへの取り組みはメーカー間で温度差があるように見受けられる。VW、ルノー・日産、PSAなどの欧州大衆車メーカーが積極的にアピールしている。しかし、その他のメーカーも定義の差はあれ、基本的にモジュラー構造にアーキテクチャは進化していると考えるべきだ。トヨタ、ホンダも同様であり、アピールするかしないかの差であろう。

ＩＨＳグローバルインサイト社の分析に基づけば、ＭＱＢは２０１５年で３００万台、２０２０年までに５００万台のＦＦ車両を派生生産するモンスタープラットフォームとなる。欧州で約２５０万台、中国で約１９０万台のスケールである。確かにこのスケールは大きいが、全体の生産台数に占める効率で見ればヒュンダイやホンダとそれほど大きく変わるわけではない。また、生産台数の規模でもトヨタの「カローラ」等のベースになっているＭＣプラットフォームと２０１５年段階では同規模である。ＭＱＢの先進性は高いが、魔法を生み出したかのようには捉えたくない。

大切な議論は、同じ機能を持ったモジュラーの数がどの程度あり、その中を構成する部品がモジュラーを超えてどの程度共通化されているかである。本当の効果はこの部品変数を削減するところにあるからだ。しかし、クルマに味や個性を強調しようとすれば、どうしても変数は増えてしまうものである。ＶＷの商品は走りも含めて非常に高性能との評価を受けており、コスト削減だけを目指したアーキテクチャではないはずである。コスト削減効果は間違いなく生まれてくるだろうが、夢のような利益がＭＱＢから生まれてくるとは思えない。

ＶＷの狙いはコスト削減だけにあるわけではない。現地化した数多くの現地生産工場で、プラットフォームが同じでも内蔵物が現地化して進化していけば、その変数は膨大な世界に入っていく。今後、１０００万台を超えて世界ナンバーワンを目指すとすれば、このような複雑極まりない管理を放置することはできない。それを科学的にコントロールする仕組みがモジュラー構造であり、ライバルに先手を打って整理に乗り出したともいえるだろう。

トヨタのＴＮＧＡはどこまで切り込めるかがカギ

トヨタのＴＮＧＡもＶＷと同様に、複雑化を管理する目的が大きな動機になっている。地震や洪水で未曾有の生産混乱を経験したことで、調達部品を共通化し世界規模で調達の複線化をコストペナルティなく実現したいという思いもあるだろう。トヨタの場合はＴＮＧＡで思い切った商品力向上、デザイン性の追求などを可能とするアーキテクチャを実現することに最大の狙いがある。ガラパゴス化しているトヨタ標準を一般的な基準に合わせ、トヨタ系列と海外メガサプライヤーを問わず廉価に部品をまとめて発注することでコスト削減も同時に達成しようとしている。

ＴＮＧＡがトヨタ標準からグローバル標準へと舵を切るというのは重要な変化である。インターフエースを標準化させ、グローバル標準の部品を活発に採用する考えだ。トヨタのインターフェースをグローバル標準に変更していけば、サプライヤーはトヨタとその他のメーカーとの二重開発を排除できる。トヨタ向けに開発した部品をトヨタ外の自動車メーカーへ拡販することも容易となる。「トヨタ・ファースト（トヨタを第一に）」という従来のサプライヤーとの取引概念を修正するような話である。

まとめ発注を進める動きは、欧州メーカーに多く見られるが、将来の数量を基準に固定費を引き下げ、最初から安く買うという「カレントセービング」の購入価格決定方法に接近してきた印象がある。「安く買うが、もっと他に数量を売っていい」という理屈であれば、はたして現在のトヨタ系列のサプライヤーがいきなり他流試合に出て行って勝てるのだろうか。さらに、トヨタが独自のインターフェースのオープン化をどこまで広げられるかも非常に重要な議論となってくるだろう。技術志向の強いトヨタの設計部門がおいそれと独自の標準を切り捨てるとは思われない。ましてや、足元は利益世界一の誉れ高い企業に復活しており、気持ちが緩めば挑戦も減るだろう。

ＴＮＧＡがゆっくりと時間を掛けながら進化する点はＶＷのＭＱＢ戦略と大きく異なる。ＴＮＧＡは２０１５年初頭にＭＣプラットフォームの入れ替え時に実現するといわれている。その後、２０１６年にＫプラットフォーム（「カムリ」クラス）の入れ替えが続き、２０１７年に入って小型のＮＢＣプラットフォーム（「ヴィッツ」クラス）の切り替えが始まる。長期間にわたって古い体質と新しい体質が共存することになるため、ＴＮＧＡ効果が発揮されるのはかなり先の事象と考えるべきだろう。

新興国の環境規制が進んでいけば、新興国の自動車構造も先進国に近いクルマに接近し、複雑かつ高度な製品に進化するだろう。先進国と新興国の自動車構造は収斂していくシナリオが見えており、まだまだアーキテクチャは進化する余地が残されているだろう。トヨタはこのような新興国の進化により適応したアーキテクチャを時代の流れを見極めながら最適化したいという思いがあるようだ。ゆっくりと変化をさせながら、より高度で高機能（しかし、廉価）なクルマ作りをするというのがトヨタの戦略かもしれない。

4　トヨタは〝最強〟を再現できるか

深層の競争力再構築には課題

トヨタの競争力を考えてみよう。第1章で触れたとおり、藤本教授の「表層の競争力」「深層の競争力」「収益力」の3つに層別して考える。「表層の競争力」を具現化し顧客に直接訴求できる商品力、性能、デザイン、価格という視点に立てば、トヨタの目に見える競争力は現時点では平凡だ。エンジン性能、デザイン、コンセプトなど、VWと比較して勝っているとはお世辞にもいえない。この「表層の競争力」がさえない理由は、単純に慢心しサボっていた、日本の六重苦を受けた外部環境悪化、経営判断の誤り（例えば米国偏重政策）などの原因があるだろうが、トヨタの場合はもうすべてだ。これらの問題は構造対応を断行すれば時間とともに挽回が実現できるからそう心配はない。

「深層の競争力」はどうだろう。もはやトヨタは『神』ではなく、少しすぐれた『同輩』という程度の存在になりつつあるようだ。「深層の競争力」は、戦略性、経営力、QCD、効率、生産性に加え、マーケティング、ブランドなどソフト面のマネジメント能力も含めて考えていくべきだろう。クルマのアーキテクチャが進化する中で、トヨタの「深層の競争力」は競争優位が減衰している可能性がある。複雑化するクルマの高機能化をものづくりと学習能力構築で対応し、競争優位を獲得したトヨタがかつて世界に躍り出たなら、シンプル化する機能をモジュラーへ変えてVWが競争優位を獲得する時代が来ても不思議ではない。クルマのモジュラー化という基調は誰しもが認めるところであるが、どの程度構造がシンプル化するのかという見方は人によってずいぶん異なる。したがって、どれだけドラスチックな変化になるかの結論は割れている。

アーキテクチャの進化の過程で、クルマのビジネスモデルの変質がどの程度ラジカルに進むかにもトヨタの深層の競争力は影響を受けそうだ。程度の問題はあるが、穏やかに垂直統合から水平分業が進行し、企業間の関係も相対的にオープンに進化する可能性がある。すなわち、全体を網羅するのではなく、どの部分で儲けるかという経営の戦略性も重要度が増すだろう。ものづくりの競争力はあくまでも製造業の基本にあることはいうまでもないが、ここだけに勝利を求めに行く時代感覚ではなくなったように感じる。ものづくり、人づくりというトヨタの強みは、絶対的なものから相対的なものへ変化していくだろう。

最後に、それら競争力の帰結としての財務パフォーマンス、「収益力」はどうか。これは驚くほど好結果であり、いまトヨタは最も収益競争力があるのだ。2013年度第1四半期の営業利益率は10・6パーセントにも達し、これは同時期のVWの6・5パーセント、フォードの3・8パーセント、ホンダの６・５パーセントを大きく凌駕する。為替が円安に振れていることが奏功しているが、２０１３年度で２００７年度に記録した過去最高益を更新することが濃厚であり、トヨタの収益力は著しく復活している。この収益力が本物かどうかは、これが真の競争力に支えられているか否かにかかっている。

表層、深層問わず、競争力の評価は為替や外部要因で歪められるもので、２００９年から２０１２年のトヨタの競争力の評価は地の底にあり、これは明らかに外部要因による下振れしすぎで実体がそこまで悪化していたわけではない。いまはその裏返しでもあり、会計的に大きく経費、投資を抑制したり、先行開発や将来の布石などを先送りしたりと、コストサイドは成長志向には立っていない。サプライヤーからの購入部品価格は円高期の協力価格が残っている。そんな時に急に為替だけ円安になれば、利益が噴き出すのは自明のことだ。

すでに、表層・深層の競争力で示した通り、トヨタの競争力が平凡だと判断するなら、突出して高い収益性が持続する保証はない。株式市場はここを見ている。２００７年に過去最高益を生み出した時のトヨタの株価高値は８３５０円だった。いま、トヨタが再び最高益への到達を疑う余地がなくても株価は前回高値の約75パーセントにしか回復していない。これは、このような高収益の持続可能性に確信がもてないことに加え、競争力回復が易々とはできないことを市場が織り込んでいるからだと考えられる。トヨタがこの世界最高の収益性を維持しながら競争力の引き上げに成功するのであれば、その時こそ再び『最強』の二文字の冠が得られるだろう。

２００３年度に日産自動車のゴーンはリバイバルプランで11・６パーセントもの営業利益率を叩き

出し、当時9・6パーセントのトヨタを凌駕した。ゴーンの手腕に拍手喝采となったものである。「トヨタの利益率を日産に劣らない水準に引き上げることはそれほど難しいことではない。我々は将来に向けて粛々と先行投資を続けてもこれだけの利益水準を出せているのだから」トヨタの主計室長で当時、IRを担当していた松野恒博は慌てることなくそうアナリストへ説明をした。

現在のトヨタが将来投資を十分に実施していないという意味ではないが、現在のできすぎた構造は、先行投資に溢れ骨太な体質を持った本来のトヨタらしい姿の収益力という風には見えない。日産の営業利益率はその後5年間一貫して下落、トヨタは2006年度に9・3パーセントを維持し、2兆2000億円の最高益を更新している。

真の競争力に裏付けされた骨太な成長戦略が必要

トヨタは明快な成長戦略を打ち出すことを躊躇しているように見られる。嵐の中の船出から、いち早くビジョンを示しあるべき姿を見つけだしてはいるが、今後3年、5年、10年のスパンでの成長戦略が具体的に描かれているとは思えない。「固定費で倒産する会社はあっても、機会費用で倒産する会社はない」という言葉がトヨタから時々聞こえてくる。いまのトヨタは投資することに非常に慎重になってしまっているようだ。2015年までは「3年間新工場ゼロ」の制約があり、この方針を決める2012年以前に機関決定していた5つの工場以外に新工場を建設する決定はいまのところなされていない。既存工場の能力増強はできる範囲内で実施しているが、まとまった能力が必要な場合、追加投資で段階的に能力を増やすことは長期的に効率のいい話ではない。2012年から2013年までの２年間で、トヨタが正式決定した生産能力増強は約20万台にすぎず、今後数年間で３００万台以上の能力増強を進めようとするＶＷとは対照的な姿にある。

しかし、能力拡張は２０１４年を境に迷いを払拭し、より積極的な経営戦略を選択する可能性が高いだろう。同時に、成長戦略も工場投資の決定とともにより明確な方向性が示されていくことになる公算だ。ここ数年間、投資を抑制した分、トヨタが再び成長志向に回帰したときのエネルギーは大きい。こうならなければ、トヨタは世界競争から脱落し成熟期を迎えてしまいかねない。

ハイブリッドはトヨタが持つ最も競争力の高い技術と製品である。この技術を中心に将来の戦略が描かれることはまず間違いない。２０１５年の次期ＴＨＳを搭載する新型「プリウス」がどこまでブレークスルーするのかは重要なカギを握る。同時に、トヨタは多彩で競争力を持ったパワートレインの多様性も確立しなければならない。

早い段階で改革が持ち込まれたレクサスは、再興へのスタートラインに立てた。少なくともトヨタブランドよりは格段に早く骨太の体質を鍛える改革が続いている。ただし、ここのセグメントはあまりにも競合レベルが高く、かつ競争力も強い。世界的なブランドバリューを築き、一歩でも地位を高めるにはそれなりに時間がかかるといわざるをえない。レクサス戦略の中核にあるのは間違いなく中国市場であり、その競争力を高めるには早期の現地生産への決断が不可欠である。取りこぼしの大きい東南アジア市場はレクサスの製品特性から見て有望であり、マーケティングの面的な拡大を地道に続けていかなければならない。

地域戦略においては、新興国市場での成長力強化を狙い、ダイハツ工業のリソース活用や第２ブランドの選択も含めて、２０１６～17年目線で始まる次の飛躍に向けた戦略議論がまさに行われているところであろう。現在の「エティオス」を軸にした新興国展開は短期的な決め手としても弱く、一定の台数成長が見込めても巨艦トヨタを推進する力には欠ける。抜本的な強化を目指した新たな動きが近く発動される可能性がある。

短・中期的に見て、トヨタにとって過去の遺産が大きく、深耕する余地が大きく残るのは米国市場である。ここへ向けた戦略の再構築は重要な意味をもってくるだろう。品質問題の洗礼以降、トヨタの米国市場シェアはピークの17パーセントを大幅に下回る14パーセント台に留まっている。この米国市場で再び成長を推進する選択はあると考えるべきだ。ＧＭの再建も進み、近い将来に市場が正常な競争環境へと戻る可能性があるだけに、トヨタにとってこの市場をこのまま放置するには余りにも惜しい。供給力をいかに確保するかの問題は残るが、米国市場で50万台レベルの規模拡大を実現することは不可能ではない。

米国における再起戦略は、国内生産台数の防衛をはかるうえでも重要な意味がある。国内生産台数３００万台を死守するということは、国内販売で１５０万台、輸出で１５０万台の構造を保つ必要があるが、これは正直なところ容易ではない。日本販売は長期的に凋落する懸念が高く、輸出台数も本来は地産地消であるべきで、じわり減少傾向となるほうが自然である。その意味で３００万台というのは本当に厳しいハードルと捉えるべきだろう。中期的に日本からの輸出を受け止められる市場など米国以外にはなさそうである。米国で再び成長戦略を描けるなら、国内生産台数の維持均衡の可能性も見えてきそうだ。ただし、円安、輸出、米国と聞けば、これはまさに２０００年代の古い繁栄の構図である。このような構図が長期にわたって維持できるとは考えにくい。米国における再成長はあくまでつなぎ戦略と考えるべきだろう。トヨタは真の競争力に強く裏付けされた骨太な成長戦略を再構築しなければ、繁栄を持続させることはできないのである。もし、この古い構図にトヨタが成長を求めるようであれば、それは他の領域に活路がないということの裏返しでもある。

あとがき

最終章も書き上がりかという10月に入り、20年前に出版された『激突――トヨタ、GM、VWの熾烈な闘い』の著者で証券アナリストの大先輩でもあるマリアン・ケラーと昼食を共にした。9月のフランクフルトのモーターショーで落ち合う予定だったが、多忙なお互いの時間が折り合わず1カ月遅れで実現した。そのおかげで本書執筆も大分と進捗しており、より深い結論を伴った有意義な意見交換ができた。

本書『トヨタ対VW』を執筆している最中ということで、話題はケラー女史の『激突』の第10章にある「世界で最もすぐれた会社は」の中に出てくる20年前の彼女の結論の答え合わせに向かう。ケラー女史は著作の中で「『一番最近に大きな問題を克服した会社』と答えるしかない」とし、「いま現在（1993年時点）それにあたるのはGMである」とした。

「もっと先のことになると、もう一つ、この自動車産業にはその誕生のときから何度か起きた不思議な事実がある。すなわち、個人が一人だけで、誰にも思いがけないときに爆発的な変化を引き起こしてきたのである。（中略）凡庸な人間がえてしてみごとに人を驚かせるものだということを心にとめておいてもよいだろう」。長期的な視野に立てば、一人のリーダーシップによって自動車会社の事態が「爆発的に変化する」ことも指摘していた。

1993年時点でまったく予測されていなかったことは、トヨタでいえば奥田碩の突然の社長抜擢であり、VWではドイツの社会的問題を乗り越えたフェルディナント・ピエヒの卓越したリーダーシップがあった。中国市場がこれほどまでの成長を遂げ、その市場でVWが偉大な成功を収めるとは想像もつかなかったであろう。ケラー女史が新ビッグスリーに選んだ日・米・独の3社はその後20年間、自動車産業の覇権を争い、GMは繁栄を極めたのちに成熟し、トヨタは著しく成長してトップを勝ち取った後、いまやVWに地位を脅かされている。10年の時間軸で見ればGMの選択は正解であり、20年で見れば一人のリーダーシップが思いがけないときに爆発的な変化を引き起こすという指摘もまさに現実のものとなった。GMは破綻を経験し、最も彼女が懸念を抱いたVWこそが次のトップをうかがう時代を迎えている。

本書の目的は、冒頭で触れたとおりトヨタとVWの闘いの勝者を安易に予測することにはない。2020年目線で見た2社の戦略と成長シナリオを客観的に分析し、予想される闘いの構図の中から混沌とする自動車産業の中で勝利できる真の競争力の秘密を探り出すことに狙いをおき、あえて安直な結論を避けながら本文を書き上げてきた。しかし、ケラー女史から「トヨタ対VWの闘いの結論はどうなるのか」と質問され、安易にも結論めいたことを回答してしまった。本書でも触れぬわけにはいかぬということで、最後に少しだけ触れてみよう。

少なくとも今後数年間にわたり、VWの躍進に陰りが見えることはまずなさそうであり、トヨタの反撃が遅れる姿が顕著になると感じている。第一に、極めて単純に投資循環の格差は大きすぎると考える。自動車は先行投資を必要とする産業であり、開発から生産までのリードタイムは非常に長い。果敢な開発と設備投資を実施したVWと、守りを固めざるを得なかったトヨタの成長機会に格差が生じることは自然なことだ。ＶＷの新プラットフォームである「ＭＱＢ」の完成度と競争力の高さは驚きがあり、今後数年間、ＶＷの競争優位を牽引する存在となる。中国市場、プレミアムブランドの成長格差もトヨタは当面ギャップを埋めることができそうもない。２０１６年頃を境に、トヨタは新アーキテクチャであるＴＮＧＡ、新開発パワートレイン、新興国における新戦略展開など攻めの施策と反撃体制が整い始める。この時点まで、強力な成長ドライバーは不在に映り、ＶＷに詰め寄られる様相が顕著になる。

第二に、加速度的にグローバル化する自動車産業に要求されるローカル化の管理能力も今のトヨタには向かい風だ。トヨタイズムの根幹である「人づくり、ものづくり」に基盤をおく経営システムは長期的に強みである。クルマという製品の特性が現状のアーキテクチャの進化過程の中にある限り、永続的にトヨタの競争力の源泉にあることは間違いない。しかし、複雑化するクルマの各地域の構造や組織をグローバル的に管理できる人づくりや教育が現在の自動車産業の成長スピードに追随することは容易ではない。トヨタの成功体験が簡単に修正が効くものとは思われず、トヨタは成長を優先するよりも、トヨタらしさをより大切にするだろう。これは、一歩間違えれば成熟化に拍車がかかりかねないが、今のトヨタにはこの道が賢明な選択となる。長期的に功を奏すか否か見通すことは困難だが、少なくとも中期的に成長を遅らせる因子となるだろう。

決定的な成長因子が不在の中、中期的な成長のカギを米国市場における再膨張が握るなら、これはまさに古い構造に立った基盤の延長線上にあり、永続的な繁栄が望めないことは明白だ。トヨタは向かうべき長期成長戦略と支える競争力の本質を見出さなければならない。最後に、トヨタの経営組織の柔軟性、風通しも長期的に競争力と繁栄を維持させる重要な要素だ。創業家による強いリーダーシップは危機を救い、奇跡的な復活劇を生み出した。創業家の旗印はこの成功をいち早く導く求心力であった。しかし、成功は傲慢に通じやすい。ジム・コリンズが説く企業の衰退が過去の成功の傲慢から始まるのであれば、トヨタは２０１０年の思いを心に留めながら謙虚に組織の体質改善を進めていくべきだ。

しからばＶＷが盤石であるかといえば、まったくそうは思わない。第一に、中国市場偏重の経営基盤は当面変わらず、成長の持続性には不安が大きい。米国と東南アジア市場への攻勢は計画通りに進捗する可能性は低く、万が一上手くいったとしても相当の時間を要す。M&A戦略を活用し外部シナジー主導で逆転を見出す可能性はあるが、包括提携が解消に向かいつつあるスズキを失うならば代わりとなりうる有力候補は見当たらない。第二は経営のリーダーシップであり、ピエヒの独壇場は多大なリスクとなる。ピエヒの過去の戦略は失策も数多くあり、必ずしも平坦な道のりとはいえなかった。年齢的な問題があり、後継者問題も不透明だ。第三に、グローバルなリスク管理は容易ではないと考える。各地域で独自に進むローカル化がＶＷの成長スピードを加速化させてきたが、１０００万台を超える規模に達した後に有効な管理を持続できるかはＶＷの新たな挑戦領域と考える。

今後10年経っても、自動車産業は非常に複雑で、激しく変化し、政治的な影響を受けやすいビジネスであり続けることは変わらない。新興国の成長が加速化すれば、単に構造が単純化することはなく、先進国ビジネスも巻き込んだ新たな次元の複雑さが加わるのだ。規模膨張と複雑化を賢く管理できるフレームワークを構築できる経営能力が求められる。もっと長期に立てば、クルマはさらに飛躍的な進化が待ち控える。近年話題の自動運転はその最たる例であり、ここではまったく違うビジネスモデルへの進化とグーグルのようなまったく新たなライバルとの衝突が控えている。本書では分析の時間軸が相違するため、この領域までは踏み込まず、別の機会に譲ることとするが、クルマの競争要因はこれからもダイナミックに進化を続ける。

見通せる数年間のVW優勢が持続するとの予想は簡単だが、2020年の通過点においても永続的繁栄を持続するのがVWかトヨタなのかを言い切ることは根拠に乏しく意味もないだろう。いずれにも勝利の可能性はあるし、いずれでもないかもしれない。フォードが航空機業界出身のリーダーであるアラン・ムラーリーCEOの卓越した経営力で復活できたように、自動車産業は経営者のリーダーシップがいかにも重要であり、思いがけないときに爆発的な変化を引き起こす産業であり続けるからだ。

筆者は1994年以来一貫して証券会社に籍をおく証券アナリストを生業としてきたが、今年、独立を決意し自身のリサーチ会社を起業した。この動機には、過去10年で株式市場、証券会社のビジネスモデル、証券アナリスト業務の質が著しく変化したことが影響している。株主不在の証券取引所、収益確保に追われる証券会社のもとで、証券アナリストの業務は、アナリストとしての本質的な調査・分析活動に十分な時間が取れなくなってしまった。誰が株主であるかも見えないのに、市場と資本家の論理のみで企業の価値と戦略を評価するジレンマに閉塞感を感じざるを得なかった。本来の調査活動へ回帰し、経験、実務、人脈を生かした新たなステージでの調査に取り組むことが不可欠と考えたわけだ。広範なステークホルダーの立場に立って、企業価値と戦略の分析評価を実施していきたい。

その意味で、起業直後にトヨタとＶＷという世界2トップの激突をモチーフに業界分析にチャレンジする本書執筆は、非常に有意義な機会となり自身の力となった。出版の機会を頂いた日本経済新聞出版社とご担当の渡辺一様へ感謝を申し上げる。トヨタ自動車、フォルクスワーゲンの広報部、ＩＲのご担当者様、各自動車会社のＩＲご担当の皆様には多大なサポートを賜り、御礼を申し上げる。最後に、執筆に向けデータ整理から雑務までサポートしてくれた、早稲田大学大学院博士課程の伊藤君、鈴木君、そして朴博士にお礼を申し上げる。

２０１３年10月

中西　孝樹

参考文献

◆英語文献・翻訳書

"Porsche and VW: What the Hell Happened?", *Automobile*, February 2010.

"Toyota recalls 1.7 million cars globally, including 245,000 Lexus sedans in U.S.", *Automotive News*, January 26th, 2011.

"VW may back third term for Piech as chairman", *Automotive News Europe*, October 26th, 2011.

"Prolific VW platform is key in race to be global No.1", *Automotive News Europe*, August 21th, 2012.

"VW extends lead in common architectures -- but there are risks", *Automotive News Europe*, June 6th, 2013.

Sumiaki Furukawa, Gert Schmidt, *The Changing Structure of the Automotive Industry and the Post-Lean Paradigm in Europe*, Kyushu University Press, 2008.

"Volkswagen: The curse of Pischetsrieder", *The Economist*, February 26th, 2004.

"Volkswagen: The backseat driver gets his way", *The Economist*, November 9th, 2006.

アーサー・ヘイリー、永井淳訳『自動車』新潮文庫、１９７８年

ビル・ヴラシック、ブラッドリー・A・スターツ、鬼澤忍訳『ダイムラー・クライスラー　世紀の大合併をなしとげた男たち』早川書房、２００１年

チェスター・ドーソン、鬼澤忍訳『レクサス――完璧主義者たちがつくったプレミアムブランド』東洋経済新報社、２００５年

デイビッド・ハルバースタム、高橋伯夫訳『覇者の驕り――自動車・男たちの産業史（上・下）』新潮文庫、１９９０年

ジェームズ・C・コリンズ、山岡洋一訳『ビジョナリーカンパニー3　衰退の五段階』日経BP社、２０１０年

ジェームズ・P・ウォマック、ダニエル・T・ジョーンズ、ダニエル・ルース、沢田博訳『リーン生産方式が、世界の自動車産業をこう変える。――最強の日本車メーカーを欧米が追い越す日』経済界、１９９０年

ジェフリー・K・ライカー、ティモシー・N・オグデン、稲垣公夫訳『トヨタ　危機の教訓』日経BP社、２０１１年

マリアン・ケラー、鈴木主税訳『激突――トヨタ、GM、VWの熾烈な闘い』草思社、１９９４年

トム・ピーターズ、ロバート・ウォータマン、大前研一訳『エクセレント・カンパニー』英治出版、２００３年
ヴェンデリン・ヴィーデキング、相原俊樹訳『逆転の経営戦略──株価至上主義を疑え』二玄社、２００８年

◆日本語文献

磯村浩子「アメリカにおけるレモン法の成立とその成果──日米消費者の社会的経済的環境の差異─」『日本消費経済学会年報』22、日本消費経済学会、２００１年3月
犬塚力「トヨタの今、そして未来へ」『Business Research』１０５０、企業研究会、２０１３年
井上久男・伊藤博敏『トヨタ・ショック』講談社、２００９年
遠藤功『プレミアム戦略』東洋経済新報社、２００７年
大﨑孝徳「プレミアムの研究── 〝レクサス〟の事例を中心として──」『名城論叢』名城大学経済・経営学会、２０１０年11月
岡崎宏司『フォルクスワーゲン&7thゴルフ　連鎖する奇跡』日之出出版、２０１３年
大村和夫『自動車産業の研究──国際経済・社会との調和を目指して』エウレカ、１９９４年
大村和夫「GMの経営破綻に関して」『彦根論叢』３９０、滋賀大学経済学会、２０１１年 冬号
木下隆之著、豊田章男監修『豊田章男の人間力　ＴＯＹＯＴＡ再出発』学研パブリッシング、２０１０年
久保克行『コーポレート・ガバナンス　経営者の交代と報酬はどうあるべきか』日本経済新聞出版社、２０１０年
佐藤正明『トヨタ・ストラテジー──危機の経営』文藝春秋、２００９年
塩見治人「トヨタショックの重層的構造──コスト・品質・納期・フレキシビリティーの伝説と現実──」『名古屋外国語大学現代国際学部 紀要』7、２０１１年3月
下川浩一『グローバル自動車産業経営史』有斐閣、２００４年
下川浩一・藤本隆宏編著『トヨタシステムの原点──キーパーソンが語る起源と進化』文眞堂、２００１年
高木晴夫『トヨタはどうやってレクサスを創ったのか── 〝日本発世界へ〟を実現したトヨタの組織能力』ダイヤモンド社、２００７年

高橋泰隆・芦澤成光『EU自動車メーカーの戦略』学文社、2009年
土屋勉男・大鹿隆・井上隆一郎『世界自動車メーカー どこが生き残るのか――ポストビッグ3体制の国際競争』ダイヤモンド社、2010年
中西孝樹『業界研究シリーズ　自動車』日経文庫、2006年
長屋明浩「2005年度第12回物学研究会レポート――［LEXUS］のブランド戦略」物学研究会、2006年3月27日
山本哲士・加藤鉱『トヨタ・レクサス惨敗―ホスピタリティとサービスを混同した重大な過ち』ビジネス社、2006年
日刊自動車新聞社・日本自動車会議所編『自動車年鑑ハンドブック〈各年年版〉』日刊自動車新聞社、各年
日経BP社トヨタリコール問題取材班編『不具合連鎖――「プリウス」リコールからの警鐘』日経BP社、2010年
日本経済新聞社編『トヨタ式　孤高に挑む「変革の遺伝子」』日本経済新聞社、2005年
日本経済新聞社編『奥田イズムがトヨタを変えた』日経ビジネス人文庫、2004年
野村正実『トヨティズム――日本型生産システムの成熟と変容』ミネルヴァ書房、1993年
深尾光洋・森田泰子『企業ガバナンス構造の国際比較』日本経済新聞社、1997年
福田順『コーポレート・ガバナンスの進化と日本経済』京都大学学術出版会、2012年
藤本隆宏・武石彰『自動車産業21世紀へのシナリオ―成長型システムからバランス型システムへの転換』生産性出版、1994年
藤本隆宏・武石彰「日本経済の効率性と回復策に関する研究会報告書――第2章　自動車：戦略重視のリーン生産方式へ」財務総合政策研究所、2000年6月
藤本隆宏『生産マネジメント入門〈1〉』日本経済新聞社、2001年
藤本隆宏・東京大学21世紀COEものづくり経営研究センター『ものづくり経営学――製造業を超える生産思想』光文社新書、2007年
日比野三十四『トヨタ経営システムの研究――永続的成長の原理』ダイヤモンド社、2002年
細矢浩志「EU東方拡大期における大手自動車多国籍企業の中・東欧戦略」『人文社会論叢 社会科学篇』15、弘前大学人文学部、2006年2月、pp.1－17

堀内健志「ドイツ国法学における統治概念―その現代国家における復興問題を視野に入れつつ（その一）」『人文社会論叢 社会科学篇 第15号』弘前大学人文学部、2006年2月
正井章筰「フォルクスワーゲン法をめぐる諸問題―ヨーロッパ裁判所の判決とその影響―」『早稲田法学』84⑴、早稲田大学法学会、2008年9月、pp.1―79
『CG：CAR GRAPHIC』52⑼、カーグラフィック、2013年9月1日
「自動車の［プラットフォーム］はいつ生まれて、どのように育ってきたか」『モーターファン・イラストレーテッド』68、三栄書房、2012年5月15日
「ポルシェを再建した会長の成功秘訣はトヨタ生産方式」『中央日報』2012年7月2日
『日経Automotive Technology』22、日経BP社、2011年1月
『日経Automotive Technology』23、日経BP社、2011年3月
『日経Automotive Technology』28、日経BP社、2012年1月
『日経Automotive Technology』37、日経BP社、2013年7月
「トヨタ、世界最強への格闘――第6回 壁を超える 海を渡る遺伝子 海外人材育成」『日経ビジネス』日経BP社、2007年4月2日
「オバマとGMの一蓮托生」『日経ビジネス』日経BP社、2009年4月6日
「GM（ガバメント・モーターズ）の衝撃―そしてフォードは［悪夢の夏］へ」『日経ビジネス』日経BP社、2009年6月8日
「独フォルクスワーゲン トヨタ追撃に総力戦」『日経ビジネス』日経BP社、2009年10月19日
「解任で始まるGM［超素人経営］」『日経ビジネス』日経BP社、2009年12月14日
『緊急特集――トヨタの危機 瀬戸際の品質ニッポン』日経BP社、2010年2月15日
『特集――トヨタの見えざる未来 ［世界最強］の憂鬱』日経BP社、2010年10月18日
「VW［50万円車］の破壊力」『日経ビジネス』日経BP社、2012年10月29日
「VW、世界トップへ3つの戦略」『日経ビジネス』日経BP社、2013年3月25日

「クルマはどこまで安くなる 50万円カーの衝撃」『日経ビジネス』日経BP社、2013年3月25日
「ポルシェが決定」『日本経済新聞』2007年6月27日付朝刊
「ビッグ3、切り札は［誠意］」『日本経済新聞』2008年12月4日付朝刊
「2人の［CEO］GM嵐の60日へ」『日本経済新聞』2009年4月1日付朝刊
「検証・グローバル危機 第1部リーマン破綻［9・15］の衝撃2」『日本経済新聞』2009年4月12日付朝刊
「検証・グローバル危機 第1部リーマン破綻［9・15］の衝撃4」『日本経済新聞』2009年4月26日付朝刊
「経済教室――分水嶺は実践知の貫徹」『日本経済新聞』2009年5月20日付朝刊
「経済教室――中堅層の活躍 日本と差」『日本経済新聞』2009年5月21日付朝刊
「経済教室――古い設計思想温存裏目に」『日本経済新聞』2009年5月22日付朝刊
「社説――自己変革怠った巨大企業GMの破綻」『日本経済新聞』2009年6月2日付朝刊
「特集――GM、栄光が阻んだ変革、ドキュメント、法的整理への200日」『日本経済新聞』2009年6月2日付朝刊
「GM改革怠ったツケ」『日本経済新聞』2009年6月2日付朝刊
「第3部揺らぐCEO神話(1)GM［ミスター］の退場（大転換）」『日本経済新聞』2009年6月5日付朝刊
「09年静岡県内10大ニュース――スズキ、VW提携、生き残りへ決断」『日本経済新聞（静岡版）』2009年12月29日付朝刊
「GM会長、CEO兼務の断続決定、人事混乱避け成長模索―再建問題、再び政治色」『日本経済新聞』2010年1月28日付朝刊
「GM、再上場への前進、後任CEOにアカーソン氏、北米伸び、欧州も赤字縮小」『日本経済新聞』2010年8月13日付朝刊
「VW・ポルシェ連合、動き出したオーナー家の4代目選び」『日本経済新聞』2012年5月15日付朝刊
「欧州Inside 適材か私物化か――独VW、ピエヒ後継に夫人浮上」『日本経済新聞』2012年5月25日付朝刊
「GM（上）没落から再び覇者へ――救世主は中国の小型車（グローバルカー走る）」『日本経済新聞』2012年5月29日付朝刊
「GM（上）海軍出身のアカーソン氏――新生GM率いる門外漢（グローバルカー走る）」『日本経済新聞』2012年5月29日付朝刊
「トヨタ、BMWと提携拡大発表、燃料電池車で先行狙う、共同でスポーツカー」『日本経済新聞』2012年6月30日付朝刊

「［聖域なし］の共通化、先頭走る独VW――目がプラットフォーム戦略(2)」『日本経済新聞』２０１２年9月14日付朝刊
「燃料電池車の開発、BMWと合意、トヨタ、基幹部品技術供与、次世代電池も研究」『日本経済新聞』２０１３年1月25日付朝刊
「日産・ルノー、ダイムラー、フォード、燃料電池車開発で提携」『日本経済新聞』２０１３年1月29日付朝刊
「日産新連合、トヨタ追撃、燃料電池車、開発費抑え普及急ぐ」『日本経済新聞』２０１３年1月29日付朝刊。
「ルノー・日産とダイムラー陣営、フォードが合流、燃料電池車開発」『日本経済新聞』２０１３年1月29日付朝刊
「創業家、再び全株保有――ポルシェ」『日本経済新聞』２０１３年6月18日付朝刊
「ホンダ、GMと提携、燃料電池車を開発、20年めど発売、エコカー、独自路線転換」『日本経済新聞』２０１３年7月2日付朝刊
「ホンダ、15年発売の燃料電池車でも［GMの技術活用］」『日本経済新聞』２０１３年7月16日付朝刊
「目指す企業は［機能のプロ集団］」『フジサンケイビジネスアイ』日本工業新聞社、２００８年4月3日付朝刊
『JAMAGAZINE』47、日本自動車工業会、２０１３年5月
「ドイツの国民車フォルクスワーゲン大研究」『AUTOCAR JAPAN』ネコ・パブリッシング、２０１１年12月
「燃料電池自動車、15年から普及なるか」『半導体産業新聞』産業タイムズ社、２０１３年7月26日

◆参考URL（２０１３年10月現在）

国土交通省
http://www.mlit.go.jp/
財務総合政策研究所
http://www.mof.go.jp/pri/research/conference/zk030.htm
「データブック国際労働比較２０１２」労働政策研究・研修機構
http://www.jil.go.jp/kokunai/statistics/databook/2012/index_2012.html
トヨタ自動車
http://toyota.jp/

日産自動車　ニュースリリース　ホームページ
http://www.nissan-global.com/JP/NEWS/
フォルクスワーゲン
http://www.volkswagenag.com/
フォルクスワーゲン・クロニクル
http://www.vvwca.com/download/VWChronicle.pdf
ポルシェ New Achive
http://www.porsche-se.com/pho/en/press/
ホンダ
http://www.honda.co.jp/
THE INTERNATIONAL COUNCIL ON CLEAN TRANSPORTATION
http://www.theicct.org/
「VW、イタリア高級二輪車［ドゥカティ］買収　アウディ通じて」日経速報ニュースアーカイブ、2012年4月19日
https://t21.nikkei.co.jp/public/guide/article/price/nkr.html

中西孝樹（なかにし・たかき）

㈱ナカニシ自動車産業リサーチ代表

1994年以来一貫して自動車業界の調査を担当し、日経金融新聞・日経ヴェリタス人気アナリストランキング自動車・自動車部品部門、米国Institutional Investor（II）自動車部門ともに2004－2009年まで６年連続第１位と不動の地位を保った。2011年にセルサイド復帰後、日経ヴェリタス人気アナリストランキング、IIともに自動車部門で2013年に第１位。

1986年オレゴン大学ビジネス学部卒。山一證券、メリルリンチ証券等を経て、2006年からJPモルガン証券東京支店株式調査部長、2009年からアライアンス・バーンスタインのグロース株式調査部長に就任。2011年にアジアパシフィックの自動車調査統括責任者としてメリルリンチ日本証券に復帰。2013年に独立しナカニシ自動車産業リサーチを設立。

トヨタ対VW

2020年の覇者をめざす最強企業

2013年11月22日　1刷
2013年12月５日　2刷

著者　中西孝樹

発行者　斎田久夫

発行所　日本経済新聞出版社

http://www.nikkeibook.com/

〒100-8066　東京都千代田区大手町1-3-7

電話（03）3270-0251（代）

印刷・製本／錦明印刷

ISBN978-4-532-31919-9